U0436681

生态保护与环境修复技术丛书

自然再生：生态工程学研究法

[日] 龟山　章　东京农工大学农学部　教　授
　　仓本　宣　明治大学农学部　　　教　授
　　日置佳之　鸟取大学农学部　　　副教授
　　　　　　　　编著
　　　桂　萍　詹雪红　孔彦鸿
　　　　　　　　翻译

中国建筑工业出版社

执笔者一览（以执笔为序，*编者）

< 总论，分论 >

*龟山　章	(Akira, KAMEYAMA)	东京农工大学农学部
*日置　佳之	(Yoshiyuki, HIOKI)	鸟取大学农学部
春田　章博	(Akihiro, HARUTA)	（株）环境·绿色工程
*仓本　宣	(Noboru, KURAMOTO)	明治大学农学部
则久　雅司	(Masashi, NORIHISA)	环境省自然保护局
中村　俊隆	(Toshitaka, NAKAMURA)	日本学术振兴会特别研究员／北海道教育大学钏路校
山田　浩之	(Hiroyuki, YAMADA)	北海道大学大学院农学研究科
关冈　裕明	(Hiroaki, SEKIOKA)	（株）绿色技术
中本　学	(Manabu, NAKAMOTO)	大阪燃气（株）
井本　郁子	(Ikuko, IMOTO)	（株）绿生研究所
内藤　和明	(Kazuaki, NAITO)	兵库县立大学自然·环境科学研究所
大迫　义人	(Yoshito, OSAKO)	兵库县立大学自然·环境科学研究所
池田　启	(Hiroshi, IKEDA)	兵库县立大学自然·环境科学研究所
中尾　史朗	(Shiro, NAKAO)	和歌山大学系统工学部
浜端　悦治	(Etsuji, HAMABATA)	琵琶湖研究所
麻生　惠	(Megumu, ASO)	东京农业大学地域环境科学部
松本　清	(Kiyoshi, MATSUMOTO)	卷机山景观保全志愿者代表
田村　淳	(Atsushi, TAMURA)	神奈川县自然环境保全中心
大窪久美子	(Kumiko, OKUBO)	信州大学农学部
养父志乃夫	(Shinobu, YABU)	和歌山大学系统工学部
山本　纪久	(Norihisa, YAMAMOTO)	（株）爱植物设计事务所
桑江朝比吕	(Tomohiro, KUWAE)	（独）港湾机场技术研究所海洋水工部
赵　贤一	(Kenichi, CHO)	（株）爱植物设计事务所
佐藤　力	(Riki, SATO)	（株）爱植物设计事务所
古川　惠太	(Keita, FURUKAWA)	国土交通省国土技术政策综合研究所沿岸海研究部
藤原　秀一	(Shuichi, FUJIWARA)	国土环境（株）

< 专栏 >

逸见　一郎	(Ichiro, HENMI)	（株）地域环境计画
八色　宏昌	(Hiromasa, YAIRO)	（株）GLAC
井上　刚	(Tsuyoshi, INOUE)	（株）地域环境计画
中村　忠昌	(Tadamasa, NAKAMURA)	（株）生态规划研究所
花城　盛三	(Seizo, HANASHIRO)	内阁府冲绳综合事务所
山本　秀一	(Hidekazu, YAMAMOTO)	（株）绿色生态

序

20世纪是史无前例自然破坏的时代，即使到了21世纪的今天，对自然的破坏仍然没有停止，结果导致现代成为生物物种大量灭绝的年代，各地的生物多样性水平急剧下降，健全的生态系统的存续受到威胁。

在这样的时代背景下，自然再生成为重要的关键词。所谓的自然再生，就是对已经消失或者被破坏的生态系统进行复原和修复。近年来，各地针对原生的湿地、都市近郊的混交林以及城市内部的绿地已经开始了自然再生的具体工作。

自然再生的实施，涉及从国立公园等原生的自然区的修复到城市内被破坏的自然环境的复原等，可以说范围非常广，因此，本书将针对各种不同区域，着重从人和自然的关系进行论述。

对自然再生而言，采用建立在科学基础上的技术是非常重要的。如果缺乏科学依据盲目推进，反而容易对自然环境产生新的破坏。生态工程学是以人类与生态系统共存为基础的技术，在推进自然再生的过程中必须能够评价自然再生过程对环境的影响，这对自然再生是必不可少的。

本书目的主要是介绍自然再生推进过程中科学的方法和技术。第一部总论，主要介绍自然再生的理念和原则、自然再生的方法论、自然再生的材料和施工、居民参与和信息公开、自然再生相关的制度和事业；第二部分论，主要针对具体的自然再生场所，如湿原、湿地，湖沼、河流、草原、田园、次生林、森林、泉水地区、沙丘、珊瑚礁、滩涂、藻场等的生态系统特征及再生实施的背景，详细论述自然再生的目标设定、技术手法、环境影响评价、存在问题及具体案例。

本书由日本园林学会生态工程学研究委员会主持策划编辑，期待对自然再生事业发挥积极作用。

编者代表　**龟山　章**

2005年3月

自然再生：生态工程学研究法/目次

序

第一部：总 论 ··· 1

1. 自然再生的理念和原则 ·· 2
1-1 自然再生的理念 ··· 2
1-2 自然再生事业的开展 ··· 3

2. 自然再生的方法论 ·· 7
2-1 自然再生的广域规划 ··· 7
2-2 自然再生项目的流程 ·· 11

3. 自然再生的材料和施工 ··· 27
3-1 自然再生的材料 ·· 27
3-2 施工过程对环境的影响 ·· 30
3-3 外来物种的应对 ·· 31

4. 公众参与和信息公开 ··· 37
4-1 参与自然再生的主体 ·· 37
4-2 信息的收集 ·· 38
4-3 信息的共享 ·· 42
4-4 信息的公开和发布 ·· 46

5. 关于自然再生的制度和事业 ··· 49
5-1 自然再生法的缘起 ·· 49
5-2 体现新生物多样性国家战略的"自然再生事业" ··························· 50
5-3 自然再生推进法的内容 ·· 52
5-4 自然再生事业的开展方法～自然再生基本方针～ ·························· 55
5-5 自然再生相关法律制度和事业制度 ······································ 59
5-6 自然再生推进法的意义和课题 ·· 61

第二部：分论 ·········· 63

1. 湿原 ·········· 64
- 1-1 湿原生态系统的特征和现状 ·········· 64
- 1-2 钏路湿原退化的原委和再生事业的背景 ·········· 65
- 1-3 广里地区再生事业的思考方法 ·········· 69
- 1-4 现状的把握和退化原因的探讨 ·········· 71
- 1-5 关于对策方案和进行中的实验 ·········· 77
- 1-6 面向今后的自然再生事业 ·········· 80

2. 半自然湿地 ·········· 84
- 2-1 半自然湿地的生态特征 ·········· 84
- 2-2 中池见的概要与实施自然再生的背景 ·········· 84
- 2-3 环境保护区中自然再生目标的设定 ·········· 85
- 2-4 环境保护区的规划流程 ·········· 87
- 2-5 自然再生采用的具体手法 ·········· 89
- 2-6 监控和维持管理的重要性 ·········· 94

3. 次生林 ·········· 95
- 3-1 次生林再生的思考方法 ·········· 95
- 3-2 橡子的里山建设和树林管理—鹤田沼绿地— ·········· 97
- 3-3 武藏野的森林建设—国营昭和纪念公园"隙光之丘"— ·········· 103
- 3-4 次生林的营造和管理问题 ·········· 108

4. 田园 ·········· 112
- 4-1 田园景观作为栖息地的特征 ·········· 112
- 4-2 鹳的回归自然和自然再生 ·········· 112
- 4-3 水田鱼道的设置和转作田生物生境 ·········· 115
- 4-4 遗留的问题和今后的方向 ·········· 122

5. 都市自然 ·········· 124
- 5-1 都市生态系统的特征 ·········· 124
- 5-2 林地的自然再生技术 ·········· 124
- 5-3 自然再生的案例 ·········· 129
- 5-4 课题与展望 ·········· 135

6. 湖沼 · 141
6-1 湖沼生态系统及其特异性 · 141
6-2 湖沼生态系统的再生手法 · 146

7. 高山草原 · 153
7-1 雪地草原的特征与植被破坏 · 153
7-2 针对卷机山雪地草原复原的前期工作 · 154
7-3 日本全国山岳地带的植被复原案例 · 160

8. 自然林 · 163
8-1 自然林的新问题 · 163
8-2 生态系统的概况 · 163
8-3 进行自然林再生的背景和原因 · 164
8-4 自然林再生的目标设定思路 · 165
8-5 自然林再生所采用的具体手法 · 166
8-6 对策实施后的评价和现状 · 168
8-7 自然林保护·再生的课题与展望 · 170

9. 半自然草原 · 173
9-1 生态系统的概况与特征 · 173
9-2 半自然草原的再生 · 175
9-3 半自然草原的再生案例 · 178

10. 贮水池 · 181
10-1 贮水池自然再生的目的与对策 · 181
10-2 考虑到水生动植物的"贮水池"坝体改建工程 · · · · · · · · · · · · 181
10-3 考虑到动植物的工程 · 182
10-4 水生植物的对策 · 185
10-5 土堤植物的对策 · 187

11. 泉涌地 · 189
11-1 泉涌地的自然环境特征 · 189
11-2 泉涌地的改变 · 190
11-3 泉涌地的再生 · 191
11-4 泉涌地再生的相关案例 · 192

12. 大河流 · 200
12-1 河流生态系统的特性 · 200

12-2　河流再生的目标设定与评价意见展望 …………………………………………………202
　　12-3　具体的河流再生程序与案例 ……………………………………………………………203

13. 中小河流　209
　　13-1　近自然型河流建设的意义 ………………………………………………………………209
　　13-2　近自然型小河流的复原规划—从立川公园根川绿道的案例谈起— ………………210
　　13-3　近自然型河流建设的要点 ………………………………………………………………212
　　13-4　顺其自然式的管理 ………………………………………………………………………220
　　13-5　监测调查在管理中的反映 ………………………………………………………………222
　　13-6　管理与人 …………………………………………………………………………………222

14. 滩涂　225
　　14-1　人工滩涂的形成过程 ……………………………………………………………………225
　　14-2　人工滩涂的地形变化微型底栖生物的应对—以三河湾为例— ……………………225
　　14-3　滩涂建成后的随时间推移的微型底栖生物群落的成熟化—滩涂围隔实验— ……228

15. 海岸沙丘　234
　　15-1　海岸沙丘的形成与环境 …………………………………………………………………235
　　15-2　沙丘植被再生的背景与原因 ……………………………………………………………237
　　15-3　目标的设定 ………………………………………………………………………………237
　　15-4　技术手法 …………………………………………………………………………………240
　　15-5　评价与展望 ………………………………………………………………………………242

16. 藻场　245
　　16-1　藻场的特征 ………………………………………………………………………………245
　　16-2　藻场自然再生的意义与紧迫性 …………………………………………………………246
　　16-3　藻场的再生机制及其自然再生时目标设定的思路 ……………………………………246
　　16-4　藻场再生的具体手法 ……………………………………………………………………248
　　16-5　藻场再生的评价、现状与课题 …………………………………………………………250
　　16-6　藻场再生的展望 …………………………………………………………………………251

17. 珊瑚礁　252
　　17-1　生态系统的特性 …………………………………………………………………………252
　　17-2　自然再生的背景 …………………………………………………………………………253
　　17-3　自然再生的目标 …………………………………………………………………………254
　　17-4　再生的机制 ………………………………………………………………………………254

17-5 再生的手法 …………………………………………………………………………257

17-6 课题与展望 ………………………………………………………………………259

专　栏

[专栏1] 自然再生和"主页"的有效利用 ………………………………………… 48

[专栏2] 丹顶鹤的分布区扩大和自然再生 ……………………………………… 83

[专栏3] 都市的草庭与自然再生 …………………………………………………140

[专栏4] 自然再生与外来种 ………………………………………………………224

[专栏5] 使人工滩涂成为鹬鸟和鸻鸟网络的注册地 ……………………………233

[专栏6] 港湾建设中珊瑚礁的修复与再生 ………………………………………260

第一部：总　论

1. 自然再生的理念和原则 2
2. 自然再生的方法论 7
3. 自然再生的材料和施工 27
4. 公众参与和信息公开 37
5. 关于自然再生的制度和事业 49

1. 自然再生的理念和原则

1-1 自然再生的理念

健全的生态系统是市民的财产,在健全的生态系统中生活是市民的权利(日本造园学会生态工程学研究委员会,2002)[1]。如果进一步扩展将区域生态系统的集合称为景观,则可以认为:健全的景观是市民的财产,在健全的景观中生活是市民的权利。

要使健全的生态系统成为市民的财产,不仅需要行政方面的参与,还需要市民、企业家及其他所有相关人员,贡献自己的力量和能力,齐心合力地保护和修复生态系统。

自然再生理念的提出主要是针对当前面临的两个主要问题:

一个是怎样应对日渐消失的自然。现代社会正在引发物种的大量灭绝,其规模可能会超过历史上发生过的5次的大灭绝。日本红皮书中记载的濒危物种已经占到哺乳类的26%、鸟类的15%、虫类的18%、两栖类的22%、淡水鱼类的26%,而且今后很可能会进一步增加。加上野生动植物的生育、栖息的场所也显著减少,自然环境的保护已经成为国家的当务之急。针对这样的严峻形势,日本先后出台了保护生物多样性的国家战略、保护濒危野生动植物物种的相关法律(1993年)、环境影响评价法(1997年)、新生物多样性国家战略(2002年)、自然再生推进法(2003年)、防止特定外来生物对生态系统等造成危害的相关法律(2004年)等,以谋求通过法律制度的完善和保护措施的全面展开来保护生物多样性。

另一个是怎样应对人与自然关系的变化。在城市周边到深山之间的广大地区,广泛分布着里地(村落附近的土地)里山(村落附近的山),1960年以前,这里由水稻田和蔬菜地、由柴炭林、杉树和日本扁柏等组成的混交林、芒草原草场等形式多样性非常丰富的生态系统。这些生态系统被极度地人为管理,近两三百年来其野生的自然性受到极度的遏制,其生态系统的物种多样性可用中度规模扰动假说进行说明。里地里山生态系统的多样性是高度的人为管理的产物,所以才能够成为长久的(局部平衡)、整齐划一的生态景观,并得以持续和维持。

目前,这种里地里山生态系统,大多不再像过去那样被严格管理,而是被闲置。虽然其中有一部分逐渐转变为野生的自然系统,但很多因为葛或藤等蔓生植物的过度生长,导致森林的退化,有些地方甚至还因为刺果瓜和一支黄花等外来物种的蔓延,出现了景观生态系统的破坏等"绿色病理现象"。

对于这些无法恢复的自然系统,如何构建新的环境条件下自然系统格局,是目前面临的重要问题。自然再生正是在这样的背景下出现的。

1. 自然再生的理念和原则

自然再生出现的两个背景是相互关联的，也可将其看成是表里的关系。

2001年7月，内阁总理大臣批准了"建设21世纪'环之国'会议报告"，其中指出：今后的社会，需要从环境的视角进行结构改革和意识转换，建设资源循环和自然共生型的地区是必不可少的。此外，"生态系统环"作为重要一"环"，提倡积极地推进自然再生的公共事业，即"自然再生型公共事业"。为此，需立足于自然环境的视角进行调查和探讨，并要求市民、企业、科研人员、NPO、行政等多种主体的参与。

2002年3月，政府召开的"关于地球环境保护的相关阁僚会议"中提出"新生物多样性国家战略"决议，将①加强保护、②自然再生、③可持续利用三个方面作为今后政策的重点，并将自然再生事业作为主要专题的处理方针。

近年来，根据环境影响评价法的要求，开始对因各种开发行为而受到影响的自然环境，实施试图缓解其影响的缓和措施，与之不同的是自然再生的实施不是作为开发行为的附带，而是以自然本身的再生为目的，这一点得到了高度的评价。

纵观自然再生的定义，有环境省提出的"以积极恢复过去失去的自然环境，恢复生态系统的健全性为目的的事业"，有国土交通省提出的"以身边的绿色、自然和生物适宜居住的环境的再生为目的而进行的河流、公园、港口建设"等。

依据这样的方针，政府从2004年开始，在预算中开始考虑各种自然再生事业的规划和实施。

北海道钏路湿原的自然再生则是其中一个重要项目。该项目是由环境省、国土交通省、农林水产省共同合作，目标是推进急剧干燥化的湿原植被的恢复。钏路湿原是国立公园，同时还是拉姆萨尔公约的注册湿地，所以该项目以环境省为中心来开展。

埼玉县的"麻栎山自然再生项目"，在横亘埼玉县狭山市、所泽市、川越市、三芳町三市一町、面积约154公顷的地区内，开展了混交林的保护和再生工作。麻栎山位于江户时代开发的三富新田地区，距离市中心30公里，目前保留着大规模的绿地。然而，近年来由于建设了产业废弃物处理设施，出现了垃圾丢弃等问题，该项目的实施可满足市民希望对已经荒废的自然进行再生的愿望。

自然再生的概念与自然恢复很接近，但如果考虑到自然从过去到现在发生了巨大的变化，就不能局限于将过去的自然复原这种想法，对自然再生而言更重要的是创造基于现在的潜能的最好的自然环境。此外，日本存在很多二次自然，因此自然再生不是要排除一切人为的因素，而是以在适当的人力基础上形成二次自然作为目标，这是非常重要的。与自然再生类似的概念有：复原（restoration）、补偿（或功能保障、rehabilitation）、改善（reclamation）等。

1-2 自然再生事业的开展

为更好地开展自然再生事业，事先对以下几点进行考虑和探讨是非常重要的。

1) 自然再生的主体

自然再生事业正是基于前文提到的"健全的生态系统是市民的财产，在健全的生态系统中生活是市民的权利"的理念，将区域的自然环境作为居民的财产为原则开展的。从居民拥有在良好的自然环境中生活的权利的角度来看，自然再生是以区域自然环境的主体—市民为中心，行政、NPO、企业、科研人员等多种主体各尽所能，各司其责而共同推进的。

2) 调查的重要性

在推进自然再生的过程中，根据调查有计划地采取对策是非常重要的。现在国土中受到破坏的自然环境不计其数，为从中选择合适的再生对象，需充分掌握区域自然环境的实际情况，并确定区域生态的总体格局，并据此决定开展自然再生的对象。如果在这个问题上工作未到位，可能导致自然再生的必要性不被当地居民所理解。

自然再生项目在实施的过程中，掌握区域自然环境的现状，正确地选取再生对象非常重要的，因此对实施区域内外的自然环境现状进行适当地调查和评价，是必不可少的。

为了综合把握区域自然环境的现状，需要收集各省厅、都道府县和市町村等公共团体、及民间实施的、与自然环境相关的各种调查记录资料，并整理与生物多样性相关的生态系、物种、基因的相关信息，然后将濒危物种和区域的系统信息进行整合，形成综合表现区域自然环境的生态地图，可用作自然再生实施区域选择的基础信息。

根据生态地图提取的自然再生的目标地区，还需要进一步了解其自然环境现状的详细信息。为此，在实地调查中，在收集物种清单等生物基本信息的基础上，还需对自然再生的必要性、紧急性和方向性、人为影响的程度、环境潜能的评价、及自然再生的实施是否会对生态系统造成影响等，进行进一步的分析和评价。

在以上过程中，需对资料收集和实地调查得到的信息，进行一元化的管理，GIS（地理信息系统）则是管理信息非常有效的手段。

在对动植物和生态系统进行调查时，考虑到自然环境中未知领域依旧是无限的，需要制定周密的计划进行调查。

3) 信息公开与说明的责任

自然再生实施过程中，需向居民公开调查得到的区域自然环境现状、自然再生项目的内容及推进方法等信息，并负有说明的责任。这样在公开信息的过程中，居民会逐渐对自然再生项目产生参与意识，并在其后的管理阶段主动参与。自然的再生与一般的建设项目不同，工程竣工并不意味自然再生项目就结束了，而是要在其后的漫长岁月中，需要在培育的同时不断再生，因此管理阶段尤为重要，而居民的参与则具有很大的意义。

4）人与自然的"结构"重构

在推进自然再生事业时，需要重新构筑人与自然的关系"结构"。例如，混交林作为长期以来已经适应人力持续管理的自然系统，随着取用薪炭的需求逐渐消失，其管理也逐渐被放弃，已经适应了二次自然环境的动植物的多样性消失了。

战后日本不断开展将天然林转化为针叶树人工林的扩大造林，然而随着进口木材的增加，不再被间伐的人工林不断增加，丰富的森林逐渐衰退。此外，狩猎者因老龄化逐年减少，无法再承担根据自然环境的容纳能力调整野生鸟兽的生息数量的作用，某些地区甚至出现因鹿等野生动物的大量繁殖而导致植被变得贫瘠。

在渔业方面，为了继续向入场捕鱼者征收费用以解决投放渔业权鱼种的卵和鱼苗的费用，内河渔业合作社默许了外来鱼种的导入，结果导致对稀有鱼种的考虑不够充分。

就这样，农林渔业的生产开始衰退，进而导致传统的农林渔业系统逐渐崩溃。因此，需要面向未来，重新构筑新的"结构"以替代传统的里山和生产结构。考虑到"结构"重构的社会动机，在闲置的里山、管理不善的人工林，受到破坏的内河等实施自然再生事业应该是有效的。

5）自然再生技术的开发

为了不断推进自然再生事业，需要开发自然再生的新技术。传统的自然再生思路都是基于减轻开发活动对自然的影响，并且已经进行了一些技术的开发。但自然再生不仅仅局限在这样的对策技术，还需通过各种方法来重新构筑失去的自然，这需要重新开发独特的生态工程学技术。

6）环境影响评价的必要性

在推进自然再生事业时，需要导入新的环境影响评价制度。现有的环境评价制度是为了将对环境的负面影响降到最低而制定的，而自然再生事业试图为环境创造正面效果，很难被列入评价对象范围内。然而，既然是以对环境产生正面效果为目的，其效果是否真的是正面的，成为判断自然再生项目必要性的重要问题。在实施自然再生项目时，可能会引入大规模的土木工程，可能会对地形及水环境等周边环境带来影响。所以，自然再生事业对自然系统本身进行人为改造，很难说不会产生负面影响。

因此，从规划、构想的阶段开始，就要尽早研究和导入预测和评价环境影响的战略环评制度，进行研究并导入。从规划、构想的阶段，对各种各样的选项进行探讨，其中可样也包括将来并不实施该的方案。

通过决策过程中的居民参与，将环境评价作为创造更好环境的而达成共识的场所是非常重要的。特别是从调查、规划到维护管理阶段一直有多种主体参与的自然再生事业，通过环境评价来达成社会共识，是必不可少的。

7）制度化的探讨

为了推进自然再生的实施，2003年制定了自然再生推进法。然而，对于自然再生事业的具体实施来说，仅有这部法律还是不够的，为了有效推进自然再生事业，今后还需要对制度进行完善。特别是考虑到环境是公共资源，最好能将自然再生作为公共事业来实施。从事前调查到规划制定、施工、管理等一系列过程，涉及许多省厅及自治体的参与。为保证自然再生事业的顺利进行，将自然再生事业推进会议场所的设置制度化，针对单年度预算对解决自然环境问题的障碍提出特例化等，制度的完善将会成为一大课题。

自然再生事业与以往的公共事业不同，其对象是工程竣工后也会不断变化的自然。而自然中充满了未知性，所以要对照最初的计划，经常修改技术路线，这就需要相应的配套制度。为了确认自然再生是否成功，并正确地修改方向，将监控调查制度化也是很有必要的。

8）管理的重要性

自然再生项目推进过程中，生态系统并不是在工程竣工时就完成了，竣工时只是生物的生长和繁殖的开始。因此，在自然再生事业中，不仅是治理，管理也是相当重要的，需要在管理上对体制、预算、人才等进行配套和投入。

在管理阶段，要对生态系统的状态进行观察、调查，同时根据其状态进行适应性管理。目前管理技术积累还十分不足，还需积极地开发管理技术。在推进管理时，管理计划的制定也是必不可少的。根据管理记录和监控结果，可以对管理方法进行改善，所以，最好能积累适应性管理流程的信息，并将其用于今后的管理计划的制定。

（龟山　章）

——引用文献——

1）日本造園学会生態工学研究委員会（2002）：自然再生事業のあり方に関する提言．ランドスケープ研究66(2),156-159.

2. 自然再生的方法论

本章将结合自然再生的广域规划、目标设定、规划·设计和施工、监控以及自然再生项目的实施流程来论述。目前，很多自然再生项目尚在规划和实施的过程中，下文介绍的案例中已经完成的尚不多见。

有人认为，自然再生是一种大型的野外实验[1]，即：规划和设计相当于假说，项目实施相当于实验，监控相当于假说验证，项目的整个过程即根据验证结果对假说进行修正，从而使自然再生的实施效果不断改善的循环。本书分论中介绍的各种案例，与其说是作为工程来完成的，倒不如说更接近于实验结果的中间报告。由于自然再生以多种要素错综复杂且紧密联系的自然系统为对象，以生态系统的再构为目标，加上在野外的各种环境变化中进行实施，所以不确定性极高。与室内实验不同，无论怎样实施，其再现性都很低。本章介绍的方法也不是绝对确定的，今后需不断进行改进。下文就目前已经出现并且能满足自然再生最低限度要求的方法论进行介绍。

2-1 自然再生的广域规划

实施自然再生时，首先需要标示应在哪里进行自然再生，即制定自然再生的广域规划。自然环境的区域规划包括对现有自然环境的保护规划和相关地区的修复规划，也就是说，自然再生规划包含在区域规划中。保护与再生是互补的关系，例如在与残存的山毛榉林相邻的地区，通过再生山毛榉林来确保一定面积的群落，使其发挥野生动物生息地的功能，就是保护与再生的互补关系的体现。这样的规划的必要事项包括：自然环境的质（生态系统的种类和自然度）、量（面积）、配置（形状和相邻关系），这也是景观生态学中对斑块、廊道的质与量及生态网络进行考量的规划内容。

景观生态学规划的代表之一是生态系统网络规划，荷兰则是以制定和实施生态系统网络规划而闻名的国家[2]。1990年，荷兰制定了生态系统网络规划，在比例尺为1/25万的图纸上标出了每个生态系统的目标数值。2000年，荷兰对规划实施进展情况进行了检查，并对部分规划进行了修正，总体上以2020年为目标年进行实施。重新研究和修正的规划如图2-1和表2-1所示[3]。目前欧盟很多国家都制定了与荷兰相同的生态系统网络规划，并且制定了以全欧洲为对象的国际性生态系统网络规划方案，绘制了对应欧洲大陆-国家-州-市町村等各级空间层次的自然环境区域规划。

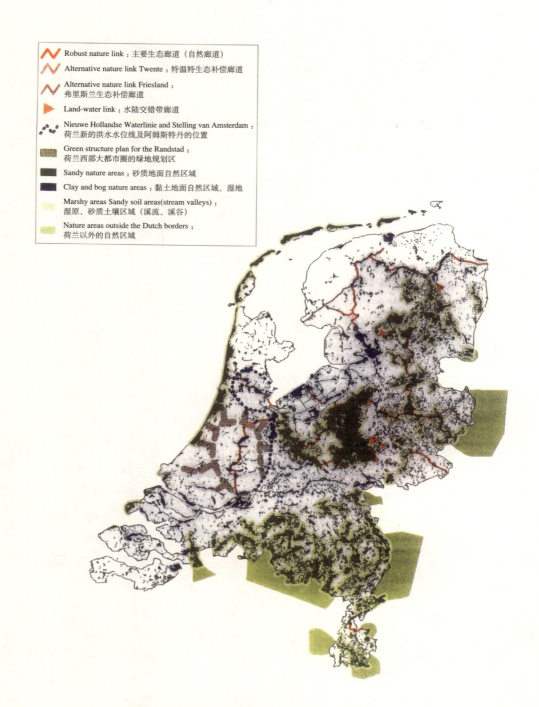

图2-1 2000年发表的荷兰国土生态系统网络规划图[3)]

1990年制定的荷兰国土生态系统网络规划（2020），是在保护原有自然环境的同时，通过在连续性被切断的地区，积极地开展自然再生事业，从而恢复生态系统的连续性。2000年基于实施情况的检查结果，对规划进行了部分修编。

2. 自然再生的方法论

表2-1 荷兰国土生态系统网络规划的数值目标[3]

	陆域（公顷）	水域（公顷）
大规模的自然地	125000	71000
1 河滩及沙地的树林地	51000	—
2 河流景观区	12000	—
3 湿地景观区	22000	—
4 沙丘景观区	25000	—
5 广阔的开放水面	15000	71000
易受损的自然地	102000	—
6 河滩	500	—
7 咸淡水交融水域	1000	—
8 贫营养湿性草原	25000	—
9 湿性荒原及高层湿原	15000	—
10 沙洲	4000	—
11 石灰岩草地	500	—
12 农业遗产地	500	—
13 盐化草地	3000	—
14 沼泽林及泥质树林地	10000	—
15 贫营养林地	20000	—
16 富营养林地	20000	—
17 溪谷林	2500	—
多功能的自然地	468000	6229000
18 野生种类的草地	20000	—
19 濒危鸟类赖以生存的牧草地	70000	—
20 非濒危鸟类赖以生存的牧草地	50000	—
21 越冬鸟类赖以生存的草地	50000	—
22 干燥荒原	30000	—
23 其他自然地	30000	—
24 混交林地及杂木/柳树类的河岸地	4000	—
25 多功能林地	189000	—
26 具有特殊自然价值的林地	25000	—
27 北海及其他宽广水域	—	6229000
生态系统网络面积的总和	695000	6300000

出处：Nature for People People for Nature——Policy Document for Nature, forest and landscape in the 21st century(2000): Ministry of Agriculture, Nature management and Fisheries, The Netherlands

日本也提出了几个这样的广域规划方案，但目前还停留在规划阶段，真正实施的还很少。虽然目前尚无国家级规划，但已有一些区域级的规划案例，例如："首都圈城市环境基础设施区域规划"[4]，都道府县级别的案例，例如：德岛县的"德岛生物生境规划"[5]、埼玉县的"彩色之国丰富的自然环境建设规划"[6]，市町村级的案例[7]，例如町田市的"町田生态规划"等。

其中，在首都圈城市环境基础设施接地规划中，从首都圈整治法的适用区域内，划定了

25个自然环境保留相对完整的地区作为"需保护的自然环境"（图2-2）。然而，在这些应该保护的地区内部，实际上也正在进行蚕食形状的开发（图2-3），为使其成为相对完整的自然环境，各地区均在探讨如何将保护与再生结合进行实施。

图2-2　首都圈内应该保护的自然环境[4]

在首都圈中，自然环境保留完整的25个地区是从以下视角出发而划定的：①大规模地环绕在市区周边地区的自然环境、②街区内据点形式存在、或以楔形嵌入的相对完整的自然环境、③位于市区的城市公园、河流等自然环境、④湖泊、水田、林地、河流等不同生态系统混在的自然环境、⑤沿岸地区的自然环境。由于各个地区内部正在进行蚕食状的开发，因此这些地带既是保护的对象，同时也是应该重点进行自然环境再生的地区。

在德岛生物生境规划中，按以下顺序制定了林地的"生物生境网络方针图"[8]（图2-4）

① 从环境省的数字现存植被图中，划定出面积1公顷以上的树林板块。

② 将距离不满50米的板块合并。

③ 划定出大据点(山地7000公顷以上，低地500公顷以上，包含相对完整的再生林的天然林，为黑熊、狐狸等高级消费者能够生息的自然地)、中据点（拥有50公顷以上相对完整的自然林，为鹫等高级消费者能够生息的自然地）、小据点（1公顷以上的林地，可能成为在森林中生活的小鸟或小动物的生息地)，并制成生物生境网络现状图（1/10万的详图及1/35万的广域图）。

④ 将小据点中间距不足200米的板块合并，划定出其中面积达到50公顷以上的地区。

⑤ 在④中划定出的地区的周边，确保250米的缓冲区。

在确保相对完整的自然林后，按以上顺序选出有效的再生候补地。

2. 自然再生的方法论

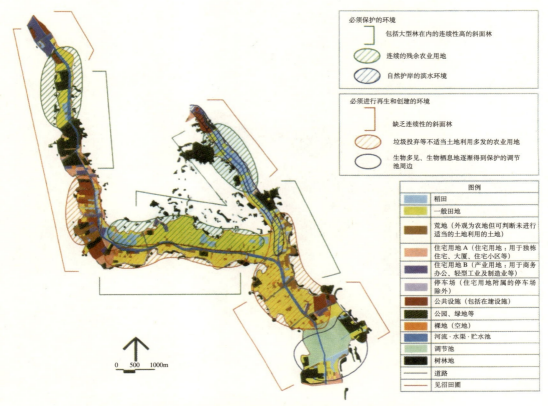

图2-3　见沼水田地区自然环境保护和自然再生的挑战[4]

如图2-2所示，沼水田是首都圈中应该被保护的相对完整的自然环境地带之一（13号）。在该地区内，正在进行农地、林地、岸边带的开发，因此面临在制止开发的同时，在连续性被切断的地方，进行自然再生事业。

对于单独的自然再生项目用地，最好能依据上述案例，先绘制出广域的自然环境区域规划，然后在此基础上确定其规划。

在确定项目用地时，土地所有权也是很重要的。如果能得到国有地、公有地等公共所有土地，自然再生项目就很容易进行。然而，即使是国有地、公有地，如果已经有与自然再生不同的项目得到使用权，就需要办理管理权移交等手续，并且还需充分说明"对这块土地的迫切需求"的原因，并进一步争取非自然保护部门对自然再生的理解。如果是民有地，则需要进行土地收购。用地交涉的对象越多，项目前期所花费的时间就越长。因此，如果其他条件相同，选择拥有大面积土地的所有者比较有利。此外，如果是尚未进行有意识的土地利用，即闲置地的情况，一般比较容易取得。这样的候选地有：休耕农地、不良林地、未利用的人造陆地或围垦地、工厂搬迁旧址、休闲度假项目退出后的旧址等。

2-2　自然再生项目的流程

实施自然再生项目的流程包括：①目标设定、②规划与设计、③施工（事业实施）、④监控与管理（图 2-5）[9,10]。所有阶段都要根据需要进行各种调查，而其中为了掌握事业用地现状所进行的调查尤为重要。下面将对该流程的各个阶段进行论述。对于调查及其分析方法，在本书分论各章或其他书籍[10]中有详细论述，供参考。

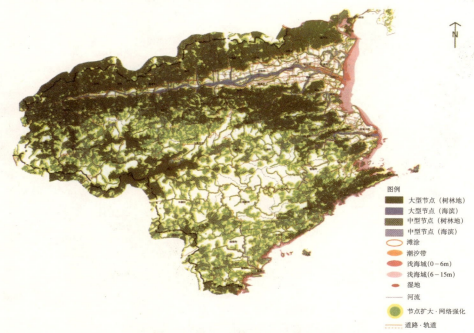

图2-4　德岛县的生物生境网络方针图[5]

林地据点的划定和扩大、网络强化部分的选取，是用正文记载的方法进行的。对于岸边带也是通过同样的方法来制图的。

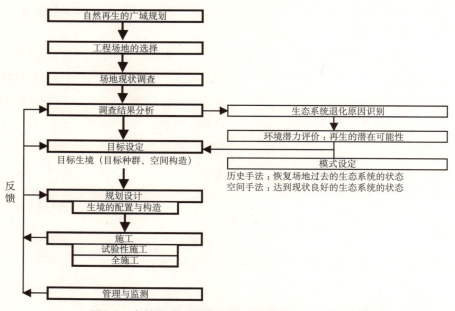

图2-5　自然再生工程的流程（根据文献9、文献10制成）

2. 自然再生的方法论

1) 目标的设定
（1）目标设定的方法

在自然再生事业中，设定明确的目标非常重要。目标设定是通过原型设定和环境潜能评价进行的。

A．原型设定

简单来说，原型是自然再生的"范本"。但是，该范本不局限于完全未经人为改造的状态的生态系统。日本传统型土地利用中形成的二次自然的丧失，被列为生物多样性减少的主要原因之一[11]，而物种多样性较高的再生草原和再生林作为再生原型的情况也很多。

原型的设定要用到以下信息。

第一、过去生态系统健全时，自然再生项目用地的状态。这种方法被称为历史（时间）研究法（historical approach），即将生态系统过去的状态信息还原，并将其作为目标设定的参考。采用历史研究法时，需要过去的生态系统和景观状态的相关数据。对于地形、植被、土地利用，通过利用航拍图、旧版地图、景观照片等，几乎可以在全国范围内，以同样的方式得知过去的状态。而对于生物群落，则可以采用收集过去的文献和对老年人进行访谈等方法。但是，对于过去的生物群落，能够获取精确数据的地方，是极有限的。对生态系统过去的状态进行调查时所需的信息源如表2-2所示。

第二、现存的健全生态系统的状况。这会成为现存的原型[12]，这种方法被称为目标设定的空间研究法（special approach）。该原型最好能够尽量靠近自然再生场地，并尽量接近项目理想的生态系统。然而，现存的可能成为原型的生态系统的地方并不多，尤其是在平原地区。如果现存有这样的地方，通过详细的调查，弄清其生态系统的基础、构造、生物相等，就能够描述出具体模型。而原型地区可作为自然再生提供所需的生物材料的来源。

表2-2 对生态系统过去的状态进行调查时所需的信息源

资料	能够获取的时代	信息源
旧版地图	19世纪90年代（明治时代中期）~	国土地理院、（财）日本地图中心
航拍图片	1945年左右~	平原地区：同上/山地：（财）日本森林技术协会
卫星（Landsat）图片	1972年~	（财）遥测技术中心（RESTEC）
地籍册	19世纪90年代（明治时代中期）~	法务局
林班图/森林簿		国有林：各森林管理署/民有林：都道府县森林、林业部门
景观照片	19世纪60年代（明治时代初期）~	各地的乡土资料馆、图书馆等
各种文献	如果是20世纪30年代以后，可能会存在比较精确的生物群文献。	各地的乡土资料馆、图书馆等
个人记忆	20世纪30年代~	需要进行个别的访谈调查

实际上，最好能同时使用上述两种研究法[13]。通过历史研究法，可了解景观、植被、土地利用、几种限制种的历史状态等，而通过空间研究法，则可了解植物群落的分布、构造、生物相等，从而更精确地绘制模型。

通过将再生场地的生态系统的现状与模型进行对比，可以发现生态系统退化的程度和原因。而对退化程度的评价，需从生物指标和物理化学指标两方面来进行。典型的生物指标包括：植物群落的构造，生态系统构成物种的数量和个体数。物理化学指标则包括：水量和地下水位等水文数据，电导度和溶解氧量等水质数据，土壤层的厚度和硬度等。

再生场地生态系统退化原因多种多样，有的单纯是由于直接的土地改变引起，有的则是直接、间接等多方面原因错综复杂地交织在一起所致。与通过环境评价来预测将来的影响相反，对生态系统退化原因的分析是在追溯过去的同时，推测什么原因带来了怎样的影响。通过时间追溯，分析何时何种的开发行为导致该时期什么物种的消失，这是非常有效的方法。在此基础上，还需梳理这些导致生态系统退化的原因，哪些在现阶段已经能够消除，哪些很难消除。对现阶段生态系统能退化原因尽力消除后，该生态系统能够再生到什么程度，这与目标设定密切相关。这一点将在下文"环境潜能"中进行论述。

关于目标设定，还有人提出"潜在自然"的概念，该概念定义为"停止人为活动时，当地能形成的自然程度最高的生态系统[14]"。潜在自然中植被的概念就扩大了，除植被外，还将当地的动物群落及其物理环境也包含在内。在物理环境显著改变的地方，潜在自然是与生态系统良好的历史状态不同的自然。例如，在上游建有水库的河流中，沙土供给和洪水冲蚀等自然搅乱的频度和强度变低，很难再形成圆石河滩。在这样的河流中，外来物种入侵的情况也很多，使当地物种的生存受到压迫。因此，在描述潜在自然的具体景象时，必须明确要在多大程度上排除了人为的影响，这与下面论述的环境潜能评价很类似。

B．环境潜能的评价

原型可以说是自然再生的理想状态，但实际操作中不一定能够完全按原型实现。原型确定后，接下来就要对其可实施性进行评价。可实施性正是通过环境潜能的评价进行的。所谓环境潜能，是指建立某种生态系统或生物物种栖息、生育的潜在可能性[15]。

环境潜能由以下内容构成。

第一、分布潜能，表示气候、地形、土壤、水环境等土地条件，是否容许某种生态系统的存在。例如、植物群落的分布的决定因素有：温量指数等表示的气候潜能，地形、土壤、水环境等表示的土地潜能以及人为干扰的程度。由于植被是动物栖息的基础，所以植物群落的存在也决定了动物群落的存在。

第二、物种供给潜能，即植物种子和动物个体散播的可能性。这是由各物种的散播、移动能力及栖息地之间的距离及连续性决定的。

第三、种间关系潜能，包括："吃－被吃"的捕食关系，对资源的竞争关系，生物间相互作用所产生的共生关系等。因为物种数量庞大，且关系错综复杂，所以对其进行评价极其困难。

第四、迁移潜能，即生态系统随时间变化的路径、速度及最终可能的状态。这种潜能是由上述三种潜能决定的[6]。

通过对环境潜能进行评价，能够大概了解生态系统存在的可能性，以及特定物种、种群在此栖息的可能性。环境潜能的评价通过野外实验、建立模型、模拟实验等来进行。对于建立模型和模拟实验中使用的变量来说，野外调查和实验的数据是必不可少的。

环境潜能的结果多数情况下是一定的范围内的地图化形状。如（图2-6）[17]为不同土地环境条件下植物群落生存可能性的评价图，以及基于现存植被图的动物生存的可能性的图等。目前该技术还有待发展，但相信随着技术的发展其水平会不断提高。

C．根据原型和环境潜能评价进行目标设定

自然再生的目标，可结合原型的选择和环境潜能评价来设定[13]。将二者结合具有如下优点。

第一、目标的方向和边界会变得明确。如果将再生目标比作矢量，则模型表示矢量的方向，而环境潜能表示矢量长度的最大值。如果弄清了模型生态系统的详情，就能够明确矢量的方向；当无法弄清楚模型的详情时，方向就会出现偏差。同样，根据环境潜能评价的精确度，矢量的长度也可能会发生变化。

第二、环境潜能已经退化（或降低）时，要根据模型指出其改良的方向。如果以退化后的环境潜能为前提，自然再生的目标就不得不降低。但如果与原型进行比较，则可以制定阶段性改善环境潜能的自然再生计划。例如，低层湿原再生地的地下水位较低时，设法人为提高地下水位或供给地表水等措施，可快速改善环境潜能。下文所述的霞浦湖荇菜项目，则通过长期、阶段性地提高环境潜能，最终达到设定的目标。

（2）目标的表示方法

自然再生的目标由生态系统的结构、功能、生存和维持过程等来表示。

生态系统的结构包括三个方面的内容，即：①生态系统的构成要素，即生物种群；②地形、土壤、表层地质、水文环境等基础环境；③外观、优势种、群落高度等植物群落的结构。再生的目标也是由这三个方面的内容来表示的。英语中将①称为 target species，将②和③合称为 target type，但这里将 target type 称为目标生态（target ecotope）。

目标种群应从过去曾在自然再生项目地其附近生育、栖息的物种中选择，因此历史的生物群数据成为重要的资料，但前面也已经讲过，弄清过去的生物群全貌并不容易。因此，需并用空间研究法，参考类似的良好生态系统，首先选出候选的目标种群，然后在听取专家和市民意见的基础上来决定。经常被选为目标种群的有：稀有种、旗舰种、保护伞物种、关键种等（表2-3）。

确定生态环境再生的目标时，首先要通过历史研究法，确定过去曾存在过的生态系统的空间构造，再从其中选择再生目标。对于土地改变或水质污染导致土地环境潜能退化的情况，如果不能根除其原因，就无法恢复过去的生态系统。因此，将过去与现在的环境潜能进行对比，是非常重要的工作。在可行的范围内，最接近原型的生态系统会成为当前的再生目标。

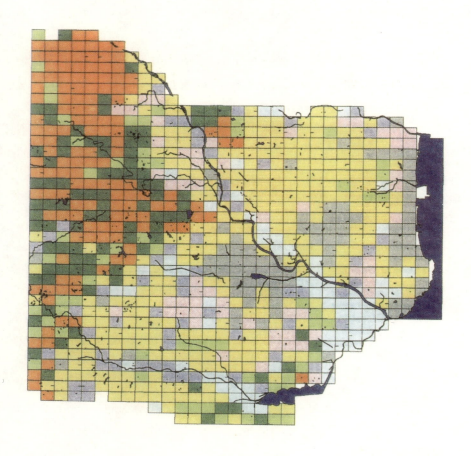

图2-6 水户地区两栖类栖息地预测图[17)]

根据地形分类图和现存植被图,绘制出的水户地区两栖类栖息地预测图。使用这样的图,能够预测出在何地再生湿地及形成怎样的两栖类群落的分布。

2. 自然再生的方法论

表2-3 自然再生中目标物种的分类

	说　　明	例
稀有物种 rare species	环境省版或地方版的红皮书中记载的物种等濒危物种。在自然再生项目中，以稀有物种为目标物种的情况有两种：一种是目标物种在该地区尚存的情况，这时要设法扩大其个体群的规模。另一种是目标物种已从该项目场地中消失、现在生存在其他地方的物种。这时，为了避免在导入时发生遗传上的破坏，需要进行事前评价。	中国鲎
旗舰种 flagship species	美丽的花和体型可爱的动物等物种，易于亲近，而且能够向普通居民宣传环境保护的意义。可以该物种为象征，通俗易懂地向居民传达自然再生的意义和目的。	樱草源氏萤
伞护种 umbllera species	位于食物链顶层，需要广大的栖息面积，或生存在几种不同生态环境中的物种。以该物种为目标进行自然再生时，必须在大面积的自然环境或从景观水平进行自然再生。	鹞苍鹰
关键种 keystone species	在生物群落中，对其他构成物种的存在产生巨大的影响，而且在物种组成、能源流动等群落特征的决定上，发挥着显著作用的物种。在自然再生中，关键种与目标生态系统本身密切相关，所以最好能够提出包括个体数和分布的定量目标。	梅花鹿

注）关键种也常用片假名标记为キーストーン物种。1969年，由Paine提出时，被定义为："位于生态系统中食物网的顶层，对其他物种的存在具有巨大影响力的物种"。但是，1980～1990年代以后，不只是肉食类捕食者，包括捕食者、被捕食者、共生、寄生等在内的、对其他物种的存在影响较大的物种，逐渐被称为中心物种。因此，将捕食者发挥着关键种的作用的情况，称为关键捕食者，以便与广义的关键种相区别[18]。

目标生态系统的构造是由各目标种群及其生态环境的组合来表示的。因此，对于跨几种生态系统的目标种群，要写明其要点。

生态系统的功能是对物质循环和能源流动进行描述的一种物理化学特性。生态系统的某些功能，例如水质净化功能或预防全球变暖的二氧化碳的吸收源的功能在进行自然再生时具有极其重要的作用。迄今为止，在具体的自然再生事业中，以其为目标的情况还很少，但今后该项目的重要性会逐渐增大。

生态系统的形成和维持过程是由生态演变的阶段、演变所需的时间、维持该生态系统所需的人力种类和强度等表示的生态系统的变化及其主要原因。目标生态不同，其自然再生所需的时间也大不相同。对于森林群落，尤其是自然林的再生来说，至少需要极顶期构成物种的个体成长为足够大的成树为止的年数。在广为人知的明治神功的境内林的营造中，栽植了一定大小以上的、米槠和红楠等照叶树林构成物种的树苗，估计目标森林的形成大概需要100年，但实际上，只用了大致70年，就达成了目标[19]。

与此相反，对于干性草原和低层湿原等情况来说，因构成生态系统的物种个体寿命很短，所以能够在很短的年限内再生，一般来说，大致需要10年左右。最近，很多人在研究表土的活用技术，通过该技术，可能能够使年限再缩短几年。

也有人认为应该长期地、阶段性地提高目标。如在霞浦湖的自然再生荇菜项目中，提出的目标是："10年后大苇莺、20年后大天鹅、30年后大豆雁、40年后鹳、50年后鹤、100年后朱鹮能够栖息。"[20]。在广域的自然再生中，有时会以位于食物链顶级的物种、或现在马上要灭绝的物种为目标。为了使这样的目标物种能够生息，景观水平的自然再生和阶段性的环境潜能的提高是必不可少的，因而长期规划成为必然。

表2-4 自然环境保持与恢复的基本类型及其各目标维护与管理[21]

保持/恢复类型		自然状态		维护管理方针
		现在	目标	
保持型	保存型	A	A	β
	保全型	A	A	α + β + γ
	保护型	A或A′	A+B	γ
恢复型	修复型	A	B	α 或 β
	再现型	A′	B	α
	创造型	A′或A	C	α 或 β

A：现存自然（无植被时用A′表示）　　α：促进迁移
B：潜在自然　　β：控制迁移
C：创造自然　　γ：顺应迁移

当生态目标是再生林或再生草原时，需要在目标达成后，继续持续地投入一定的人力。此外，当目标物种的生育、栖息需要一定频度的自然扰动时，还需在自然再生项目中形成维持引起自然扰动的条件或导入代替自然扰动的人为扰动。自然再生的目标和过程的关系整理后如表2-4所示[21]。

2）规划和设计及施工
（1）规划
在广域规划中，项目实施场地确定后。就要进入更具体的场地规划阶段了。场地规划包括以下内容：

A．场地的整体面积和形状

就个别自然再生项目所需的面积和要求平面形状而言，目标物种不同，面积和形状也大不相同。如果以活动圈很大的动物种或位于食物网顶级的物种的栖息为目标，就需要很大的面积。如果以单一物种为目标，个体生存所需的面积乘以维持个体群所需的最少个体数，则为所需的总面积。以日本松鼠（*Sciurus lis*）为例，雌性个体平均需要10公顷、雄性个体平均需要20公顷的活动圈[22]，因此为了确保10只雌性、5只雄性的个体群能够栖息，则需要确保100公顷左右的林地。

为了确保核心部分不易受周围影响，一般会将场地形状设为接近圆形的形状，并尽量避免变得细长。但是，如果遇到峡谷那样在地形上必然会呈细长形状时，则不受这个限制。

当设定多种目标物种，或利用多种不同生态来栖息的物种为目标时，需要对不同种类的生态进行组合再生，即进行景观的再生。对于这种情况，其面积计算，更加复杂。

B．周边环境

自然再生项目场地与其周边环境之间是相互影响的。场地临近道路、机场、市区、工厂等时，一定会受到污水、噪声、振动、光等各种搅乱生态系统的因素的影响。即使是相同程度的冲击，对于不同的动植物种群来说，受影响的程度也是不同的。例如，噪声和振动会对鸟类产生很大的影响，但对于多数昆虫类来说，则不会造成很大的影响。因此，目标种群不同，与干扰发生源之间的距离的设定方法也不同。

一般来说，为了缓和来自于周边的影响，会设置缓冲带（buffer zone）。前述的影响的各类和程度不同，生物对影响的感受性不同，缓冲带的宽度和其中生存的植被等也不同，但迄今为止，关于缓冲带的存在状态的研究并不充分，即使在众人熟知的荷兰的生态系统网络中，也未标出关于缓冲带宽度的具体数值。标出缓冲带的具体数值的案例如美国水边环境林带的保护和治理的相关指南等[23]。水边环境林带是指具有：①水质保护；②河岸稳定化；③水域栖息地保护；④陆域栖息地及生态走廊保护等功能的河流沿岸林带，针对从周边陆域流入水域的磷等营养盐类的控制及水质保护，美国农业部规定的林带宽度数值为 15～22.5m。

另一方面，还需兼顾到被再生的自然环境对周边居民和经济活动造成的影响。一般来说，可能出现的影响有：野生鸟兽对农作物的危害，动物侵入道路导致的交通事故，树林对日照的阻碍等。为了缓和这种对人类生活的影响，缓冲带也是必要的，例如：通过在再生林地的周边配置低茎草本群落带来缓和对日照的阻碍。

此外，不同生态系统和土地利用场所之间的物理、化学和生物性相互作用对于自然再生的规划和实施是极其重要的，这是今后的研究方向。

C．原址与异地

原则上，应该在目标生态系统曾经存在的地方进行原址（on site）自然再生，但如果当地土地利用变化显著，或很难取得土地所有权，也可以考虑在不同的地方开展异地（off site）型自然再生。此外，还存在项目场地跨越原址和其他地方的中间情况。

一般来说，人们往往认为，原址再生很容易得到与目标生态系统相同的物理环境条件，事实上并不一定如此。如果造地、填埋、围海造田等已经导致土地的环境潜能显著退化，那么在原址进行自然再生是十分困难的。这种情况下，寻找具有适合目标生态系统的环境潜能的地区，这些再生反而更容易成功。拘泥于原址，是因为人们的头脑中存在着"土地的记忆"，如果有"这里曾经存在过的湿地，无论如何想在这里使其再生"这种想法，则会采用各种各样的物理手段，在原址进行自然再生。分论11"泉水地"中"穿衣池"就是这样的例子。自然再生的场地不只是单纯的技术问题，还受当地居民的意向所左右。

D．自然再生中人为干预的方式

自然再生中人为干预的方式分为主动再生和被动再生两种。主动再生（active restoration）是指在生态系统的再生过程中，人类通过积极干预促进自然再生。例如通过塑造地形或土壤改良等措施整治植被基础，并在基础上栽植植物等系列成套的做法，则为主动再生。与此相反，被动再生（passive restoration）是指先由人类进行一定的环境条件的整治，其后则等待植被迁移等生态系统的自主再生的。例如，只塑造地形而将植被的形成交给自然演替的做法，就是被动再生。此外，当污染物质成为阻碍生态系统再生的主要原因时，通过根除其影响来促进再生，

19

也是被动再生。

一般来说，主动再生对目标生态系统的诱导作用较强，能够很快实现目标生态系统的再生，但费用也很高。此外，在单纯追求"更快"的施工中，起反作用的情况也不少。例如，在栽植工程中，由于从其他地区导入幼苗而导致的基因搅乱。另一方面，被动再生中需要的费用相对较少，但实现目标花费的时间较多。如果时间上的限制很少，不管是从"自然"的生态系统的形成，还是从费用来看，被动再生都是更理想的。

然而，主动再生和被动再生只是思考方法而已，并不是二者择一的性质。根据情况有时需同时使用这两种方法，特别是在物种供给潜能变低的再生场地中，有必要通过栽植母树或人为移入动物个体等主动再生方式将其潜能提高到一定程度以上。

E．生态区的配置规划

在面积有限的场地内，对照目标，考虑在何处多大面积内配置生态区较好，就是生态区的配置规划。换言之，即生态斑块的最适分配规划。

在制定这样的规划时，首先要弄清目标物种生息所需生态区的种类和面积。这个问题已在"A．场地的整体面积和形状"中进行了说明。在掌握了目标物种和生态区的关系后，接下来要弄清两点：①适合形成各个生态区的布局在哪里；②不同生态区之间的物种和物质是怎样相互流动的。最理想的是在充分获取①和②的相关数据的基础上制定配置计划，但很多时候只能基于有限的数据进行规划。

关于使用原始数据确定生态区配置，有对 Coenagrion terue（蜻蜓的一种）个体群进行恢复的实际案例，详情请参考分论"11．泉水地区"的图表。因为已经解明这里的浅水域中湿性植物和水草生育的生态区适合 Coenagrion terue 的繁殖，所以，利用 GIS 将适合塑造这种生态区的地方绘制成图。此外，为了确认该地是否具有充分的物种供给潜能，采用捕捉和再捕捉法调查了 Coenagrion terue 成虫的移动距离。根据这些调查结果，将水池间隔控制在 20m 以下，并在地下水位较高的地方配置水池，塑造出该生态区[24]。如果对于某生物种无法收集这样的原始数据，则可利用已有知识，在同样的思路下制定配置规划。

对多种目标物种（种群）的栖息地生态区进行最适配置时，要采用以下思路。首先，如果适合目标物种生育的生态区只能在有限而特殊的布局内形成时，该目标物种则为优先物种。例如，依存于泉水的生物等就属于此类。此外，如果目标种群依存的生态区是在完全不同的布局中形成的，因为没有空间竞争关系，规划的目标则是使目标物种在各种不同的场所中生长繁育。

但问题是有些目标物种在同一布局中可能依存不同类型的生态区。例如，在地下水位较高的冲积地上，可能形成赤杨群落和柳树群落等湿性木本群落、芦苇群落等高茎湿性草本群落以及低茎的湿性草本群落，还可能通过挖掘营造出水域。换言之，在同一场所可能形成各种类型的栖息地。假设自然再生项目的目标物种是在柳树上捕食的小紫蝶、在芦苇群落中筑巢的大苇莺、低茎湿性成本群落的构成物种-黄连花及在浅水域中繁殖的龙虱，那么，在一定面积的用地中，怎样才能合理地配置这些目标物种的栖息地呢？首先，要考虑形成生态区所需的时间。

2. 自然再生的方法论

与其他三种物种相比，柳树群落的形成需要很长时间（一般是10～20年），所以，如果柳树已经存在，就不要将其移动，而是将剩下的场所分配给其他三个目标物种。其次，在剩下的三种中，大苇莺需要比较广阔的栖息地，所以配置时要确保相对完整的芦苇群落，余下的作为供黄连花等生育所需的湿性草原和龙虱的池塘，也要根据这样的思路，逐步制定配置计划。如果依据以上理论进行定量计算，可以采用下述方法：用坐标格划分用地，然后对各目标物种所需生态区的形成潜能进行打分，然后从分数高的生态区开始优先配置[25]。

（2）设计

自然再生项目中的设计对象大致分为地形、再生生态系统及生存设施三种。设计时有两点是非常重要的，首先要意识到工程的竣工形态和最终完成的形态是不同的，其次是要尽可能利用自然本身的设计。

A．设计的思路

一般来说，设计是指将完成形态的三维构造绘制成图纸等。然而，对于自然再生项目来说，工程的竣工形态和完成形态大不相同。自然再生项目的完成形态是指目标生态区的构造。但工程结束后，还须经过一定的时间，待植物长大或演替完成后，才能实现该目标。因此，在自然再生项目的设计中，需要对竣工形态和将来的完成形态两个方面进行描述，如果可能，最好也描绘出实现完成形态的中间过程（图2-7）[26]。虽然工程委托时一般描述的是竣工形态，但对于达成形成项目的共识并周知，完成形态是必不可少的。

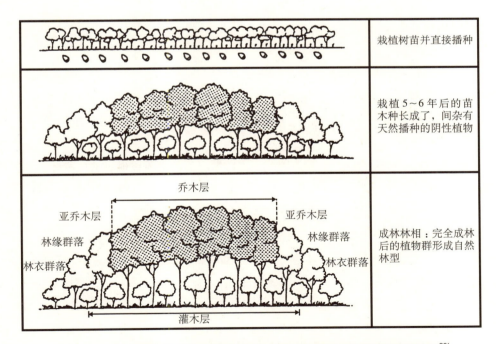

图2-7　中国台湾高雄市的高雄城市公园中用于修复自然林的栽植设计图[26]

这是绘制的设计标准截面图。以阴性树为主体的乔木林，一般需花费70年左右才能形成。而通过栽植树苗和直接播种，可缩短至20年左右。实际上，不一定会完全按照此图形成树林。最上面的是竣工形态，最下面的是完成形态。

充分利用自然本身的力量来设计的原则，在自然再生中极其重要。利用自然本身的力量进行再生的设计是指侵蚀、搬运、堆积造成的地形变化，或生态演替带来的植物群落和动物群集随时间的变迁等所导致的生态系统的形成或变化。这样的自然塑造力有时会使布局本身发生变化，并在产生的布局中形成新的生物集群。通过这样的自然塑造力，会逐渐形成"更自然的自然"。在设计中，最好能兼顾时间上的变化和空间上的灵活性，设计出容许一定程度的变化的构造。

B．地形的设计

地形设计是指一般的土木工程中所说的土工设计，如通过挖掘使地下水位相对上升、填土或修建水渠等。地形是生态区的基础，所以设计时要与目标生态区相结合，使其形成目标生态区所需的条件。塑造地形时，要尽量与周围的自然地形相融合。当然，如果现状基础满足要求时，就没有必要再塑造了。原则上要将土方量限制到最低。此外，在储存和播撒表土时，要尽可能保证表土内的生物资源，即保证休眠种子和根茎、土壤动物等能够与表土一起移动并存活。

C．生态系统的设计

生态系统的设计是指生态区结构图的绘制。在生态区结构图中，要绘制出竣工形态和完成形态，竣工形态包括：地形、土壤、水环境等物理基础的构造图，以及类似栽植设计图的生物材料配置图和构造图。而在完成形态中，要在基础构造图上，绘制出目标植物群落的构造，同时要附目标物种的动物列表。在生态区结构图中，只要表示出大致的形状和尺寸即可，不需要非常详细的形状和尺寸。

D．设施设计

在自然生态项目中，构造物等设施是促进生态系统形成的配角。这些设施包括：①用于保护物理环境的设施（水边的防波设施，河流、水渠冲水区的护岸设施，斜面的板桩等）；②用于改善物理环境的实施（地下水库、水渠等）；③直接用于形成生物生息环境的设施（巢箱、供动物移动使用的隧道和桥梁等）。

在这些设施中，标准化的构造很少，因此，多数情况下都必须在现场进行设计。设施的材料最好是自然素材，但因为其功能的发挥是第一位的，所以也没有必要拘泥于自然素材。此外，在防波堤和板桩等传统施工方法中，也有一些适合自然再生的做法值得利用。

E．亲近自然的设施

亲近自然的设施是指用于参观或体验再生的自然环境的设施。这些设施同时会起到对普通人进行自然再生启蒙的作用，是绝对应该设置的设施。设施内容包括人行道、场地向导图、解说版（签名）、长椅等休息设施和厕所等便利设施，要根据再生用地的规模，来设置这些设施。解说版中要简单易懂地写明自然再生的背景、再生的意义和经过、再生的方法、环境和生物的情况等，并努力强调其重要性。尤其是在大型项目中，有时还会设置游客中心。设计的思路与在自然公园和城市生态公园（Ecopark）中进行设计的方法相同，以其为参考即可。

2. 自然再生的方法论

F．生态美学

在迄今为止实施的众多生态公园或补偿性公园的设计中，基本没有强调景观美的案例。然而，在这样的项目中，最终因生物存在而形成美丽景观的案例并不少。生物生息的景观特征如：形成植物群落按自然坡度在水边排列的生态秩序，或能够在近处观察接触鸟类和昆虫等。这些应该也可以称为生态美，对于观赏自然的人类来说，具有重要的作用。有人指出，如何在自然再生的过程中加入景观设计，对于扩大对自然再生的理解和促进自然再生的开展是非常重要的[27]。在自然再生项目中，还未确立怎样形成生态美的方法论，但在今后项目逐渐增加的过程中，应该对此加以重视。至少在上述亲近自然的设施中，要考虑到不断减轻对生物的影响，并尽可能设置一些容易看见生物的地点或场所。

G．设计的表示方法

与一般的建设工程相同，在自然再生事业中，也要编制设计书。设计书是用来表示工程的目标及实施方法的，由图纸和使用说明书构成。前面也提到过，在自然再生中，竣工形态与完成形态不同，所以基本设计中要对这两个方面进行描述。为了让专家以外的人也能理解，还要根据需要附加透视图（perspective）、插图等。此外，在实施设计图中，也要写明工程的目的。这是因为在自然再生事业中，工程的目的在于生态结构的形成和功能的恢复。这些措施都是为了让工程相关人员能够切实把握目标，理解工程中的本质问题。

（3）施工（项目实施）

对于施工和材料，将在下一章"3.自然再生的材料和施工"中进行论述，所以这里不再详述，其概要如下：

A．减轻施工时的影响

在自然再生项目中，目标生物多栖息在项目场地及其附近。这就要求工程要避开繁殖期，或设置避难地和缓冲带等，以使对现存生物的影响控制在最低限度。

B．材料的选择

为了防止基因搅乱，要避免使用境外外来物种或境内外来物种。原则上，要在当地调集生物材料。为了在当地的附近调集生物材料，可以有计划地采挖表土、或培育地区性的种苗。

C．委托与检查

对于与自然再生项目相关的工程检查来说，在普通的园林、土木工程等中关注的产量和形状尺寸的微差，并不那么重要。比起从这种视角进行的详细检查，是否发挥了生物栖息地的功能、或将来是否会发挥作用这样的视角反而重要得多。此外，因为需要在活用原有岩石或树木的同时进行施工，设计的变更是不可避免的。因此，与其制作很多详细的实施设计图，倒不如依据概略的形状和数量订货，等竣工时再结算。

3) 监控和管理

在自然再生项目中，监控和管理是一体的。监控的主要目的是对自然再生项目的评价和对管理的反馈（反映）。

（1）监控

提倡采用 BARCI（Before-After-Reference-Control-Impact）进行监控的设计[28]。对自然再生还需在其中加上一项，即项目设施用地过去的状态（P），流程监控设计如图2-8所示。

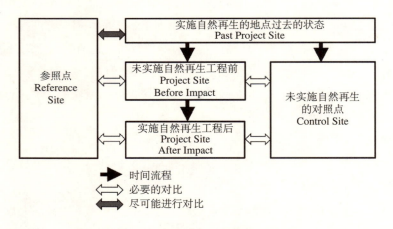

图2-8　自然再生事业中的BARCI设计

自然再生项目本身，相当于 BARCI 设计中的 Impact；受到该 Impact 之前的事业用地的状态，相当于 Before，事业结束后的状态，相当于 After。这里需要注意的是，Impact 是"进行再生事业"，即使用的是其正面的意义。在工程竣工后，要尽可能马上开始对 After 进行长期的监控，即对再生后的生态系统的状态进行持续的监视。对于监控的频度问题，要在工程刚竣工时频繁地进行，然后逐渐空出一定的间隔。一般来说，按施工后第一年、第三年、第五年、第十年、第二十年这样的间隔来进行。

Control 表示项目用地中未进行自然再生的地区，即对照区。通过事先设定对照区，可以以"至少与未进行自然再生的地方相比，自然环境得到了多大的改善"的思路进行评价。

监控项目大体分为生物和物理化学环境。对生物的调查包括：植物群落的组成和构造，各类群落的物种数、主要物种尤其是目标物种的个体数、分布、个体的大小等；对物理化学环境的调查包括：气象、地形、土壤、水位、日照等。要尽量使调查项目在 BARCI 各项之间统一，以便进行相互比较。此外，对于重要的目标物种，要根据需要增加调查项目，使其成为能够随目标而改变的、灵活的监控。

（2）管理

要根据监控数据的分析，在灵活应对情况变化的同时，对再生用地进行管理。这是以再生后的生态系统是不确定性较高的系统为前提的管理，被称为顺应性的管理（adaptive management）[29]。

以再生为目的的生态系统，会随时间逐渐演变。因此对是在不断接近设定的目标、还是发生了偏向演变的判断至关重要。发生偏向演变时，要加入人为管理，去除引发偏向演变的植物，

2. 自然再生的方法论

促进正常的演变。此外，以再生草原和再生林为目标时，在目标达到后，还要进行维持管理，如割草或定期的采伐更新等。

台风时的洪水和强风等活动，可能会对自然再生起正面作用，也可能会起负面作用。例如、洪水冲击那样的自然搅乱，会引发后退迁移，如果形成了适合生活在裸地的物种生息的土地，而该地的目标也是适合在裸地栖息的物种，就会起正面作用。所以，只要持续进行监控，关注其结果即可。

与此相反，小规模的池塘和水渠，可能会一下子被洪水时流入的泥沙所掩埋，变成陆地。而如果该地的目标是水边的植物群落或水生昆虫时，则不能放任不管，而要进行疏通等。一般来说，再生用地规模较大时，发生自然活动后，基本不需要进行人为修复；但在小规模的再生用地中，需要进行人为修复的情况较多。

外来物种入侵的预防和根除，在管理上也很重要。外来物种会成为威胁目标物种生存的主要原因，尤其需要警惕侵略性的外来物种。最重要的预防措施就是不要将外来物种用作生物材料。但是，不管怎么注意，外来物种还是可能会通过表土的休眠种子和邻近群落散布的种子等来入侵，完全防止入侵是不太可能的。对于那些会威胁到当地物种或目标物种的生存的危险物种，必须通过有选择的拔除或捕捉来彻底排除。发生外来物种的入侵时，处理越早效果越好。

（日置佳之）

――引用文献――

1) Holling C.S. (1978): Adaptive Environmental Assessment and Management. Wiley. London.
2) 日置佳之 (1999): オランダの生態系ネットワーク計画, ランドスケープ大系第5巻, ランドスケープエコロジー (社団法人日本造園学会編) p.211-237. 技報堂出版.
3) Nature for People People for Nature －Policy document for nature, forest and landscape in the 21st century (2000): Ministry of Agriculture, Nature management and Fisheries, The Netherlands.
4) 自然環境の総点検等に関する協議会 (2004): 首都圏の都市環境インフラのグランドデザイン～首都圏に水と緑と生き物の環を～. 国土交通省国土計画局.
5) 徳島県 (2003): とくしまビオトープ・プラン, 第2版－自然との共生をめざして－.
6) 埼玉県 (1999): 彩の国豊かな自然環境づくり計画.
7) 町田市 (2000): まちだエコプラン「人と生きものが共生するまちづくりをめざして」.
8) 鎌田磨人 (2004): 戦略的な自然林再生－研究と施策と事業と人の連関, 日本緑化工学会誌 30(2), 394-395.
9) 中村太士 (2004): 釧路での実践から得られた教訓, 自然再生 釧路から始まる (環境省・社団法人自然環境共生技術協会編), p.9-19. ぎょうせい.
10) 日置佳之 (2001): ミティゲーションの手順, ミティゲーション (森本幸裕・亀山 章編) p.21-42. ソフトサイエンス社.
11) 環境省自然環境局 (2002) 新・生物多様性国家戦略.
12) 鷲谷いづみ (2001): 生態系を蘇らせる, 日本放送出版協会.
13) 日置佳之 (2002): 生態系復元における目標設定の考え方, ランドスケープ研究 65(4), 278-281.
14) 玉井信行 (1999): 河川の自然復元に向けて, 応用生態工学 2(1), 29-36.
15) 日置佳之 (2003): 湿地生態系の復元のための環境ポテンシャル評価に関する研究, ランドスケープ研究 67(1), 1-8.
16) 日置佳之 (2002): 環境ポテンシャルの評価, 生態工学 (亀山 章編), p.97-110, 朝倉書店.
17) 大澤啓志・日置佳之・松林健一・藤原宣夫・勝野武彦 (2003): 種組成を用いた解析による両生類の生息域予測に関する研究, ランドスケープ研究. 66(4), 1-10.

18) 巌佐 庸・松本忠夫・菊沢喜八郎 日本生態学会編（2003）：生態学事典，共立出版．
19) 亀山 章（1996）：明治神宮の森，天然林をつくりだした技術と維持管理，緑の読本第38巻，p.57-60，公害対策同友会．
20) 飯島 博（2003）：公共事業と自然の再生－アサザプロジェクトのデザインと実践，自然再生事業（鷲谷いづみ・草刈秀紀編），築地書館．
21) 中村俊彦（1998）：自然保護と自然復元，沼田 真編自然保護ハンドブック，p.229-238，朝倉書店．
22) 矢竹一穂・田村典子（2001）：ニホンリスの保全ガイドラインづくりに向けて，ニホンリスの保全に関わる生態，哺乳類科学 41，149-157．
23) 高橋和也・土岐靖子・中村太士（2004）：米国における水辺緩衝林帯保全・整備のための指針・法令等の整備状況，日本緑化工学会誌 20(3)，423-437．
24) 日置佳之・半田真理子・岡島桂一郎・裏戸秀幸（2003）：継続的なモニタリングによるオゼイトトンボの個体群の絶滅危機回避，造園技術報告集2002．
25) 日置佳之（2002）：湿地生態系の復元のための環境ポテンシャル評価に関する研究，東京農工大学学位請求論文．
26) 洪欽勲（2000）：生態的緑化実践－高雄都会公園植栽特色，公園緑地季刊，6-31，台湾公園緑地協会．
27) 宮城俊作（2004）：空間の形態からパターンを経てシステムとプロセスへ－ランドスケープデザインが自然再生に寄与できること－，日本緑化工学会誌 30(2)，399-401．
28) 中村太士（2003）：河川・湿地における自然復元の考え方と調査・計画論－釧路湿原および標津川における湿地，氾濫源，蛇行流路の復元を事例として－，応用生態工学 5(2)，217-232．
29) 鷲谷いづみ（1998）：生態系管理における順応的管理，保全生態学研究 3，145-166．

3. 自然再生的材料和施工

自然再生是基于生物学和生态学知识，采用具有科学性和技术性的过程来推进的。自然再生中所使用的材料，应尽量减少人工材料，而更多地使用生物或土壤等有机要素。实施自然再生时，需事先充分理解这些材料的特殊性和施工时的注意事项。

3-1　自然再生的材料

1）植物材料

原则上，植物材料要使用在对象地区及其周边地区选取的当地物种。

当地物种是构成当地自然生态系统的物种，不会导致生物性入侵和基因搅乱，因此在自然再生中最好使用当地物种。

然而，这样的材料由于缺乏市场性，即使已经被生产出来，也往往因无法凑齐所需数量而需要事先采取用种子来育苗等对策。此外，在规划和设计中，不仅要考虑单一的物种或尺寸规模，还需探讨多物种和多规格的植物材料的导入设计技术。

灵活使用当地植物的方法多种多样，从直接移栽个体到选种栽培或播撒表土使埋土种子发芽等。获取植物材料的方法如表 3-1 所示。

表3-1　获取植物材料的方法（文献1，有修改）

移植	将正在生长的植物个体挖出，直接移栽到目的地的方法。近年来开始使用重机移植大树。
根系移植	在树根附近砍伐树干，并将其根系移植的方法。在移植有发芽能力的树木时使用。
树苗栽培	采集木本类的种子，先栽培树苗，再移栽的方法。
种子采集	采集大量种子，在栽植地播种或喷洒的方法。
草垫移植	使用重机等将含有埋土种子和根茎的表土层以垫状挖出移入栽植地的方法。可以恢复与原来的场所类似的植被。
表土采集	采集含有埋土种子的表土播撒到栽植地的方法。主要用于湿地和再生林等的修复。
母树移植	移植长有种子的母树植物个体，通过其自然播种直接增加该物种个体数的方法。主要用于移植群落内个体数量较少的树种。

图片3-1 采集当地物种的种子栽培树苗，不会对地区的生物多样性造成影响

图片3-2 在不同的地区，源氏萤可能会出现变异，所以要避免从其他地区导入

2）动物类的导入

原则上，动物类的导入要采用自然移入的方法。但是，水生生物和土壤动物等不可能自然移入，所以要进行人为的导入。

人为地导入物种时，要遵循以下几个原则：①避免被导入地区发生生物性入侵或基因搅乱；②通过导入，使生态系统产生多样性；③不会因为导入造成被采集地区个体群的灭绝等。

3）表土

表土是珍贵的自然资源，物理上具有生物生育和栖息所需的通气性和保水性；化学上包含生长所需的营养盐和有机物；生物上含有植物的种子和根、地下茎、昆虫的卵和幼虫、土壤动物、微生物等，这些生物是构成该地生物群和生态系统的基础。在自然再生中，最好能对表土进行保护和利用。

在利用表土时，需要事先确认以下两点：①未混入侵略性较高的外来物种的种子和根等；②为了确保表土的预存用地，不会进行新的采伐或土地改变等。

4）现场取材

在自然再生的实施地区中生育的植物、或施工中产生的石块和碎石，是形成该地区自然环境的资源，所以要尽可能地对其进行再利用或循环利用。有效利用现存树木的例子如表3-2所示。

5）新材料

近年来，各种各样的新材料被开发成绿化材料。在自然再生中，也有尝试利用生物降解塑料和碳纤维等的案例（表3-3）。

考虑到外来物种的导入所导致的生物搅乱、其他地区材料带来的植物或动物的基因搅乱以及防止现场的材料被作为废弃物进行处置，自然再生的材料原则上要使用实施地区或其周边存在的材料。

3. 自然再生的材料和施工

表3-2　有效利用现存树木的案例

材料	将树干作为材料用做木栅、木杭、长椅、隔音壁等的表层材料等。
粗垛	将树枝或小枝用作粗垛栅的材料。
木屑	将树干和树枝粉碎后，作为木屑用于园路、土地覆盖料、土壤改良剂等。
堆肥	将干、枝、叶切碎用作堆肥材料。进行堆肥处理后用于土壤改良剂或堆肥等。
木炭	将干或枝进行碳化处理后，制成木炭，同时生成木醋液。碳用作水质和土壤的改良材料，木醋液用作消毒剂。

表3-3　自然再生中能够灵活使用的新素材案例

生物降解塑料

　　这些由微生物合成物类、化学合成物类、天然物类及其复合物制成的塑料，能够被土壤中的微生物分解，最终分解为水和二氧化碳。常用于地表覆盖、苗圃、保水膜、沙袋、土木工程的铸模、板桩等，除此之外，还可以将其覆盖在铁丝或金属丝网等的上面，用来防止对树干和根系的侵入。

碳素纤维素

　　碳纤维富有生物亲和性，对微生物和活性污泥等。具有很强的固定功能。因此，可以考虑用于池水和河流的水质净化、净化装置的接触填料、人工藻场或人工鱼礁、鱼类的产卵地等。

6）雨水等的利用

不是让场地内的降雨直接流到场外，而是采用管渠或集水井收集后，通过植被对水质进行净化，最后导入调整池，作为生物生育、栖息的环境进行利用。图3-1是把路面排水导入调整池的净化系统的实例。

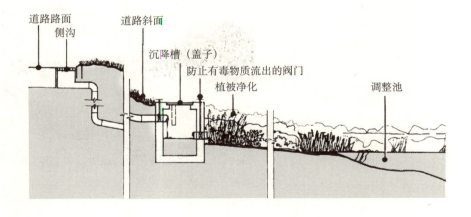

图3-1　将路面排水导入调整池净化系统实例（文献2，有修改）

3-2 施工过程对环境的影响

自然再生的施工是指实际营造出生物的生育、栖息环境的过程。然而，随着土地利用的改变，会产生新的问题，或出现意料之外的影响，甚至会对规划区当地的生态系统造成影响。此外，由于近年来土木机械的大型化，工程的规模也出现增大的趋势。在自然再生中，注意力往往集中在代偿地区环境的构造上，但施工期间有时会发生因环境的瞬间变化而导致生物死亡的情况。因此，在施工期间，要时刻注意生物的生育、栖息环境，尽量减轻对生物的冲击，缓和施工的影响。

在自然再生中，与一般的土木工程不同，需要注意以下事项：

1）结合生物的生活习性和生活史，制定施工计划

生物具有从出生到幼体、成体、繁殖为止的生活史。如果在对于生物至关重要的繁殖期等时期进行施工，导致环境发生变化，可能对生物造成巨大的影响。例如，在死水中生活的鲵鱼类的卵和幼虫在水中生活，成体登陆后，在树林的落叶或朽木下栖息。因此，通过施工来改变产卵池或修建代替池等时，要避开春夏交替、鲵鱼在水中生活的时期。此外，猛禽类等对繁殖期极其敏感，如果在此期间施工，可能会导致其放弃筑巢或育雏。

在自然再生的工程中，要弄清实施地区及其周边生育、栖息的生物的生活史，然后在影响最小的时期或期间施工。

2）施工场所的限定和限制

一般来说，施工过程中需修建作业场所、用于搬运材料等的施工用道路、临时设施和材料的暂存场所等。这样的用地虽然是施工过程中出现的暂时改变，但也要控制在最低限度。此外，为了避免不必要的场地出入，并尽量不让作业的影响波及到周边地区，要限定施工范围和作业场所（图片3-3）。

在因施工而被改变的场所，要通过栽植当地品种的植物进行修复。

在施工阶段，以生物为对象的各种作业，要使用人力或小型机器尽可能谨慎地进行。

图片3-3 为了便于施工车辆通行，把雪加固修建成"冰桥"，以减轻对周边环境的影响的案例（北海道钏路，环境省资料）

3. 自然再生的材料和施工

3）避难地的确保

即使是在影响最小的时期或期间施工，施工期间也要确保生物暂时避难的环境。这样的场所，可以供小动物藏身或移动时使用。此外，即使是规划用于采伐的地区，也要错时实施或阶段性地实施，尽量避免对当地生物带来集中性的影响。确保生物的避难地，可使施工地区的生物得以存续，使施工后的生物群和生态系统尽快恢复。

避难地最好设置在施工地区内，并进行维护管理。如果需要将避难地设在周边的良好环境中时，需要事先确认：①该区域满足对象物种的生息条件、②不会对原有地区生育、栖息的生物造成影响、③已经确保了生物确实能移动的环境。

4）试验施工的实施

对于自然再生中要处理的很多生物来说，其相关信息并不充分，如：生育和栖息环境、生活史、动态、进行人为移植或移动时能否繁殖等。此外，自然是非常复杂的系统，需考虑地区固有的关系与尚未解明的因素的相关性。

因此，在正式施工之前，需要进行风险管理，即事先进行小规模的试验施工，并对其结果进行监控，然后以得到的信息为基础，使正式施工变得更切合实际。因为自然生态系统的相关信息和知识的获得非常不容易，所以，要以假说为基础，反复进行试验施工以获取相关知识，制定具体的手法等，这种态度是非常重要的。

3-3 外来物种的应对

地域的景观和文化，是在漫长的历史中人与自然的相互关系中形成的，而外来物种的引入可能会破坏地域景观和文化、或使其变质，所以，在进行自然再生，要不断应付外来物种。

在"新生物多样性国家战略"（2002年）中，关于日本生物多样性的现状和挑战，提出了外来物种的问题，并指出人类活动使国外或国内其他地区的各种物种被带入，结果出现对自生物种的捕食、杂交、环境搅乱等，这可能会影响到日本的生物和生态系统。为了解决这种外来物种问题，日本于2004年制定了"关于防止特定外来生物对生态系统等的危害的法律（外来生物法）"，以防止外来物种的危害。

1）外来物种、侵略性的外来物种

物种是通过相互交配来繁衍后代，而且不与其他集团交配的独立生物集合。然而，即使是同一物种，所在的地域不同，个体的大小和体色有时也会不同，这说明从基因水平来看也应该是不同的。例如，虽然岐阜凤蝶被看作一个物种，但翅膀花纹不同的个体群，则被看作不同的集团。如果在具有不同基因类型的集团间进行交配，就会形成基因组合不同的集团，进而发生

31

基因搅乱。此外，在不同近亲种间的交配中，会形成具有双方性状的杂交种。基因搅乱和混合种的形成，会使物种的固有性消失，成为生物多样性减少的原因之一。

在生物物种中，自然分布而生育、栖息的物种、亚种或其他分类群，被称为自生物种或当地物种。与此相对，被人为导入的过去或现在的自然分布区以外的地区的物种、亚种、或其他分类群，被称为外来物种（alien species）或移入物种。外来物种还包括能够生存和繁衍的所有器官、配子（细胞）、种子、卵、无性繁殖子等。

物种的导入方式分为主动导入和被动导入。主动导入包括因鉴赏和欣赏、园艺和绿化、生物农药等目的有意导入的物种；被动导入包括附着在衣服上、混入输入的物品等无意中被导入的物种。由于城市化导致的气候变化，导致蚱蝉的分布区变大，也作为被动导入的一个例子。

外来物种可以简单分为国内外来物种和国外外来物种。国内外来物种是指：国内自生、栖息，被带入分布区以外的地区的物种。与字面意思一样，国外外来物种是指从国外带入的物种，台湾松鼠、女贞、大金鸡菊（图片3-4）等就是典型的例子。

区域内生存繁殖的，妨碍或压迫自生物种并威胁到区域生物多样性的外来物种，被称为侵略性外来物种（invasive alien species）。典型的侵略性外来物种有：洋槐、高羊茅、红颊獴、浣熊、大口黑鲈等。这些物种生长增殖迅速，有的破坏区域的植被，有的阻碍正常的植被演变，有的捕食自生物种导致其个体数减少等，引起了很多问题。外来物种问题，多是由侵略性的外来物种引发的。

图片3-4　溢出草原的国外外来物种——大金鸡菊
（河野 胜先生摄影）

2）基本的思路

（1）外来物种问题的基本原则

外来物种对日本生物多样性和生态系统的影响如表3-4所示。

外来物种带来的影响是不可逆的，如果不全部根除，就无法恢复到以前的环境，而且一度灭绝的自生物种也会永远消失。外来物种会对区域生态系统和生物多样性造成的影响非常显著。

表3-4　外来物种对生物多样性和生态系统的影响

- 通过竞争、繁茂和捕食、疫病的感染等，威胁到自生物种的生存本身
- 与由于地理的隔离而独自进化的自生物种交杂，形成杂种，使自生物种固有的遗传资源丧失
- 使生态系统的基础环境变质

目前，外来物种的问题并未完全解明，需要采用以预防为原则的思路来应对。

预防原则（precautionary principle）是指即使因果关系尚未完全被科学地证明，也必须采

取预防措施[9]，具体是指要根除可疑的外来物种。

此外，在对外来物种采取处理或驱除的对策时，要事先得到来自社会经济和文化等各方面的公众的认可（public acceptance）。

（2）外来物种对策的基本思路

自然再生应对外来物种问题的基本思路包括三个部分：①对外来物种入侵的危险性进行评价；②预防侵略性外来物种的入侵；③根除已侵入的侵略性外来物种，或控制其不向其他地区扩散。

目前，外来物种的问题并未全部弄清，所以要按照预防原则来应对。首先要通过调查来掌握现状，或使用各种信息来判断外来物种的影响程度和定居的可能性。在北美、澳大利亚、新西兰等国家和地区，设计出了预测区域自然植被侵略的危险性的系统，即植物侵略性评估体系（WRA：weed risk assessment）。植物侵略性评估体系是以对象物种的生活史特性为基础进行评估的结构。

外来物种的侵略性不仅与物种特性有关，还因被导入区域生物多样性的特性和生态系统的脆弱性不同而不同。例如，在外来物种所占的比例较低的区域，外来物种的影响很容易被发现，所以要尽量不导入外来物种。此外，对于有多种濒危物种生育、栖息的区域，其保护的重要性较高，所以应该完全排除外来物种。

3）外来物种的应对

外来物种问题具体对策的制定和实施过程，要按照调查、规划和设计、施工和维护管理来进行。

外来物种对策往往会伴随着植物的砍伐和动物的捕杀等，因此不仅要考虑到生物和生态系统本身，更重要的是通过沟通让该对策被社会所接受。

（1）调查

在调查中，要对规划区及其周边区域中物种的生育与栖息情况进行调查，然后将出现的生物列成清单。对于外来物种，要设立项目另外整理，并基于该清单抽出应该排除的侵略性外来物种。在抽出侵略性外来物种时，要参考以往的报告和文献，采用 WRA 等方法进行风险评估。现在还可以利用环境省的"特定外来物种清单"和日本生态学会编的"外来物种手册"[3] 等进行抽样。此外，如有"北海道外来物种列表"[4] 等对区域中外来物种进行危险评估的文献时，还可以同时利用这些文献。

对于被抽样的侵略性外来物种，要制定排除的对策方针。外来物种可能会从周边地区入侵时，要对其个体数等生育与栖息状况进行掌握，同时，通过文献资料或现场调查，解明该外来物种对自生物种的影响。

此外，对导入相关知识不足，对自生物种影响不明的动植物时，要在调查阶段，通过收集资料或专家访谈等，对导致遗传性搅乱或捕食压力的导入物种的风险进行评估，明确处理时的注意事项。

（2）规划和设计

在规划和设计中，尽量不要使用有侵略性的外来物种，并且避免无意中的导入。

A．选择材料时的注意事项

在选择材料时，要避免使用有侵略性的外来物种。此外，即使是没有侵略性的外来物种，也要尽可能不将外来物种导入规划场地。不得不导入时，要限定地域，或在不会溢出到其他地区的受管理的环境中进行。在选择材料时，需要弄清材料的自生地和生产地。

在搬入使用的植物材料时，可能会带入有侵略性的外来物种。例如，把用于栽植的树木，从生产地搬入规划地时，根钵土壤中存在的具有侵略性的植物、休眠种子、动物、微生物等，可能会被随之搬运进来。枝和叶上也可能附生着具有侵略性的昆虫类。因此，需要排除可能附着在使用材料上的外来物种，或使用附着的可能性较低的材料。如果在植物的生产地发现了很多侵略性外来物种，在搬入时要格外注意。

B．设计时的注意事项

设计时要注意：①针对应该排除的侵略性外来物种的对策，进行具体的探讨；②竣工后，对可能在无意中被导入的外来物种，其引发新问题的可能性进行预测；③进行与其相应的设计。例如，在设计池塘等水边环境时，为了防止人为导入侵略性较高的鱼类或水生植物，要设法在水边营造出人类无法接近的空间，或通过设置堤坝塑造出外来物种即使上溯也无法入侵的构造等。

（3）施工

在施工中，会有人和材料等的出入，伴随着环境的改变，可能会在无意中导入外来物种，所以要特别注意。

施工时无意中的导入有以下几种。

A．附着或混入材料及资材中带入

外来物种有时会附着或混入材料或资材中被带入。尤其是在移栽植物材料时，尽管导入物种本身没有问题，但可能会导入附着在其上的外来物种，所以要特别注意。

B．附着在人或作业机械上带入

外来物种有时会附着在出入施工现场的人或机械等上面被带入，尤其是土壤中含有较多休眠种子、微小动物及其卵，所以要特别注意。如果直接使用在其他现场用过的靴子或重机等，也可能会带入附着在土壤中有的侵略性外来物种。因此，施工场地转移时，需要彻底清洗机械材料或重机机械，并更换靴子等。

C．环境改变导致的外来物种入侵

在因大型机械施工的大规模环境改变而产生的空地上，一枝黄花和一年蓬等外来植物种很容易入侵。在施工时需注意不要一次性地进行大规模的改变等。

（4）维护管理

外来物种的管理必须采用能灵活地应对生态系统动态变化的柔性管理方法。

在维护管理过程中，要制定针对外来物种的维护管理对策方针。基于该维持管理方针，可通过监控充分分析生态系统的状态。如果维护管理方针中某些事项出现问题，需重新对其进行研究和修正，同时制定并实施维护管理改善规划。其后再次进入监控和分析的反复循环（图3-2）。

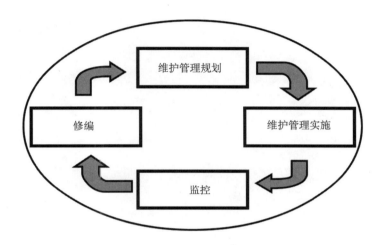

图3-2　维护管理的概念
外来物种的管理必须采用能灵活地应对生态系统动态变化的柔性管理方法，因此，要持续进行维护管理的规划、实施、监控和修编。

（5）社会的认可

在涉及外来物种问题的所有场合，尤其是在需要对外来物种进行防除、弃除或驱除时，与各种主体达成共识是非常重要的。各种主体的主张反映了个人对动物观、植物观、生物观、自然观等方面的看法差异，所以并不容易调节。从众多的经验中得知，共识的达成是由与各种立场的人们的合作所带来的。因此，在应对外来物种的对策中，需要秉持广泛征集意见的态度，这方面可以有效利用研讨会，或借助志愿者将相关意见反馈给管理者的方法。共识的达成是解决外来物种问题的关键，所以必须付出充分的努力。

（春田章博）

——参考・引用文献——

1）龟山章編（2002）：生態工学，161pp. 朝倉書店.
2）The Department of Transport UK（1992）：The Good Roads Guide, HMSO.
3）日本生態学会編（2002）：外来種ハンドブック，地人書館，390pp.
4）北海道（2004）：北海道の外来種リスト（北海道ブルーリスト2004）.
5）森本幸裕・亀山　章編（2001）：ミティゲーション，354pp.，ソフトサイエンス社.

6) 日本造園学会生態工学研究委員会（2004）：造園分野における外来種問題に対する提言，ランドスケープ研究 68(2), 142-149.
7) 日本造園学会生態工学研究委員会（2004）：造園分野における外来種問題に関する緊急提言，ランドスケープ研究 67(4), 341-34.
8) 日本造園学会生態工学研究委員会（2003）：移入種問題と造園，ランドスケープ研究 67(2), 167-174.
9) 日本造園学会生態工学研究委員会（2002）：自然再生事業のあり方に関する提言，ランドスケープ研究 66(2), 156-159.
10) 日本緑化工学会（2002）：生物多様性保全のための緑化植物の取り扱い方に関する提言，日本緑化工学会誌 27, 481-491.
11) ウィングスプレッド会議（1998）：予防原則に関する1998年ウィングスプレッド声明．

4. 公众参与和信息公开

4-1 参与自然再生的主体

自然再生推进法中将自然再生定义为:"以恢复过去损失的自然环境为目的,由办事处等相关行政机构、都道府县和市町村等相关地方公共团体、当地居民、NPO及专家等多种主体参与的,对自然环境进行保护、再生、创造和维护管理的活动"。为了让区域的多种主体都能参与,自然再生事业的实施者要与当地居民、NPO、专家、相关行政机构等一起组织协商会,根据自然再生基本方针及协商会上的协商结果,制定自然再生实施计划。此外,依照法律,本章原则上会使用"居民"这个用语,但在部分引用处,会使用"市民"这个用语。

日本造园学会生态工程学研究委员会[1]在"关于自然再生事业的理想状态的建议"中指出:要以区域环境主体即居民为中心,行政、NGO或NPO、企业、研究机构、赞助团体等多种主体共同参与,各个主体在自己擅长的领域发挥作用,进行有机的合作。此外,尽管是很多主体共同参与的事业,但区域环境的主体始终是地域的居民,这是不变的前提。这不仅因为区域环境是当地居民的财产,更重要的是,居民主动参与到自然再生事业后对再生后的自然环境产生

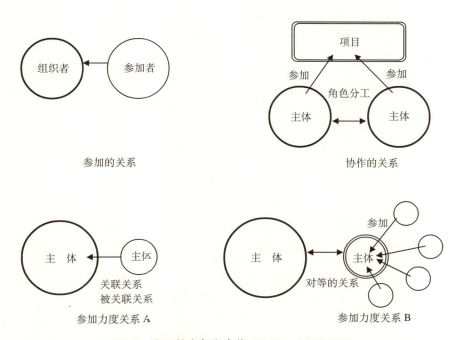

图4-1 市民的参与和合作(文献2,有部分修改)

"感情"，甚至会进一步再构居民与自然环境之间的关系。

本章将对在多种主体合作进行说明的同时，对居民成为主体的应有的状态进行论述。首先，对居民的参与和合作的内涵进行探讨。

参与这个词，像"参与到○○中"这样，应该存在希望别人参与的主办方和参与方[2]。与此相对，合作这个词，像"与○○合作"或"协助○○"这样，存在推动的对象，有与谁一起工作的意思。在主体的力量关系差距较大时，力量较小的一方实际上会变成"被卷入"的地位。在参与或合作中，不仅需要行政方的努力，组织居民的运营方也要付出相当大的努力（图 4-1）。此外，为了使居民成为主体，需要将居民的力量也会作为重要的因素。

基于多种主体参与的认识，位于埼玉县荒川中游地区的荒川太郎右卫门地区自然再生协会[3] 由 6 名学者、7 名地方公共团体委员、50 名公开招募委员、1 名国家委员构成。协会对项目实施时环境管理、环境监控、自然环境学习、普及启发和信息公开的角色分工进行了具体的规定（图 4-2）。事先明确角色分工对促进多种主体的参与是非常有效的。

4-2　信息的收集

对于自然再生项目实施过程中所需的生物和生态系统的基础信息，大多还未积累完善，即使有一定程度的积累，很多也不是为了能够直接有效应用于自然再生项目而进行的有意识的积累。因此，在实施项目时，调查是必不可少的。

为项目实施而进行的调查，多由专家或顾问来进行，但居民的参与也是有可能的。通过居民的参与，调查的视角也会多样化。多样的成果在下一阶段更容易得到有效利用。下面介绍两个以居民为主体进行调查的事例[4]。

1）居民对物种生态的调查

20 世纪 80 年代，位于武藏野台地北端的东京都板桥区四叶二丁目附近实施了土地划分整理项目（东京都施工）。为了保护被称为"东京的箱根"的四叶地区的自然环境，居民进行了各种各样的调查。

在此期间居民所发挥的作用在山下洵子所著的"萤火虫快来"[5] 中有详细记载。为了保护四叶地区的自然环境，居民组成"板桥自然观察会"进行了自然观察和调查。该自然观察会的成员多为工人和主妇，其中许多是刚开始在板桥区居住的居民。以该自然观察会为母体，居民又成立了"高岛平自然主义者俱乐部"，并建立了以小学生为对象的自然观察会，其指导员以大学生和研究生为主。在调查中发现武藏野台地和荒川低地之间向北倾斜的杂木林中，生长着林荫银莲花（图 4-3）。恰好这时，板桥区正在挑选区花。尽管野草当选的先例很少，但林荫银莲花还是被选为板桥区的区花。为了保护成为区花的林荫银莲花，"板桥自然观察会"和受行政委托的绿色监视员及当地农家，结成了"区花'林荫银莲花'保护会"。三会合作对板桥

4. 公众参与和信息公开

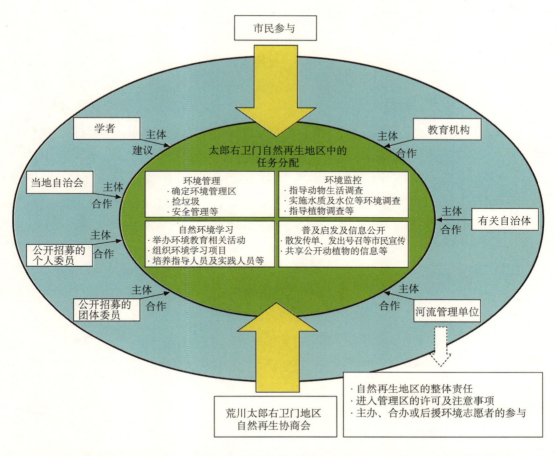

图4-2 荒川太郎右卫门地区自然再生中的合作计划和任务分配[3]

39

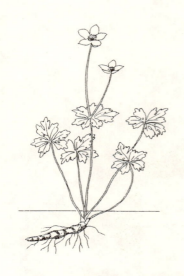

图4-3　林荫银莲花[6]

区的林荫银莲花，进行了生态学的调查。行政方面，负责东京都公园规划的城市规划局、负责都立赤塚公园整治的东京都北部公园绿地事务所、受"区花'林荫银莲花'保护会"委托而进行防盗掘巡逻的板桥区役所共同合作，对林荫银莲花[6]进行保护。

对林荫银莲花的分布情况进行调查初期发现，虽然部分林荫莲花分布在民有地中，但最大的自生地是计划整治的都立赤塚公园的大门区域。因此调查决定把大门区域作为中心。

林荫银莲花与猪牙花等相同，是春季生植物之一。春季生植物是与落叶林紧密相连的植物，一般初春时在林地明亮的环境中生存。因此，光环境与生育的关系非常重要。利用黑色冷布遮光的背阴格子内栽培的林荫银莲花，在光线不足的环境下均枯死了。大门区域的杂木林中常绿树新木姜子、珊瑚木、棕榈等增加后，林内在初春时也变暗了。林地的光线强度与林荫银莲花的盖度有着密切的关系，所以在较暗的地方，没有生长林荫银莲花。从树林整体来看，由于常绿树的增加，导致林内变暗，林荫银莲花的生长也逐渐偏向林边（图4-4）。

赤塚公园的部分地区已经被治理，但在那里几乎没有林荫银莲花生存。从负责治理的部门了解到，为了防止林荫银莲花被盗挖，一直在林边栽植常绿灌木。随着杂木林的常绿林化的发展，林荫银莲花好不容易才在林边幸存下来，可却由于栽种的常绿灌木夺走了林边的光照，导致林荫银莲花无法继续生存。

基于这些数据，决定以后不在整治地区的林边栽植常绿灌木，而是改设铁丝栅。在板桥区的援助下，"区花'林荫银莲花'保护会"决定通过巡逻来防止偷挖。其后，该会也一直对林荫银莲花的增减和生物季节（图4-5）进行了反复调查。通过林荫银莲花，参与的居民理解了每年的气象变动，对植被的变化也有了一定的了解等。此外，为方便大量居民的参与，根据需要制作了调查手册，并通过复印发行报告书来实现信息共享。到目前为止，大门区域的林荫银莲花已得到大规模的维持，充分显示了居民为保护林荫银莲花而进行的活动的有效性。

但是，在该案例中，并未将斜面的杂木林恢复到农业时代常绿林化尚未发展的落叶林的状态。今后，为了实现这个目标，要在城市公园中的生物多样性保护上达成共识，并恢复居民与杂木林的关系，进行长期的、有计划的植被管理。

该活动的详情，由居民组成的编辑委员会编辑，并由板桥区役所作为报告书来发行。将活动成果通过印刷品等来共享，对于将结果到下个阶段的使用，是非常重要的。

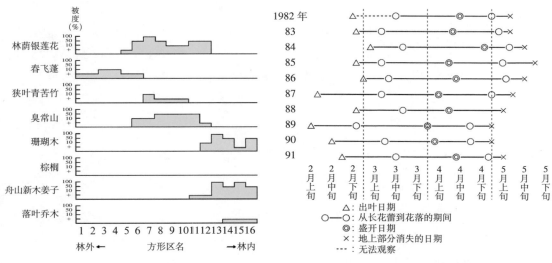

图4-4 落叶林内的植物生育地　　　　图4-5 林荫银莲花的生物季节

2）居民组成的调查团

本节是在制定以生物生育、栖息环境保护为重点的绿色基础规划时，为获取所需的生物信息，由居民组成调查团进行调查的案例。东京都国立市是一个狭小的自治体，面积仅为 $8km^2$，自然环境保留相对完整的包括北部的一桥大学校区、南部的崖地（阶地崖）和多摩川的河岸地区，居民充分认识到各个自然生态系统的重要性。因此，在制定绿化基本规划时，为了对其基础信息即生物信息进行调查，2001年日本在绿化基本规划编制委员会中，设立了动植物调查研讨部门。在该部门中，首先对调查方法进行了探讨，弄清了绿化基本规划所需的生物信息。然后聚集有意参与调查的居民，将居民关心的调查项目进行整理，如表4-1所示。通过这些活动，覆盖了必要的动植物分类群。

国立市居民1988年就已经制作了动物手册，以当时的人力网络为基础，营造出参与调查的居民聚集和交流的场所，并组成了名为"绿色调查会"的调查团，以生物为主体进行调查。居民所考虑的调查对象，集中于保留着相对完整的自然的地区之一的阶地崖。对市区中小规模

表4-1　国立市重要的和居民希望调查的项目

<以阶地崖为对象的调查>
①植物、古树　②蜘蛛类、昆虫类、鸟类、两栖类、爬虫类、底栖动物
③水生昆虫　④蝶类　⑤蚁类　⑥繁殖鸟类的版图
<以矢川为对象的调查>
①泉水、水质、水草
<以国立市全域为对象的调查>
①具有指标性的生物　②乌鸦的老巢　③络新妇的分布
④白点星蝶的幼虫　⑤蜻蜓类　⑥植被图的重审　⑦儿童能够参加的调查
⑧鸟的线性调查　⑨显眼的植物

的自然地和住宅庭院，未被列入市民自发性的调查项目之中。因此，根据编制委员的提案，在市内小规模自然地和庭院内设置了调查点，由一名会员负责一个地点，进行长达一年的调查。

"绿色调查会"不仅包括一直在进行调查活动的多个团体和个人，也包括响应活动号召新加入的居民。调查公司负责昆虫或鸟类调查的专家一般成为专门领域调查的负责人。调查会最初打算委托外部专家对调查进行指导，但深入调查后发现需要外部专家指导的调查很少，基本上依靠居民就能够完成调查。

3）协调人的作用

林荫银莲花案例中贡献最大的是"板桥自然观察会"的实际负责人和协调人 Y 先生，及"区花'林荫银莲花'保护会"的事务局长 K 先生。活动开始时，Y 先生联系众多相关人员创建了网络。活动前期，K 先生负责观察会的事务和与板桥区的合作，其后还一直负责调查。这两位协调人的活跃，使研究生和一般学生参与调查成为可能。

在以制定绿化基本规划为目标的"绿化调查会"生物调查案例中，主要任务由两类人承担，即对调查本身感兴趣的普通会员和组织活动的协调人。协调人由 4 名居民担任，其任务包括：与编制委员会、市役所和专家进行协调保证居民合理地参与适合的调查活动、调整调查日程、准备调查器材、负责会计和网页制作、通过邮件和市报与会员和非会员联系等。这样协调人就成为各种主体和资源的联系人，为确保项目成功，协调人的作用是不可或缺的。

在环境保护领域中，项目负责人一直很受重视，这一点从很多自治体举办负责人培训讲座就能看出。确实，在不同的场合，负责人的角色是必要的，但除此之外还需要活动推动者的角色。但从前述两个案例中可以看出，协调人的作用是非常重要的，但以往并未受到重视的。这些案例中协调人往往由居民来担任的，活动往往花费了很多时间，应当使其得到适当的报酬而不仅仅作为义务行动。这样行政职员或顾问也可能会成为协调人，但关键的是行政人员成为协调人时，不能选择只有行政感的职员，还需选出具有居民感的职员。

4-3 信息的共享

1）环境交流

在日本，各种保护环境的"参与"与"协作"的努力还处在萌芽期，自然再生事业也不例外。这项工作至今仍停滞于萌芽期的原因之一是各主体缺乏交流（对话）的方法和技巧。自然再生项目中，办理手续之类的实施中的具体问题以外，交流进行得是否顺畅是非常重要的[2]。

然而，迄今为止，这些工作更多地依赖于个人能力和努力程度，而没有提供很多参与和协作的机会。

环境交流是指在构筑可持续社会的目标下，为保证各主体的联合与协作，不再仅限于由环境负荷和环境保护活动单方面提供的信息，而是要听取利害各方的意见，通过讨论而深化相互

4. 公众参与和信息公开

的理解和认可。环境交流的作用有以下三点[2]。

① 提高各主体的环境意识，促进自主性参与。

② 深化主体间相互理解，强化信赖关系。

③ 促进伙伴关系的形成，共同推动环境保护活动的参与。

为获得上述效果，重要的是进行双向对话。通过双向对话，可以促进相互理解和关注，并落实到具体的实际行动。

环境交流活动中，负责人需承担详细说明的责任，同时需要注意以下几点[2]。

① 听和说时，都要看着对方。

② 对于对方的疑问或意见，不要马上否定，而是要先表示积极地接受。

③ 现有的信息尽量全部公开。

④ 尽可能具体地说明处理措施的内容。

⑤ 信息不足或无法当场判断时，要坦率地承认，并指出改善和事后处理的内容。

①和②是人与人交流的基本要求。不管是有意还是无意，持有信息的一方往往不会把信息拿出来，所以要时刻注意③的要求。④对于避免误解和得到有价值的相反意见，都是很重要的。由于相关行政机关和地方公共团体决策的方式的关系，一般无法当场作出决策。因此最好能做到⑤的要求，坦率地承认并时候采取处理对策。

20世纪90年代初，为开展多摩地区水系及绿地的综合性、区域性保护，建立水循环平衡的城镇，由行政相关人员、企业相关人员和专家共同行动建立了"水与绿色研究会"，该研究会是基于三项原则、七项规定，以开放的形式来运营的[7]。这三项原则包括：（Ⅰ）自由的发言、（Ⅱ）彻底的讨论、（Ⅲ）共识的达成，七项规定如下所示。

① 不把参与者的见解看成所属团体的官方见解。

② 不对特定的个人或团体进行围攻。

③ 讨论要在公平竞争的精神下进行。

④ 在进行讨论时，要尊重实证性的数据。

⑤ 在明确问题所在的基础上，设法达成共识。

⑥ 对于目前尚在争论中的问题，要站在客观的立场，将其作为案例来看待。

⑦ 在制定计划时，要区分需长期处理的问题和要短期解决的问题，以可实现的提议为目标。

原则（Ⅰ）对应规定①、②，原则（Ⅱ）对应规定③、④，原则（Ⅲ）对应规定⑤、⑥、⑦。这是多种主体汇聚一堂，共同协作时所需的礼仪的明文规定。

在"关于横滨市市民活动与协作的基本方针（横滨规则）"[8]中，除明确了横滨市民协作的原则和内容，还进一步提出了市民行动与行政机构协作六项原则。

① 对等原则：市民活动与行政应该站在对等的立场上。

② 尊重自主原则：要尊重市民活动的自主性。

③ 自立化原则：对市民活动的协作要遵循自立的原则。

④ 相互理解原则：市民活动与行政机构有各自的长处、短处和立场，要相互理解。
⑤ 目标一致原则：市民活动与行政机构的协作活动的总体或部分目标是一致的。
⑥ 公开原则：要公开市民活动与行政机构的关系。

这些原则也同样适用于其他与自然再生事业相关的居民活动和行政机构。居民参与和协作是自立的居民与其他主体之间的关系，行政机关一定要持促进自立的基本态度。

2）研讨会

研讨会不仅仅采用讲义单方面地传授知识的模式，更是参加者的自主参与与体验，在小组内相互促进的双向学习和创造的模式[9]。通过召开研究会和作业的方式进行研讨，可缓解紧张情绪，顺利地开展对话，并通过相互启发，进行创造性的讨论。一般一次研讨会的流程包括导入（打破沉默）→提供话题→小组作业→发表和分享→总结几个环节。中野[9]将该流程绘制成由开始（起）→主体（承、转）→总结（合）组成的程序设计曼陀罗（图4-6），用以表现整体流程和时间分配。当然，研讨会是基于所有参与者都拥有有价值的信息的前提，其目标是引导全体成员表达意见和信息，并使其反映到相关决策之中。

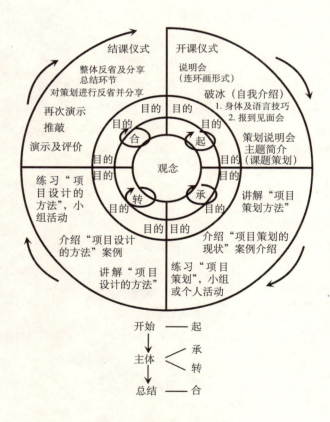

图4-6　程序设计曼荼罗[9]

4. 公众参与和信息公开

研讨会是手段,不是目的[2]。而且,仅靠研讨会来进行所有决策,也是不现实的。因此需要明确决策的机构、规则以及决策程序,并在其中明确研讨会这种方式的定位。主办方和承办方(研讨会的运营者)必须就研讨会的定位和目的达成明确的共识,并能够向所有参加者进行说明。因为承办方的存在,参加者能够自由地说出自己对主办方的意见,而且还能够加强参加者之间的意见交流,所以,主办方(决策的主体)和承办方最好是不同的。研讨会的参加者、主办方和承办方必须遵循以下原则。

- 参加者[2]:

① 喜欢并能够轻松地参与作业和交谈。

② 能倾听其他参加者的发言。

③ 不勉强自己做不喜欢的事情,不否定其他参加者所做的事情,应该先旁观,然后在总结的时候,陈述自己的感想或意见。

- 主办方[2]:

① 关注讨论,倾听参加者的意见。

② 在研讨会中,不能只是旁观,而是要主动参与作业。

- 中野[9]将承办方需持有的心态归纳为下述八条。

a:轻快地出现,轻快地离开,俺们是配角,绿色之下的大力士。

b:能看到实情的本质,始终稳健地出现在现场!

c:事前准备要用心,尽人事听天命!

d:要放松,这样大家也会安心,但有时也需有一定的紧张度!

e:要认真地倾听,每个人都是不同的!

f:拥有读懂最重要的"场面"的眼力,同时关注个人与整体!

g:准确控制时间,不要勉强,顺其自然,但毫不迁就!

h:持有快乐、幽默、有无条件的爱和信赖的心态!

另外,承办方也被称为协调人,协调人与主持人的作用的区别如表4-2[10]所示。

表4-2 主持人与协调人的区别

	协调人	主持人
制作	拥有制作能力,并对参与方式进行设计	被设计的角色之一
立场	中立,不受赞助商的意向和权力所左右	重视赞助商的意向
方针	制定方针的角色	遵从方针的角色
问题的抽出	将问题点进行抽出、整理和分析	圆满平息问题
调整能力	发挥领导才能	确认并传达被提出的问题
发言方式	没有剧本,要随机应变	有剧本

(出处:世古一穗,协作的设计(2001),学艺出版社出版,p.121. 表6-1)

经常会出现部分主办方旁观研讨会的情况，或承办方邀请参加者参加的情况。笔者也曾作为顾问参加过研讨会，但很多时候感受不到快乐。在参加研讨会时，应根据自己的角色及时调整好心态。

4-4 信息的公开和发布

自然再生事业是以往没有的新型事业，希望居民能持有"健全的生态系统是市民的财产，在健全的生态系统中生活是市民的权利"[11]的想法，积极地参与自然再生事业。为此，信息的公开是非常重要的。

这并不是说，只要拥有大量信息的主体向其他主体公开信息就足够了。很多时候就算信息被公开了，居民找到想知道的信息之前，也要花费很多的时间和精力；或居民虽然得到了信息，却不知道信息的解读方法。居民对自然再生的对象生态系统的理解，只是有一定的线索而已，很多时候连生物名都不知道，这会成为理解的极大障碍，因此 NPO 或专家最好和居民一起对信息进行详细地分析。

例如钏路湿原项目中，考虑到原有的信息基本未被公开，因此决定将关于湿原的各种信息，尽可能地通过 GIS（地理信息系统）制成地图数据，整理成简单易懂的自然环境信息图[12]。然后通过 WEB-GIS 系统在网上公开，读者可以自己对地图图像进行操作。此外，还建立网页发行时事通讯，并举办了研讨会。

随着信息化的发展，网上信息的检索和获取已经十分方便。如果使用邮件组，可以将高质量的信息发给适当的、必要的主体，而且能够建立对等的关系。不过在很多实际操作中，存在未对相关信息的基础数据取得方式和信息的含义进行充分的解释说明的情况。为使自然再生事业真正成为居民的事业，还需要信息提供作出很大的努力，而拥有先进理念的居民的努力也是不可或缺的。此外，居民并不是单方向的信息接收方，他们也多是拥有环境意识的生活者[13]。这些智慧有效应用于自然再生事业，也是十分重要的课题。

（苍本　宣）

――引用文献――

1） 日本造園学会生態工学研究委員会（2002）：自然再生事業のあり方に関する提言．ランドスケープ研究66(2)，156-159．
2） 傘木宏夫（2004）：地域づくりワークショップ入門―対話を楽しむ計画づくり―，156pp．自治体研究社．
3） 荒川太郎右衛門地区自然再生協議会（2004）：荒川太郎右衛門地区自然再生事業自然再生全体構想，http://www.ktr.milt.go.jp/arojo/saosei/05html
4） 倉本　宣（2001）：市民による生きもの調査．グリーンエージ334，6-11．
5） 山下洵子（1983）：ほたるこい．286pp．野草社．
6） 区の花「ニリンソウ」保護活動報告書刊行委員会（1992）：区の花「ニリンソウ」保護活動報告書，104pp．，板橋区．
7） みずとみどり研究：http://www3.tky.3web.ne.jp/~sarahh/intro.html

4. 公众参与和信息公开

8）倉阪秀史（2004）：海辺とかかわるための仕組，小野佐和子・宇野　求・古谷勝則編，海辺の環境学―大都市臨海部の自然再生，p.186-211，東京大学出版会．
9）中野民夫（2003）：ファシリテーション革命，岩波アクティブ新書69，195pp．，岩波書店．
10）世古一穂（2001）：協働のデザイン，223pp．学芸出版社．
11）倉本　宜・春田章博・中尾史郎・井上　剛（2002）：平成14年度日本造園学会全国大会分科会報告自然再生事業のあり方に関する提言，ランドスケープ研究66(2)，136-143．（コメンテーター　樋渡達也氏の発言）．
12）環境省自然保護局・自然環境共生技術協会（2004）：自然再生―釧路から始まる―，279pp．，ぎょうせい．
13）嘉田由紀子（2000）：身近な環境の自分化，水と文化研究会，みんなでホタルダス―琵琶湖地域のホタルと身近な水環境調査，p.192-220，新曜社．

> 专　栏

自然再生和"主页"的有效利用

通过因特网的"主页"公开自然再生项目的信息，对自然再生的推进十分有效。

不应把以自然再生为目的的项目仅作为以"再生自然的技术"为中心的对策，而应将其作为使自然适当再生的"手续"、"共识的达成"和"管理系统"，这是非常重要的。在自然再生推进法实施以前，自然再生的决策多由专家和行政机构主导。但近年来，随着当地居民等广泛参与和促进意识的提高和普及，有必要对居民的参与进行适当的管理，这样大量信息的公开、共享及决策过程的透明化是必不可少的。但实时地提供庞大的信息、实时地交换意见、实时地进行决策并不容易。这些问题的解决方法之一就是有效利用因特网的"主页"。

在自然再生事业的先进案例之一"钏路湿原自然再生项目"中，就最大限度利用了"主页"的特性，并取得了巨大的成果。下面是主页的主要内容：

- 项目实施的背景、目的、计划及预期目标等
- 各种相关会议记录、自然再生协商会的视频图像的发布（从开始到结束）
- 最新信息（专题、新闻、活动等）
- 钏路湿原的相关文献、研究论文等的列表，检索和浏览系统
- 对钏路湿原自然环境的一般介绍
- 应用 GIS 绘制的各种多年代地图（地理）信息：地形、土地利用、植被、动植物、法律法规、航拍图、卫星图像等（还配有浏览软件，在电脑上能够很容易地看到图像）
- 项目相关人员和会议成员的介绍
- 相关人员和一般居民能够参与的、用于交换意见的留言板系统。

http://www.kushiro.env.gr.jp/saisei/top.html

主页上公开了上述大量信息，普通居民和相关人员几乎可以实时地把握项目的概况和进展情况，还可以向"自然再生促进协商会"阐述自己的意见。主页就像是大型的图书馆和会议室，对项目的管理非常有效，而且其性价比也很高。另一方面，项目也使用纸质信息，随时面向市民发行自然再生的报纸，但其信息量很有限。过于依赖因特网也会导致那些不会使用网络的市民被抛弃，这也成为一个课题。

（逸见一郎）

5. 关于自然再生的制度和事业

2002年12月4日，议员立法通过了自然再生推进法，并于2003年1月1日开始生效。根据该法律，同年4月1日在内阁会议上确定了自然再生基本方针，以此为标志，自然再生推进法真正开始运用。

关于自然再生的对策，2001年7月的"21世纪'环之国'建设会议"报告中提出了"自然再生型公共事业"，2002年3月的"新生物多样性国家战略"中指出了自然再生事业的理念和开展方法，随后各省和地方公共团体陆续开始实施。事实上，在此之前各地就以NGO和NPO等民间团体为中心，一直在开展区域自然环境的恢复行动。随着各种水平的自然恢复对策日趋活跃，而自然再生涉及国家机关、地方公共团体、民间团体等多种区域主体，自然再生推进法勾勒出恢复地域固有的自然环境的自然再生事业的大致框架和程序。

在实施自然再生项目时，是否按照自然推进法来实施，实际上是很随意的。在看不到自然推进法的优点时，实施者可能会不想使用自然再生推进法来进行自然再生。然而，该法律所要求的自然再生理念及其开展方法，虽然不是强制实行的，但在开展自然再生事业时，可作为重要的知识有效使用。

基于生态工程学研究法的自然再生实施方法，在本书论述较多。下面主要着眼于自然再生推进法这部法律，介绍基于该法律开展自然再生事业的方法。

5-1 自然再生法的缘起

1）政府中的活动

通过议员立法来制定自然再生推进法，是基于政府对自然再生事业的推进与发展为背景的。2001年5月，日本首相小泉在信念演讲中表达了"让生活在21世纪的子孙，确实地继承充满恩泽的环境，实现与自然共生的社会"的愿望，这是人与自然共生的这种说法首次登场。

同年7月，在总理大臣主办的"21世纪'环之国'建设会议"中，提出"导入'顺应性管理'手法，积极推进使自然再生的公共事业，即'自然再生型公共事业'"。同年12月，综合规制改革会议"关于推进规制改革的第一次答复"中指出"自然再生与修复的有效方法之一是由当地居民、NPO等多种主体参与约自然再生事业。各省间的合作、任务分配的协调及相关省厅的合作项目的实施等，均要突破省厅的界限，创造有效、高效地推进自然再生的条件"，2002年3月，内阁会议在"规制改革推进3年计划（改订）"中，通过了相同要点的内容。

作为日本自然环境保护和再生的总体规划，2002年3月在关于地球环境保护的相关阁僚会议中通过了"新生物多样性国家战略"，该战略将"自然再生"作为主要的三大实施对策之一，与"加强保护"、"可持续利用"放在了同等重要的位置。该战略中将自然再生定义为"积极地修复过去损失的自然，通过恢复生态系统的健全性进行自然再生事业"，战略中还列举了"在钏路湿原中通过将直线的河道重新修复为蛇形，使不断变干的湿原得以再生"的案例。

2）国会中的活动

根据上述政府活动动向，自民、公明、保守执政三党内开始设置"环境对策相关项目团队"。2001年10月，公明党对推进自然再生法案进行了探讨和提案。其后，各党内与执政党项目团队展开讨论，经过十几次由相关各省和NGO参加听证会，2002年5月末，将其确定为执政党的方案。在这个过程中，自然再生的基本方针的方案，是以环境大臣为主体制定的，通过与农林水产大臣、国土交通大臣进行协商对环境大臣的权限进行强化，同时为确保和相关各部委的合作，还增设了由相关省厅组成的"自然再生推进会议"。

从2002年6月~7月，原本单独进行讨论的民主党与执政三党就法案的修正进行了协商，除明确了法案的目的、定义、及以"确保生物多样性"作为基本理念的思路，还对在中央设置"自然再生专家会议"等若干修正案达成了一致。经过这些过程，执政三党及民主党的相关议员于7月24日向国会提交了自然再生推进法案。

2002年10月18日开始的临时国会中，在众议院环境委员会上，根据自由党的提议，将"主管大臣在对自然再生事业的实施者提出建议时，要听取自然再生专家会议的意见"规定为义务，该项提议于11月19日在众议院全体会议上获得通过。在参议院环境委员会上，针对由于工业废弃物处理厂的修建而被破坏的埼玉县麻栎山区的杂木林的再生对策进行了必要的审议和视察，并于12月3日因多数赞成而被采纳。同时，在附带会议上，对自然再生协商会的组织、运营的适当化和确保NPO等参与的公平性在全会上达成了一致。次日，在参议院全体会议上，由自民、公明、保守三个执政党和民主党、自由党的多数赞成，通过了自然再生推进法案。

5-2　体现新生物多样性国家战略的"自然再生事业"

1）体现新生物多样性国家战略的自然再生事业的定义

1995年10月，日本根据生物多样性条约，制定了日本生物多样性的保护和可持续利用的相关国家战略，即"生物多样性国家战略"。2002年3月对该国家战略进行全面修订并制定了新的国家战略，即"新生物多样性国家战略"（以下简称为"新国家战略"）（图5-1）。

该新国家战略的定位为"政府为了建立与自然共生的社会而进行的自然环境保护和再生的相关总体规划"。新国家战略总结了日本生物多样性的现状面临的三大危机，并指出了应对危机的三大对策即"加强保护"、"自然再生"和"可持续利用"。

5. 关于自然再生的制度和事业

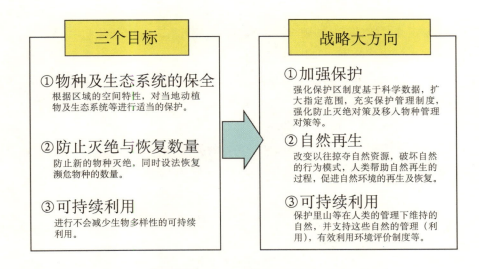

图5-1　新生物多样性国家战略—三个目标和对策方向—

在新国家战略中，将自然再生事业定义为"不是在因人为改变而损失的自然附近创造相同的环境的补偿措施，而是通过积极地恢复过去丧失的自然，以恢复健全的生态系统为直接目的事业"。新国家战略还介绍了几个自然再生的案例，包括将把湿原内直线化的河道重新变为蛇形而对湿原进行再生；对由于工业废弃物处理设施集聚而破坏的杂木林的再生；将人造陆地再生为候鸟滩涂；在大城市内营造大规模的森林等。

新国家战略从起草到政府内调整期间，即2001年年末到2002年3月，"21世纪'环之国'建设会议"和综合规制改革会议的第一次答复已经公开，而执政党内也逐步开展了制定自然再生法案的行动。因此，新国家战略是在执政党正在制定的法案内容基础上制定的，同时，法案审议的过程也多次引用了新国家战略，可以说，新国家战略也对法案造成了影响。

2）新国家战略规定的自然再生事业的推进方法

新国家战略指出：自然再生事业的推进需"以科学的数据为基础的谨慎的实施"，并且需要"多种主体的参与和合作"。自然再生推进法及根据该法制定的自然再生基本方针中，这两点也是被特别强调的要点。

关于"以科学的数据为基础的谨慎的实施"，"因为自然再生是以复杂而又不断变化的生态系统为对象，所以要对生态系统进行充分的事前调查，施工后也要持续地对自然环境的恢复情况进行监控，然后对其结果进行科学的评价，并将其反馈到项目上，这种灵活对策是很重要的"。战略还规定"尽量不使用钢铁和混凝土，而是要有效利用间伐材和粗枝等当地的自然资源和传统方法。尽量不使用大型机械，而要有效利用人力进行劳动密集型作业等，施工手法必须细致和谨慎"。

而在"多种主体的参与和合作"中明确指出了:"通过各省厅的合作,有效、高效地推进自然再生","因为目标是对当地固有的生态系统进行再生,因此在实施时,从调查规划到项目实施,直至项目结束后的维护与管理,不只是国家,地方公共团体、专家、当地居民、NPO、志愿者等多种主体的参与"均是十分重要的。同时,设定目标时要"与包括当地居民、NPO等在内的当地相关人员,共享生态系统的现状和过去的自然情况、当地的产业动向等科学及社会信息,并在此基础上,达成社会性的共识"。

此外,在此基础上,要进一步将从调查规划到项目实施以及监控的一系列措施总结为"自然再生事业·钏路方式",并将信息发布到国内外进行交流。

5-3 自然再生推进法的内容

自然推进法中导入了很多"新生物多样性国家战略"中的自然再生事业的思路,并将其制度化。自然再生推进法的概要如下。

1) 法律的目的

自然再生推进法的目的包括"确定自然再生的基本理念,明确实施者等各方的责任和义务,制定自然再生的基本方针,确定推进自然再生所需的其他事项。通过综合地推进自然再生对策的实施,确保生物的多样性,实现社会与自然的共生,同时为地球环境的保护做贡献"。简单来说,即决定自然再生事业的理念和实施方法的大致框架。

2) 定义

该法律中将"自然再生"定义为:"以修复过去破坏的生态系统及其自然环境为目的,由国家相关主管机构、都道府县和市町村等相关地方公共团体、当地居民、NPO、专家等多种主体共同参与,对自然环境进行保护、再生、创造和维护管理的活动",以该自然再生为目的实施项目则被称为"自然再生事业"。

3) 基本理念

对于自然再生事业的思路,新生物多样性国家战略中已有记述,但自然推进法首次以法律的形式,明确了自然再生的基本理念。具体规定如下:

① 以通过生物多样性的确保,实现社会与自然的共生为宗旨。
② 依靠区域多种主体的合作,确保项目实施的透明性,积极促进自主的积极参与。
③ 立足于当地自然环境的特性、自然的恢复能力及生态系统的平衡等科学知识来实施。
④ 当自然再生项目着手开展后,需对自然再生的情况进行监视(监控),然后对其结果进行科学的评价,并将其反映到项目中去,且采取顺应性管理方法。

⑤ 需将其作为学习自然环境的场所加以有效利用。

关于对待当地自然环境的方式，自然再生项目不是以国家为主体、单方面以自上而下进行推进的，而是必须由当地居民或NPO等从区域首先发起、自下而上推进的。②中明确地指出了这一点。"21世纪'环之国'建设会议"报告对自然再生型公共事业的推进进行了讨论。自然再生推进法的对象则不限于公共事业，而是自下而上、由多种主体共同开展的自然再生对策。

4）自然再生基本方针

由政府制定的"自然再生基本方针"是综合推进自然再生等相关对策的基本方针，自然再生基本方针的草案是由环境大臣草拟，与农林水产大臣及国土交通大臣协商后，由内阁会议决定的。自然再生基本方针包括：

① 自然再生的相关基本事项；
② 自然再生协商会的相关事项；
③ 自然再生整体构想及实施计划的相关事项；
④ 推进自然环境学习的相关事项。

此外，根据法律规定，该基本方针将在5年后进行重审。

5）自然再生协商会

希望实施自然再生项目的人（实施者）包括：当地居民、NPO、专家、土地所有者等，"自然再生协商会"是由参加自然再生项目及相关自然环境学习活动的各方及相关地方团体、国家相关行政机构构成的。实施者自不必说，至少相关地方公共团体和国家相关行政机构必须参加自然再生协商会。对于当地想开展自然再生的NPO等来说，可以自然再生推进法为工具，与不太愿意协助的行政机构走进协商会会场。此外，即使是那些大本营不在开展自然再生事业的地区内的团体，如果有意参加该地的自然再生活动，让其参加协商会也无妨。

协商会主要进行以下工作：

① 自然再生整体构想的制定；
② 自然再生项目实施计划方案的协商；
③ 实施自然再生项目的相关联系和调整。

6）自然再生的整体构想

自然再生协商会上确定的"自然再生整体构想"中，依照自然再生基本方针，确定了自然再生的区域、目标、协商会的参加者及其任务分配、其他推进自然再生所需的事项。该整体构想是为了避免各个实施者毫无条理地实施自然再生项目，而通过整体方向性的把握，可将这些项目统一起来，通过与相关人员达成的共识，来决定要再生的自然环境目标。

7）自然再生项目实施计划

各地区实施的自然再生项目中，实施者应根据自然再生基本原则，制定"自然再生项目实施计划"（图 5-2）。实施计划中还必须确定以下几点：实施者的名称和所属协商会名，项目的范围及实施内容，与周边地区的关系及自然环境保护上的意义和效果，还有实施自然再生事业所需的事项。

法律规定，该实施计划的制定，还要立足于其在自然再生整体构想中的定位，分析与其他实施者开展的项目之间的关系。从这个视角来看，项目应该与整体框架保持一致，同时通过自然再生协商会中的充分协商，制定详细的实施计划。

法律规定，实施者在制定实施计划时，要将实施计划的副本和整体构想的副本同时提交给主管大臣及相关都道府县的长官，以便主管大臣及相关都道府县的长官能够对实施计划提出必要的建议。此外，在提出建议时，主管大臣必须听取自然再生专家会议的意见。

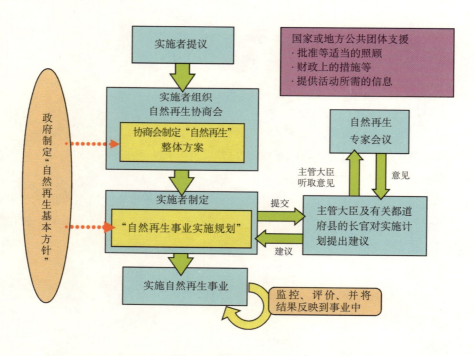

图5-2　基于自然再生推进法制定的、自然再生事业实施的流程

8）自然再生推进会议和自然再生专家会议

政府设立了由环境省、农林水产省、国土交通省等相关行政机关构成的"自然再生推进会议"。该推进会议作为综合高效地推进自然再生实际事务的联络和调整的场所，强化了相关各

省间的合作。2003 年 10 月 16 日，召开了第一次自然再生推进会议。会议由环境省自然环境局长任会议主席，农林水产省的大臣官房技术综合审议官、农村振兴局长、林野厅次长及水产厅次长、国土交通省的综合政策局长、城市和地区整治局长、河川局长及港湾局长等、主管三省的相关局长及其他相关人员参加了会议。负责推进环境教育的文部科学省生涯学习政策局也参加了会议。

此外，环境省、农林水产省、国土交通省召集自然环境相关领域的专家设立了"自然再生专家会议"。召开自然再生推进会议进行联络和调整时，要听取该专家会议的意见。第一次专家会议与推进会议在同一天召开。主管大臣针对自然再生项目实施者提出的计划给出必要的建议时，要事先听取专家会议的意见，该专家会议还负有对主管大臣提出的意见进行审阅的任务。

5-4　自然再生事业的开展方法～自然再生基本方针～

2003 年 4 月 1 日，根据自然再生推进法第七条的规定，制定了综合推进自然再生策略的基本方针，即"自然再生基本方针"。自然再生基本方针明确了依据自然再生推进法开展自然再生项目过程中所涉及的思路、程序等具体开展方法。为了广泛听取一般意见，对该自然再生基本方针的提案进行了公众评论，结果从约 100 个团体或个人共收集了 330 条意见，据此进行了很多修改，最后由内阁会议决定。在国会审议中也进行了激烈的讨论，对科学评价的实施、透明性的确保、协商会的公正运营等进行了记述。

1）自然再生的方向性

在基本方针的"1. 关于推进自然再生的基本方向"中，为了明确自然再生的理念和目的，指出了"自然再生的方向性"。其中提出了自然再生的三个视角，并以此为根据，提出了关于推进自然再生的基本方向的六个要点。

（1）自然再生的观点

① 应以恢复因过去的社会经济活动等破坏的生态系统及其他自然环境为目的，以将健全而丰富的自然维持到将来的后代，同时确保当地固有生物的多样性，实现社会与自然的共生，为地球环境的保护做贡献为宗旨。

② 从以当地固有生态系统及其他自然环境的再生为目标的视角来看，应该坚持尊重当地的自主性，确保实施的透明性及当地多种主体的参与和合作。

③ 应充分认识到不断变化的生态系统及其他自然环境作为再生对象的复杂性，必须基于科学知识，进行长期再生的顺应性的处理。

（2）推进自然再生的基本方向

A．自然再生的对象

这里所说自然再生，不同于环境缓和项目，不是指在因开发行为等受到破坏的环境附近，创造与其相近的环境的补偿措施，自然再生事业必须是以恢复过去失去的自然环境为目标。

此外，法律第2条第1项将自然再生事业中规定为保护、再生、创造、维护管理等活动。其中，"保护"是指在保留着良好的自然环境的地方，积极地维持其状态；"再生"是指在自然环境受损的地区，恢复受损的自然环境；"创造"是指在大城市等自然环境几乎消失的地区，通过营造出大规模的绿色空间等，恢复当地自然生态系统；"维护管理"是指对再生后的自然环境状况进行监控，长期维护其状态的必要的管理行为。

B．地区多种主体的参与和合作

自然再生事业中的要点中最重要的是尊重地区的自主性和主体性。该要点指出"自然再生是以地区固有的生态系统及其他自然环境的再生为目标。"因此最重要的是从自然再生项目的构想筹划和调查设计等初期阶段，到项目实施及实施后的维护管理为止，均需要相关行政机关、相关地方公共团体、当地居民、NPO等民间团体、专家等地区多种主体的参与与合作，在共享信息的同时，持续确保透明、自主且积极地行动。

C．基于科学知识的实施

自然再生推进法的另一要点是要基于科学知识来实施。以科学知识的充分积累为基础，在对自然再生的必要性进行验证的同时，决定自然再生的目标和目标达成所需的方法。此外，应"尽量不以施工等为前提，而是将再生恢复交给自然环境自身的力量，"因此，需要对"再生后保证自然环境自律地存续"的、自然再生方法进行充分的探讨。

D．顺应性的开展方法

自然再生事业又一重要特征是顺应性地实施项目。自然再生项目的对象是复杂且不断变化的生态系统及其他自然环境，所以需要按照顺应性的方法来实施。顺应性方法是指在对当地自然环境比较了解的专家的协助下，对相关的自然环境进行充分的事前调查，项目开始后也要对自然环境的再生情况进行监控，对结果进行科学的评估，并反馈到自然再生项目实施中去。

E．推进自然环境学习

自然再生是有效地学习自然环境的机会。基于当地自然环境的特性及相关科学知识实施的自然再生，很适合作为自然环境学习的对象，所以有必要考虑将其有效利用，作为自然再生事业实施地区的人们实地学习当地自然环境的特性，自然再生的技术及自然的恢复过程等相关知识的场所。

F．其他，自然再生实施过程中的重要事项

除上述A～E外，自然再生的实施过程中需考虑的重要事项还包括：全国性案例的信息提供，普及启发活动的积极推进，必要的财政措施，与当地环境和谐的农林水产业的推进，应对全球气候变暖的对策等。

2）自然再生协商会的组织和运营

在基本方针的"2. 自然再生协商会的相关基本事项"中，对自然再生协商会的组织及运营的相关事项进行了规定。

（1）自然再生协商会的组织

第一，在组织自然再生协商会时，实施者要明示将要实施的自然再生项目的目的和内容等，并公布组织协商会的宗旨，确保广泛且公平的参与机会。不能因居住地和团体的大本营的所在地，作为限制参与的理由；只要是赞同自然再生，能够积极地参与实地活动的主体，都应允许参加。

第二，项目实施者需要努力使当地的多种主体参与到自然再生协商会中，尤其是需要基于科学知识进行协商时，一定要确保拥有当地自然环境的相关专业知识的人参与进来。此外，对于土地所有者等相关人员，使其理解自然再生的宗旨，作为自然再生的参与者，来参加协商会也是非常重要的。

第三，相关行政机关及相关地方公共团体，在对协商会的组织进行必要的协助的同时，作为其成员来参加协商会，要努力采取推进自然再生的措施。

（2）自然再生协商会的运营

在自然再生协商会的运营中，要注意以下五点。

第一，协商会的运营，要以"在自然再生事业的对象区域，达成关于自然再生的共识"为基本原则，在协商会的总协调下谋求公正且适当的运营。

第二，在协商会上需要得到专家的协助，并基于客观而科学的数据进行协商等，同时要建立适合当地实情的体制。

第三，确保透明性和听取外部意见。除了对稀有物种及个人信息的保护有影响的情况外，协商会原则上要公开，以确保其运营的透明性，并根据需要向外部听取意见。听取外部意见是指向反对自然再生事业的人听取意见。因反对自然再生事业的人，一般无法参加自然再生协商会，所以要根据需要，创造向其听取意见的机会，这是非常重要的。

第四，协商会作为保证顺应性的开展方法的事项，需对自然再生项目的实施、联络与调整的方法、自然再生项目的监控结果的评价及将评价结果适当地反映到项目的方法进行协商。对于自然再生项目来说，项目开始后也要进行监控，对其结果进行评价，并根据需要对项目内容进行灵活的修改，这种顺应性的开展方法非常重要，所以需要事先确定其实施方法。

第五，针对协商会事务局的管理，协商会的运营等事务的负责人，要在协商会同意的基础上，从协商会的参加者中选任，协商会的参加者要积极地协助运营。

3）自然再生整体构想及自然再生项目实施计划的制定

在自然再生协商会上，要制定自然再生整体构想，各实施者以此为依据在协商会上进行充分协商，然后根据协商结果，制定自然再生项目实施计划。

自然再生整体构想是指依照自然再生基本方针所确定的自然再生的对象区域、自然再生的目标、协商会议参加者的名称或姓名和任务分配及其他推进自然再生所需的事项。是对区域自然再生的整体方向性的说明。

自然再生项目实施计划是指根据自然再生基本方针所确定的各个自然再生项目的对象区域及内容、与周边地区自然环境的关系及保护自然环境的意义和效果、其他自然再生事业的实施所需的相关事项等，该计划在整体构想的基础上，明确了各个自然再生项目的内容。

在制定整体构想及实施计划时，要注意以下事项。

(1) 科学的调查及评价方法

要科学地制定自然再生整体构想和自然再生事业实施计划，因此，在自然再生协商会议上，要根据需要设置分科会、小委员会等，以便熟悉当地自然环境的专业知识的人员的协助；同时还要对事前调查及其结果进行科学评价，分析导入较好的实用技术和方法的可行性，从而验证整体构想及实施计划的妥当性，并通过整理，清晰地表现出这些探讨过程。

(2) 整体构想的内容

整体构想决定了自然再生对象区域中自然再生的整体方向性，当对象地区同时进行多个实施计划时，需要对各个实施计划进行统一协调。

在整体构想中，要以当地客观而又科学的数据为基础，尽量具体地设定自然再生的对象区域及该地自然再生的目标；同时，还要确定达成该目标所需的项目种类及概要、协商会参加者的任务分配等。

(3) 实施计划的内容

关于自然再生项目的对象区域内容，要取得熟悉当地自然环境的专业人员的协助，事先收集关于当地自然环境的客观而又科学的数据，同时，还要根据需要，实施详细的实地调查，对适合当地自然环境特性的内容进行充分分析。

此外，实施计划中要对以下内容进行记录：自然再生项目的对象区域和其周边的自然环境及社会情况的事前调查的实施情况；对自然再生事业的实施期间及实施后的自然再生情况的监控计划。对于监控的周期及频率，要在协商会上进行协商。

要尽量避免导入自然再生项目对象地区以外的地区栖息和生育的动植物，以免给当地的生物多样性带来不良影响。

此外，在同一整体构想下制定多个实施计划时，各实施者要通过协商会议上的信息交流等共享自然再生的相关信息，发挥出自然再生的整体效果。

(4) 信息公开

在制定整体构想及实施计划时，原则上，要将其制定过程中与方案内容有关的信息公开，来确保信息的透明性。

(5) 整体构想及实施计划的修订

实施者要在专家的协助下对自然再生事业的监控结果，进行科学的评价。在此基础上，根据需要将监控结果反馈到该自然再生项目中，并对其进行灵活的对应，其中也包括中止自然再生项目。根据需要，协商会对整体构想、实施者对实施计划灵活地进行修订。这个过程也需要在协商会议上进行充分的协商。

5-5　自然再生相关法律制度和事业制度

关于自然再生事业的实施的各种法令很多。此外，各省厅为了推进自然再生事业，也制定了多种多样的预算措施。

基于自然再生推进法，自然再生事业是地区自下而上开展的事业，但实施者是行政机构，因此一般所涉及的施工有时会被作为一种公共事业来实施。下面将主要介绍实施自然再生项目时涉及的主要法律和事业制度。

1）国立、国定公园相关（自然公园法）

在新生态多样性国家战略中，保留将国立、国定公园的自然再生作为优先实施场所的定位，对自然公园法第2条第6号中定义的公园保护设施也作为公园项目的一种，对该法施行令进行了修改，从2003年4月开始，新增了"自然再生设施项目"。以往规定的以保护为目的公园项目包括植被修复设施项目、动物繁殖设施项目等，为了完善自然再生，以往未能涵盖的海域自然再生也应该追加为新的公园项目类型。

只要得到环境大臣的认可，谁都可以实施公园项目，但要事先由环境大臣将自然再生设施计划追加到公园规划中，并确定规划范围等。如果环境省以外的人想在国立公园中开展项目，需要事先与环境大臣进行协商，办好获得批准等的许可手续。因此，需要有充裕的时间与公园管理者进行协调，那么自然再生协商会议从一开始就要争取公园管理者的参与，这是很重要的（如果想不经过公园事业的程序，就在国立、国定公园内实施自然再生项目，需要获得另外的行为许可）。

环境省设有用于配置国立公园的保护和利用设施的公共事业预算，即"自然公园等事业费"，其中与自然再生相关的预算有自然再生推进计划调查费、自然再生整治事业费。

2）农业农村相关（土地改良法等）

在农业地区和农村推进自然再生事业时，其中心制度是关于农业地区和农村治理项目的。该项目由国家、都道府县、市町村、土地改良区等实施，虽然不是以自然再生为直接目的，但根据市町村制定的"田园环境治理主规划"，实施了兼顾生态系统的农业水渠和水池的治理等。国家以外的单位或个人承担相关项目时有一定的补助。但农用地多为私有地，在实施这种项目时，会对农家造成负担，所以达成地区的共识尤为重要。此外，还可以有效地利用荒废的里山里地进行自然再生。

3）森林相关（森林法）

自然再生事业往往被认为一定伴随着某些施工，但自然再生推进法中规定的自然再生还包括在保留着良好的自然环境的场所，积极地维持其状态的行为，即"保护"。在国有林中，把原始的天然林及野生动植物的栖息和生育地，作为森林生态系统保护区等的保护林进行保护，并通过进一步将这些保护林连结起来，设置实现网络化的"绿色廊道"。今后，为了改善该绿色廊道的连续性，还需要进行森林的再生。一些公共事业如森林治理事业、治山事业，也可作为自然再生事业来实施。

此外，对于在民有林中进行的里山林的治理和保护及国民参与的造林活动等，还配置了国家支援制度。

4）城市相关（城市公园法、城市绿地保护法）

城市自然再生事业包括：作为公共事业的城市公园、绿地事业中的"自然再生绿地整治事业"等。自然再生推进法规定的自然再生，包括在大城市等自然环境几乎消失的地区，通过营造大规模的绿色空间等，来恢复当地自然生态系统的行为，即"创造"。例如，在填海造地或工业用地进行大规模的土地利用转换时，创造出良好的自然状态；或在因废弃物填埋造成良好的自然环境破坏的地方，通过配置良好的绿地设法实现自然的再生。这些项目一般是由地方公共团体来实施的，国土交通省对事业计划的制定、用地的取得和整治，提供一定的补助。

5）河川相关（河川法）

在河川相关的地区中，一直在开展多自然型河川建设事业，但从2002年开始，自然再生事业被作为河川公共事业的一部分来实施。以往的多自然型河川建设与自然再生事业的最大区别是：自然再生事业以河川环境的治理和保护为主要目的，是从流域的视角来实施的；而多自然型河川建设事业是在特定地点进行的。

这些自然再生项目中是由国家、都道府县等河川管理者来进行湿地的再生、自然河川的再生（利用旧河道的蛇行河川的再生、河畔林的再生等）、河口浅滩的再生等，同时设法加强了与NPO等的合作。

6）沿岸地区相关（渔港渔场治理法、港湾法、海岸法）

沿岸地区的藻场、浅滩等的自然再生，作为振兴水产的一环，对水产资源的恢复也是十分重要的。在水产相关的公共事业——水产基础治理事业中，正在实施适合营造水产生物生息的藻场、浅滩的"丰富的海洋森林建设项目"。

另一方面，在港湾等地区，正在通过港湾环境治理项目，对沿岸地区的浅滩和藻场，进行再生或创造。此外，利用围海造地等的沿岸地区，也在建设大规模的绿地，其中还有作为水鸟的生息地发挥作用的案例。

7) 其他注意事项

在开展自然再生事业的地区，如果有过去使用国家补助建设的设施，现在需要撤出时，需要办理对补助金进行适当处理的法律手续。此外，如果是国家直接管辖的治理设施，可能还需要依据国有财产法办理相关手续。

此外，在各法律指定的地区内，可能会存在一定的行为限制。实施自然再生事业时，如果伴随着木材砍伐、土石采挖等行为，需根据各法律进行批准等，所以需要引起注意。

在以上的1）到7）中，虽然也提到了部分国库补助制度，但由于包括补助金改革、地方纳税改革及税源移交在内的对税源分配进行修订的"国家与地方的税收财政改革"，这些制度可能会发生很大的变更。此外，因为今后也可能会发生制度修订等，在项目实施过程中，对这些项目的导入进行讨论时，要向各自的管理省厅咨询。

5-6　自然再生推进法的意义和课题

1) 自然再生推进法的意义

自然再生推进法明确了地区自下而上的自然再生事业的开展方法。主管部门环境省、农林水产省及国土交通省，为了应对当地具体情况而在每个地方同盟的办事处设置了自然再生事业咨询窗口，这些窗口可进行日常的信息交换，一起合作支援当地的对策实施。

自然再生推进法最初的主要目标是从国会中法案审议阶段开始，促进环境、农林水产、国土交通三省间的密切合作，但实施中办事处之间的合作也进展得很顺利。以自然环境或土地为对象施政的三省，也逐渐开始各种水平上的合作和信息交流，这可以说是自然再生推进法带来的附加效果吧。究其原因，自然再生推进法不是议员立法等国会主导下制定的法律，在制度上，自然再生事业也不是国家计划主导进行的，而是从当地发起、自下而上对应的必要性中产生的。

2) 自然再生推进法的课题

自然再生推进法不包括新的强制措施或直接的财政措施的宽松的法律。其特点是设置了：①当地居民和NPO等从事业初期阶段就开始参与的，尊重当地自主性的体系；②确保当地协商会和相关各省的自然再生推进会议的横向合作的体系；③从实施事业开始就对自然再生的情况进行监控，并将其结果反馈到事业中长期对策体系。

根据该法律，国家等行政机构想进行自然再生事业时，从初期的调查和计划起草的阶段开始，就需要当地居民和NPO等的参与，通过共同协商，明确再生的目标和任务分配。此外，由当地居民等提议政府参与的自然再生项目实施时，可根据当地的提议来开展自然再生事业。

然而，该法律也面临一个难题，即在多主体的参与下，如何持续进行科学性的调查和评价，在达成共识的前提下，长期逐步地实现区域自然再生。因此，在实际的运用中，很可能会发生很多的试行错误，而且制度上需要改善的地方也会层出不穷。该法律附加了5年后修订的规定。要立足于运用的实情，灵活地对制度进行修订。

（则久雅司）

——参考文献——

1）環境省・農林水産省・国土交通省（2003）：地域の和．科学の目．自然の力　自然再生推進法のあらまし．
2）谷津義男・田端正広編著（2004）：自然再生推進法と自然再生事業．ぎょうせい．

第二部：分　论

1. 湿原 64
2. 半自然湿地 84
3. 次生林 95
4. 田园 112
5. 都市自然 124
6. 湖沼 141
7. 高山草原 153
8. 自然林 163
9. 半自然草原 173
10. 贮水池 181
11. 泉涌地 189
12. 大河流 200
13. 中小河流 209
14. 滩涂 225
15. 海岸沙丘 234
16. 藻场 245
17. 珊瑚礁 252

1. 湿 原

1-1 湿原生态系统的特征和现状

1）生态系统

湿原生态系统最基本的特征是土壤呈过湿状态，并具有与之相适应的特有的植被分布。因此，在理解湿原的发展和维持机制上，水文环境特性和植被分布的关系，是非常重要的信息。随着地面的大小、各种各样的凹凸和湿原整体的地形变化（从湿原中心地区到边缘的海拔变化等），地下水位和水位变动特性也呈现出多种变化。多数情况下，植被分布的模式，会与其水文环境变化密切相关[1]。出现这种现象的原因可能与处于过湿土壤环境下的湿原食物对厌氧压力的耐性和回避有关，定位为最重要的分布战略之一[2,3]。这些特征是与湿地生态系统共通的，而湿原生态系统的特征之所以被定位为特殊的湿地，主要与水质有关[1]。湿原的土壤水存在几种明显特征，如养分少，矿物性溶解物质少，呈酸性等。因此，对于植物来说，湿原在湿地生态系统中，其水质环境是很严峻的，其群落的生产性相对较低，而且基本看不到大型木本植物。这种湿原的水质特性，不仅依赖于雨水、泉水、河水、地下水等水源的水质，还会受到湿原土壤——泥炭本身的水质形成作用（尤其是酸化和贫营养盐环境的维持）的强烈影响。分布在湿原中的植物，是能适应酸性、贫营养盐环境的特殊种群。除了受到过湿环境的厌氧压力的影响，当酸性环境导致的压力和贫营养压力等的程度不同，植物的分布也会发生变化[4,5]。

可以说，湿性植物的分布，在很大程度上受到特殊的水文化学环境的限制。所以，对于湿原生态系统的保护和恢复来说，首先要维持和修复水文化学环境的健全性，这是非常重要的。"维持滋养湿原的雨水、泉水、地下水、河水的水质和水量，尽量减少从湿原到系统外的排水"是保护湿原最基本的对策。此外，湿原多形成于河川流域的下游地区，会受到整个集水区累积性的影响，为了实现持续性的保护和自立性的再生，不仅在湿原内，在整个流域或地域都应尽可能采取对策。此外，在湿原内的水质形成中，泥炭土壤发挥着非常重要的作用，如果泥炭已经消失，湿原生态系统的自我再生就会变得极其困难，所以，要格外的注意防止沙土混入和保护泥炭土壤。

2）湿原的现状

湿原生态系统的退化正在全球范围内急速扩大。尤其是从 20 世纪初开始，随着人类活动的急剧增加，过去广泛分布于平原地区的低地湿原大部分消失了[6,7]。而现存的湿原也多少受

1. 湿原

到了富营养化、干燥化和酸化等人为影响。在欧美，针对严重的植被退化及其保护和再生的调查研究不断增加[6, 8-10]。

在日本，湿原生态系统的退化也很严重，明治、大正时代的湿地面积是 $2,111km^2$，但现在已经减少为 $821\ km^2$[11]。现阶段，针对这些已退化的湿原生态系统，系统性的保护及再生技术几乎尚未确立，只是在各地实施了各种各样实验性的对策。此外，对于湿原生态系统的退化程度和退化机理，基于定量的数据的客观评价和科学分析的案例还极少[12, 13]。在湿原生态系统中，退化程度和品质多种多样，所以，其原因和对策也是多种多样的。这种情况下，首要的事情是针对各案例，基于数据分析进行的退化评价，原因阐述和对策评价，逐步积累基础数据。

1-2 钏路湿原退化的原委和再生事业的背景

1）钏路湿原的开发小史

对钏路湿原流域的开发始于明治以后的移民，随着人口的增加，硫、煤矿业及林业不断发展。然而，由于气候和土壤条件不适合水田和旱田，农业规模很小。其后，由于1920年发生的大洪水灾害，以防灾和耕地开发为目的的新水渠（新钏路川）的挖掘和堤防的修建开始了。伴随着这些工程，流经钏路湿原的河流被切断。以湿原的排水工程为开端，湿原的耕地化真正开始了。其后，随着1961年农业基本法的制定，机械化带来土木技术的快速发展，大规模的排水渠从湿原周边延伸到内部，而大部分湿原以越来越快的速度被替换为农耕地或牧草地。这个时代北海道东部被设定为畜牧业的重点地区，所以大部分农地被用作牧草地，奶牛迅速增加，钏路湿原逐渐被开发。但近年来，随着煤矿的关闭和人口老龄化的发展，林家和农家的户数开始减少。在湿原内部，弃耕农地增加，甚至发展为社会问题。

图片-1 钏路湿原

2）钏路湿原的退化和走向保护与再生的经过

受湿原开发历史的影响，钏路湿原出现了许多变化。首先，农地、宅地开发导致湿原面积缩小，从流域中聚集的营养盐和沙土等造成的湖泊和河流水质的污染，湿原和湖沼的植被也发生了变化[14]。特别是在钏路川支流——久著吕川周边，因上游的农林地开发而导致浮沙的增加，因涨水时的泛滥，在下游的湿原内部沉淀堆积，产生了下述问题[15,16]。一般情况下，低层湿原的赤杨林，能够通过保持萌芽形态，忍耐滞水和贫营养环境，但在那些沙土泛滥堆积的布局中赤杨林会被从萌芽形态中解放出来，而逐渐单干化、乔木林化[17]。从1970年后半年开始的20年间，在整个湿原中赤杨林的面积都在急剧扩大[11]，但莎草和芦苇的群落面积不断缩小[18]。虽然有人指出，这些变化主要是由从河流中流入湿原的沙土所致，但也有报告指出，在几乎未流入沙土的地区，树林化也在扩大。目前还未弄清该过程的机理。但这种树林化会使在莎草和芦苇群落等湿性草原筑巢和产卵的丹顶鹤、极北鲵等的繁殖地受到限制[20,21]。

事实上，在湿原急速退化的过程中，并不是说在各时代都没有进行湿原的保护活动。从战后（1920年代）开始，以丹顶鹤的保护为中心的野生生物保护活动就开始了，从1960年代后期开始，随着人们对自然保护的关注度逐渐提高，对湿原本身的保护活动也开始变得活跃。首先是1967年，湿原被指定为天然纪念物；然后是1980年，加入了"国际重要湿地特别是水禽栖息地公约"，通称"拉姆萨尔公约"，1987年，指定了国立公园并制定了法律保护政策，不只是当地居民、国民，还开始受到国际上的关注。其后，1992年，地球峰会的召开，使国民对环境问题的关注度和对自然环境保护的要求，一下子提高很多，人们开始讨论兼顾自然的公共事业。受这种国内动向的影响，在钏路地区，于2001年成立了"钏路湿原河流环境保护研究委员会"，以今后20～30年内维持和保护2000年当时的钏路湿原的状态为目标，提出了12条对策[22]。这些对策是：①采用沙土调整地防止沙土流入水边林②通过植树等来提高保水和防止沙土流入的功能③湿原的再生④湿原植被的控制，⑤河流蛇形的复原，⑥水环境的保护，⑦野生生物的栖息、生育环境的保护，⑧湿原景观的保护，⑨湿原的调查和管理中的市民参与，⑩达成保护和利用的共识，⑪环境教育的推进，⑫区域合作与区域振兴的推进。其后，相关省厅马上开始探讨具体的湿原保护和再生的相关事业。2003年随着自然再生推进法的实施，继续推动了蛇行河流的复原和湿原周边弃耕农地的湿原再生事业的实施。

综上所述，湿原和河流生态系统退化的原因多是因为流域和区域规模的水循环和物质循环的变化。因此，如果不对现在流域和区域规模发生的问题进行梳理，有时可能会导致错误的保护和再生事业。从流域规模来看，由于存在着复杂的土地利用及各省厅的管辖区域的分割等制约，存在很多科学上还解释不清的现象。此外，在整个流域一次性地开展自然再生事业是很困难的。因此，目前不得不将再生事业的对象，限定在地区或局部规模。

因此，在钏路湿原的再生事业中，将湿原周围250000公顷的整个流域都考虑进来，对生态系统退化显著、且急需处理的地区进行梳理，从中抽出了5个地区实施自然再生（图-1）。这些开展自然再生的地区采用的自然再生事业的思路和最好的技术方法，将推广到整个流域[11]。下

1. 湿原

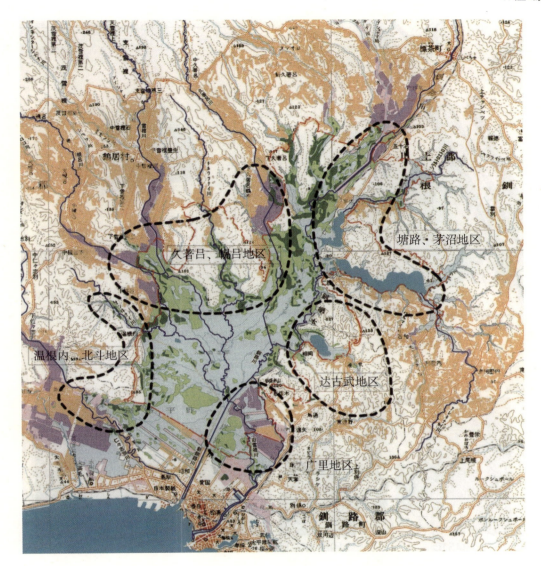

图-1　钏路湿原再生事业对象的5个缓冲带（环境省东北海道自然保护事务所：提供）

面以这些地区中事业开展领先的广里地区为重点，对基本的事业运营模式和之前的调查结果及2004年正在探讨的今后的事业开展方式进行介绍。

3）广里地区的自然再生事业

广里地区位于新钏路川的下游地区，三面被新钏路川的左岸筑堤、原雪裡川及十二号支线川围绕，总面积260公顷（图-2）。在1921年到1931年进行的钏路川流路转换工程中，现在的原雪裡川及十二号支线川，被新钏路川左岸筑堤切断（图-3），导致河流水量严重减少，水位大幅降低。1960年代后期，在原雪裡川及其右岸的明渠排水渠周边约80公顷的地区中，进

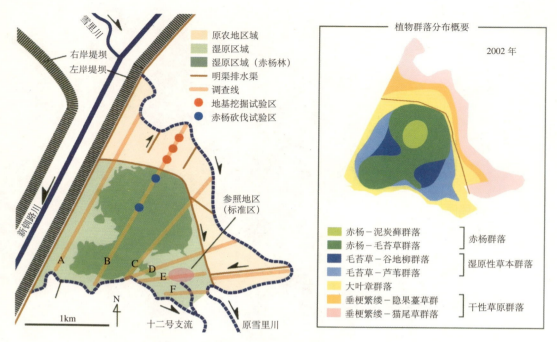

图-2 广里地区的概要

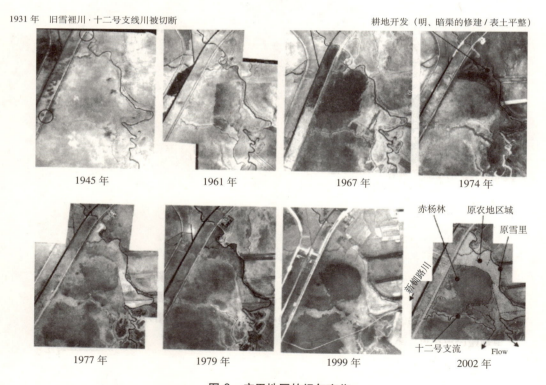

图-3 广里地区的经年变化
1945年图片中的圆,表示河流被切断的地点

行了耕地开发（以下将其简称为原农地区）。将这里的表土挖出，并设置了明渠和暗渠排水沟（图-3）。刚被开发时，农地被用作牧草地，但现在已经成为弃耕农地，失去了栖息地的丹顶鹤将其用作筑巢地。

该地的海拔为 0～3m 左右，从十二号支线川缓缓地向原雪裡川倾斜。除了由沙质土构成的原雪裡川沿岸之外，土壤由以莎草、芦苇为主要构成物种的低位泥炭构成。在原农地区西侧，存在着未受到直接人为搅乱的地区（以下将其简称为湿原区），在其中心，广泛分布着由赤杨构成的湿性灌木林，而貉草和芦苇、大叶章、Carex lyngbyei（一种莎草）等构成的湿性草原，环绕着灌木林分布（图-2）。此外，在原农地区，还广泛分布着出现猫尾草等牧草品种的干性草原。在1970年以前的航空摄影中，基本未发现该赤杨灌木林，所以可以推测，以前这里广泛分布着芦苇或莎草占优势的湿原草本植被。现在，赤杨林清楚地呈现出圆形分布的状态（图-3）。此外，从1993年到2000年的7年间，其分布区域扩大了约13公顷，其中一部分的树干密度也增加了[23]。

可见，在广里地区存在了两个湿原退化因素，即已成为钏路湿原整体问题的弃耕农地和赤杨林的扩大。因此对自然再生事业设定了两个课题，即将弃耕农地再生为湿原和处理增加的赤杨林。该地区被定位为为了确定有效的再生手法、而进行试验性事业运营的试验性事业用地。

1-3 广里地区再生事业的思考方法

在广里地区的再生事业中，重要的关键词包括：①健全性评估和退化原因、②具体的再生目标、③被动式再生、④顺应型管理、⑤ BARCI 设计[24]。下面将结合具体案例，对各关键词进行解说。

1）健全性评估和退化原因分析的调查计划

在生态系统的再生中，首要的是弄清什么是健全的状态、什么是非健全的状态。这是因为，虽然生态系统看起来好像是处于非健全的状态（已经退化），但实际上可能是系统适应区域和局部环境而形成的，也可能是自然发生的演替过程。基于一定的数据进行健全性评价时，如果判断某地明显退化，就要开始进行分析退化原因，并基于上述过程制定排除退化原因的项目计划。这时，为了确保这种健全性的诊断和退化原因的分析的可信性，要对对象生态系统进行多角度而又详细的调查研究。调查计划需把握退化的最根本原因，即生物与环境之间的关系，同时理解退化的机制，并对再生中需要控制什么及怎样控制进行探讨。

广里地区进行的调查正是基于这种想法，对生物与环境之间的对应关系进行了分析，并对退化原因进行了探讨。在调查计划的制定和调查点的设定上，主要考虑到了以下几点。

①能够对当地的整体情况进行全面的分析。
②能够进行地下水流动情况预测的数值分析。

③能够对比项目前后的比较进行统计分析，从而对项目进行评价。
④能够通过多变量解析，对生物与各种环境（地下水位和土壤水的水质）之间的对应关系进行整理。
⑤能够进行长期的监控。
⑥能够尽可能地涵盖当地的典型植被类型。
⑦不仅要针对可能退化地区，还要关注用作比较对象并保留着良好的自然环境的地区。
⑧能够考察与周边河川的相关性。

考虑到这些问题，设定了包含约150个调查点的6条调查线（图-2）。调查对象项目涉及从动植物到地质环境等很多方面，但以其中的植被（物种、覆盖度）和地质环境（地下水位、土壤水和地下水的水质、地质特性）为重点，进行了调查。对于从其结果中得到的健全性评价和退化原因分析，将在后面进行论述。

2）具体目标的设定

自然再生的最终目标并不是某种特定的生物（如稀有物种）的个体数或水质基准等，而应该是施加人为影响前的生态系统的状态。然而，由于施加人为影响前的数据的情况很少，加上生态系统的评价法也尚未确立，具体地进行评价是很困难的。因此，很多案例是通过研究过去的自然史和社会史，以生态系统可能曾正常发挥功能的时代的状态为目标，来实施自然的再生（恢复）。必须注意的是不能将目标变成"排除一切人类活动的不现实的"目标，必须与当地达成共识，设定可持续的目标。

在广里地区再生事业的研究过程中，在进行前述现状调查的同时，尽可能地收集了过去的航空摄影等资料，对开发的原委和景观及环境条件的变化过程进行了梳理。通过反复地实地调查、原始数据和资料的收集及与相关人员的讨论，将湿原景观发生巨大变化前的1960年代后期，设为最终目标。此外，为了设定更加明确的目标，依据以下标准，设定了作为再生的目标景象的标准区。

①位于规划再生区（原农地区）的附近。
②迄今为止受到的直接人为干扰很小。
③应该与规划再生区1960年代的植被类型和水文条件相类似。

将最接近这些理想条件的貉草-芦苇群落分布区设为标准区（图-2），以其植被、地下水位和水质等环境条件为具体的目标。

3）再生方法的研究及其评价法

如前所述，广里地区的再生项目中基于"被动式再生"和"顺应型管理"两个基本理念，对再生方法进行了探索。被动式再生是指先根除引起生态系统退化的人为原因，然后要尽可能地通过生态系统自我调节能力，来实现再生的形式[25]。积极的土木工程和栽培等主动式的再生手段，

1. 湿原

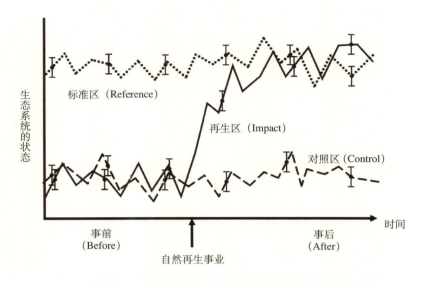

图-4 根据BARCI设计，绘制出的自然再生事业评价方法模式图
(中村，2003a)

可能会给生态系统带来不好的副作用，所以将其作为优先度较低的选项。

顺应型管理是指通过项目或实验开始后的持续监控，对实际成果和预期效果（假说或目标）进行对比，并根据对比结果，对再生方法和程序重新进行评价和论证，在导入更有效的再生手法的同时，灵活地推进项目和实验的实施[25]。在该过程中，要设定导入再生手段的再生区、未采取任何手段的对照区及作为再生目标景象的标准区。并通过对比各地区的客观指标（例如：植被、环境数据），对再生结果进行评价。该评价体系基于"BARCI（Before、After、Reference、Control、Impact）设计"，在使用再生手段前（Before）到使用后（After）的时间轴上，通过科学地表现出"区别于标准区（Reference）和对照区（Control）的、再生区（Impact）的生态定位"，来进行成果的评价和假说的验证（图-4）。

目前，广里地区正在根据现状调查和评价，提出了几种有效的再生手段及其预期效果，并从这些手段中，筛选出在技术、政治及社会等方面可行性最高的手段，实施小规模现场试验（将地壳往下挖的试验、赤杨砍伐试验）。在这个过程中，应用了上述基本理念和BARCI设计评价体系，通过统计分析进行客观评价，从而反复进行调查试验的设计。上述项目的详情及现阶段的实验结果，将在后面详细论述。

1-4 现状的把握和退化原因的探讨

根据以往的报告，湿原生态系统的退化原因大多是水循环和物质循环的变化所致[26-28]。因此，尽量收集水文化学环境的相关信息，是非常重要的。而为加深对生态系统退化机制的理解，还需要对生物间对应关系等相关信息进行详细地收集。

下面将基于1.3中所述的研究法得到的调查结果，对水文化学环境的健全性进行评估，并对植被与环境因素之间的对应关系进行解析，从而就生态系统退化的原因进行探讨。此外，对于水文化学环境，不仅要探讨其退化原因，还要通过模拟实验来进行验证；对于植物和环境因素之间的对应关系，主要从湿原保护的重要因素"农地改革"和"赤杨林增加"两个方面进行整理。

1）地下水环境健全性评价和退化原因的探讨

广里地区整体的地下水调查结果显示，整体的地下水位（地下水位标高）分布呈现出以湿原区的中央地区为顶点的土堆形状。在湿原区域中，地表水位（以地表为基准的地下水位）出现在地表附近，地下水位的变动也很小，且呈现出在很少泛滥的稳定湿原中常见的水文状态（图-5）。然而，在原农地区域，地下水位的变动很大，且朝原雪裡川方向急剧降低的趋势很明显（图-5）。湿原区域的地表水位为0～-0.4m，而原农地区域的地表水位朝原雪裡川方向大幅降到-2.0m左右。可见，在原农地区域，因地表水位降低，而逐渐变得干燥，并呈现出与湿原区域的水文状态完全不同的趋势。而与原农地区域中残留的明渠排水沟周边相比，原雪裡川周边地下水位的下降反而更为显著（图-6）。因此，由于原雪裡川被切断，其水位显著下降，所以原农地区域的地下水被迅速地排入这里，导致原农地区域的干燥化不断恶化。

另一方面，从广里地区整体的地下水水质分布特性来看，在湿原地区钠离子、氯化物离子、镁离子浓度很高，而在原农地区域，则呈现出特别低的趋势（图-7）。其原因可能是，在原农地区域中，向原雪裡川的单方向排水十分突出，所以盐类与地下水一起被排除了[29]。此外，与湿原区域相比，原农地区域中的钙离子浓度很高，这可能是碳酸钙等土壤改良材料大量残留在土壤中导致的。

可见，在原农业用地区域被开发后30年仍残留着土壤改良材料散布的影响，而70年前进行的切断原雪裡川的影响，还通过河流水位下降导致的水文条件的变化及原农地区域地下水水质的变化中表现了出来。因此可以判断，该河流的切断，是造成原农地区域中环境退化的主要原因。

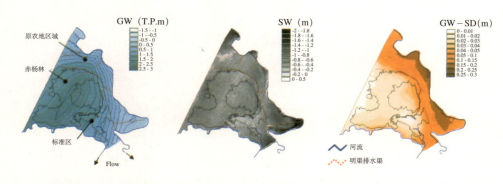

图-5 地下水位平均值（GW）、地表水位（SW）、地下水位标准差（GW-SD）的分布
等高线表示0.2m间隔（山田等，2004。有修改）

1. 湿 原

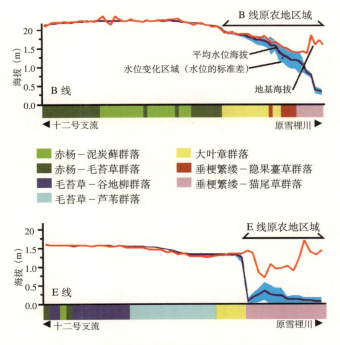

图-6 B线及E线沿线的地下水位、标高、群落分布

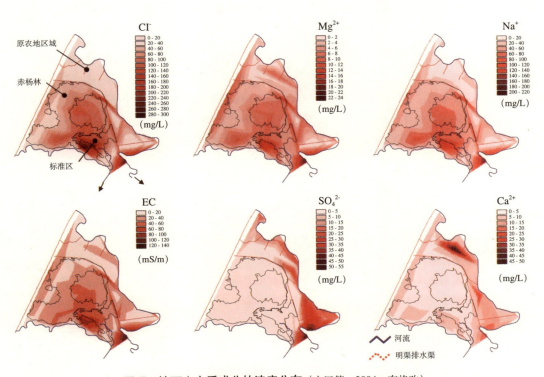

图-7 地下水水质成分的浓度分布（山田等，2004。有修改）

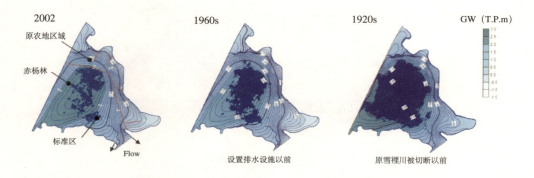

图-8　现况原型再现结果（2002年6月）和1960年代、1920年代地下水位的模拟实验结果
绿色底纹表示地下水位在地面位置的范围。等高线为0.1m间隔（山田等，2003。有修改）

2）运用模拟实验对退化原因进行的验证

前面根据现状的调查结果，对水文环境的退化评价及其原因进行了探讨，下面通过一个具体的案例说明如何通过地下水流动模拟实验，推测原雪裡川被切断和设置明渠排水沟以前的各种状态，重新探讨退化原因。

首先制作现在的广里地区的准三维地下水带水层模型，然后通过对比地下水位的实测值和分析值，对该原型的再现性进行了探讨。在此基础上，为了模拟设置明渠排水沟前的状态和原雪裡川被切断以前的状态，①从现在的模型中去除了明渠排水沟的模型；②在①的模型中，加入被切断前原雪裡川水位的推测值的模型进行了分析[29]。

对设置明渠排水沟前的地下水位的模拟结果显示，原农地区域的地下水位比现状要高出约20cm（图-8）。而对原雪裡川被切断以前的状态的模拟结果显示地下水位比现状要高出约60cm，而且地下水位出现在地表的范围呈现出向雪裡川及十二号支线川扩展的趋势（图-8）。该范围的变化再次证明：与明渠排水沟的设置前后相比，原雪裡川被切断前后的变化更大，因此，与其说是1960年代设置的明渠排水沟，倒不如说是1920年代原雪裡川被切断造成的水位下降，导致了现在原农地区域中地下水位的下降和湿原干燥化。

3）植物与环境的对应—农地开发旧址的评价

从优势种由湿原性到干性草原性的巨大变化来看—（图-2，图-6），从湿原区域到原农地区域的植被出现几乎脱离湿原植被范畴的显著的本质差异的变化。然而，在农地开发以前的航空摄影中，看不出两区域间存在着显著的景观差异（图-3）。即使现在分布着干性草原的地区，也存在泥炭土壤[13]，由此可以看出，在原农业区域中过去应该广泛分布着湿原植被[30]。因此，现在的原农业区域中的植被的异质性，暗示出从湿原植被转化为干性草原植被的巨大的经年变化，也显露出湿原植被的严重退化。

为了分析广里地区的植被分布所对应的环境因素，使用了所有调查点的植被、环境数据，

1. 湿 原

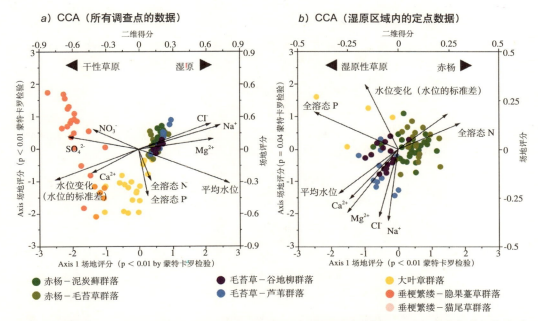

图-9 通过CCA（Canonical Correspondence Analysis：典型对应分析），对各调查点进行的序列化
图中仅抽出了biplot score 较高的环境因素，用箭头来表示。（山田等，2004。有修改）

通过 CCA（Canonical Correspondence Analysis）进行了多变量解析（图 9-a）。CCA 从使用的数据群中，统计性地计算出主要的植被斜率及与其相对应的环境因子的斜率。计算出的最主要的趋势的CCA 第一轴的结果表示出与从湿原区域到原农业区域的当地植被过渡（图 -2、图 -6）一致的植被分布模式。平均水位和水位变动、土壤水的盐类浓度（Na^+、Mg^{2+}、Cl^-）与该分布模式出现较大的矢量对应。这些结果意味着从湿原区域到原农地区域的植被变化，及与其联动的水位、水位变动、盐类浓度引发的环境斜率，是该地区生态系统中最主要的变化特征。

在CCA（图 -9a）中，对原农地区域的植被过渡有响应的环境因素中，平均水位、水位变动的相关性尤其强烈，这些是广里地区中原农地区域的环境异质性的最大特点。正如前面提到过的那样，在湿原区域的群落中，地表附近保持着稳定的水位环境；而在原农地区域的群落中，水位极低，而且水位变动很大，从而导致两区域的状态明显不同（图 -6）。对于湿原植物的存续来说，持续而充分的水供给是最低条件[31]，而原农地区域出现地下水位下降到地下 2m（最低值），使湿原植物的分布变得极为困难。此外，原农地区域的土壤水盐类浓度比湿原区域低，而与北海道其他低地湿原处于相同水平[32, 33]，由此判断其与原农地区域植被退化之间的相关性非常低。综上所述，原农地区域中植被的干性草原化，即植被的退化是由极低的地下水位导致的。

上文关于水文化学环境的健全性评价可得出，原农地区域是由于受到原雪裡川被切断导致的干燥化和土壤改良材料投入等导致的水质变化等多种人为搅乱的地区。通过 CCA 将这些人为搅乱尤其是干燥化造成的影响直接导致植被退化的情况清晰地表现了出来。由此证明了原农地区域中植被退化的根本原因是由于原雪裡川被切断。

4）植物与环境的对应—赤杨林的评价—

湿原区域中的赤杨林群落和湿原性草本群落，会因赤杨的有无而产生巨大的景观差异，但这两种都是构成的湿原种群植被类型主要优势种中有芦苇和貉草等很多共通的部分[12]。因此，如果只来考虑现状，在判断是否为湿原植被的基准上，赤杨林基本没有不足的因素。然而，随着周边人类活动的逐渐活跃，赤杨林的分布区域会急剧扩大，而且与作为自然状态的湿原中的湿生演替而自发进行的林化相比，其林化速度明显过快。如果从生态系统的保护和维持的角度不论变化为什么植被类型，均要将因人为搅乱的影响而导致的植被演变看作退化因素。因此可以判断，以自然状态下不可能出现的速度剧增的广里地区的赤杨林，从是否为原来的植被的基准上看，至少表现出了植被的退化。

从湿原区域内的调查数据的 CCA 中可以看出，从赤杨林到草本湿原的生态系统系列，是湿原区域中最重要的特征，而平均水位和土壤水的总溶解态磷浓度及总溶解态氮浓度导致的环境效率，与该系列模式高度相关（图-9b）。此外，赤杨群落与湿原性草本群落相比，呈现出低平均水位、低磷浓度及高氮浓度的倾向。

在赤杨林群落的土壤水中，氮浓度变高可能是由于赤杨根部的共生菌将空气中的氮固定，使大量的氮在赤杨群落内蓄积并流通的结果。而呈现出低磷浓度趋势的原因可能是由于赤杨带来的氮富化使群落生产量增加的同时，也使磷的需求量增加了，而没有来自系统外的供给，磷的流通量就降低了。换言之，氮和磷分布与赤杨林的有无密切相关，可能是赤杨林增加的原因物质。

与湿原性草本群落相比，赤杨群落中平均水位下降的趋势，在 5cm 以内（图-10）。然而，即使是这种很小的水位差，也会使湿原植物的分布和平均水位的关系发生变化，尤其是地表附近的水位差，对于植物的分布和生育，具有很强的影响力[3, 34]。根据自动水位计连续测量的数据分析，发现了微小平均水位差中导致较大的响应特性（图-11）。在约 100 天的连续水位测量期间，当水位达到 5cm 以上相对较深的淹水状态时，基本看不到赤杨群落，但出现湿原性草本群落的时间达到了约 10～40 天；与湿原性草本群落相比，赤杨群落的最高水位要低10cm 以上。也就是说，赤杨林中的最高水位明显偏低，而且处于高水位的时期非常短（没有大规模的涨水）。由此可知，湿原区域中赤杨林的分布，应该会受到水文特性差异的巨大影响。当涨水时间和程度较小及不耐受厌氧压力的布局环境的存在，是可能影响赤杨林的分布的主要条件。

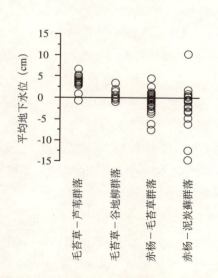

图-10 湿原区域内各群落的平均地下水位

1. 湿原

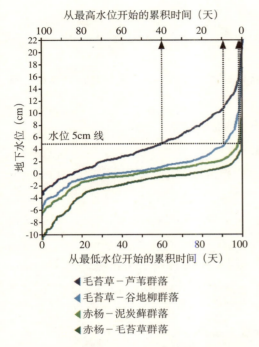

图-11 根据湿原区域的主要群落中地下水位持续测量数据，算出的水位累计滞留时间（田中等，2004。有改动）

这种水文特性在赤杨林地区得以维持，与湿原区域的地形特征有一定的联系。赤杨林所在的 B 线上的布局，是稍微隆起的地形，而且海拔比湿原性草本占优势的 E 线还高（图-6），所以，应该很难形成极端的涨水和长期的淹水状态。赤杨林的增加原因，估计是某种常年的环境变化，但也可能是由于修建筑堤导致广里地区一带发生的水文环境变化或地壳下沉等引发的地形变化导致的水文环境变化，导致了利于赤杨林中出现的水文特性的形成。然而，现阶段尚未获得支持该判断的数据。因此虽然可以确定最高水位过低、涨水期间过短的水文环境，是影响赤杨林分布的主要原因之一，但对于赤杨林增加的关键环境变化因子，目前还处于尚未确定的状态。

1-5 关于对策方案和进行中的实验

1）怎样处理弃耕农地

前面已经论述过原农地区域水文化学环境退化的主要原因，其中包括原雪裡川被切断导致的河流水位下降和土壤改良材料的残留。其中，河流水位的下降带来的干燥化，是导致原农地区域植被严重退化的原因。因此，为了实现根本性的湿原再生，就要排除这些主要原因，为此，需要对以原农地区域地下水位的升高为目的的原雪裡川的水位升高进行分析。这同时意味着，仅以广里地区为对象进行再生事业是很困难的。为了对这种根本性的再生进行探讨，应该解决的课题有很多，例如：①对抗洪水的安全性等河流管理上的问题，②河流流量的确保中伴随的水利权的问题，③河流流量变化中伴随的河流生态系统的变化及其对渔业的影响，④地下水位升高对原雪裡川左岸广泛分布的耕地的影响等。

另一方面，再生（复原）或替代（mitigation）湿原环境时，为了使下降的地下水位升高，经常使用的方法有通过将地面向下挖，来提高相对水位[35, 36]、从周围河流或地下水中导水或通过水泵供水[37] 等。而钏路湿原中夹杂着细粒沙土的河水泛滥，使沙土堆积在湿原内，导致地表的标高变高，并逐渐变得干燥[17]。因此对于弃耕农地中湿原再生的方法，有人提出了通过将地面向下挖，来提高相对地下水位的再生手法[22]。

在这样的背景下，在环境省钏路湿原再生事业的实务会议上，对下述三种广里地区原农地区域的再生手法进行了探讨。

①将周边被切断的小河流连接起来，在恢复自然的河流水位的同时，使湿原的地下水位升高的方法。

②堵住原雪裡川，通过对河流水位进行人工控制，来提高湿原地下水位的方法。

③通过将地面向下挖，使地下水位相对上升的方法。

其中，为了解决前面提到的问题，主要相关人员和相关省厅之间正在对①、②进行协调。对于③，即使该方法带来的效果被认可，如果将其推广到原农地区域全区，会伴随着地形大幅改变的巨大负荷。尤其是在广里地区周边，由于泥炭层较薄，还可能会导致以往积累的泥炭消失。而且，湿原的热收支和水收支也可能会发生变化，甚至会导致生态系统进一步退化。因此，在最终决定采用的"主动性"再生方法的认识下，从2003年开始，在原农地区域的部分地区，设置了下挖区，真正开始进行试验，目前，正在对包括水文环境条件在内的地质环境和植被进行监控，同时对其效果进行分析。

该下挖试验的最终目标是恢复到标准区，即貉草－芦苇群落占优势的生态系统。试验中的具体目标是：首先，使地下水位变为与标准区相同的水平；然后，收集在此环境下能够在多大程度上接近标准区的植被（物种组成、盖度）及其再生所需的时间的相关数据。试验区设置在原农地区域中地下水位环境不同的3个地区（都为0.1公顷），并分别设置了进行地表下挖的处理区和无处理的对照区。并在各下挖区中选取了播撒芦苇种子的播种区。为了能够从多方面评价下挖效果，还设置了能够再现各种水位的倾斜下挖区（图-12）。为了使下挖处理后的年平均地下水位（这里是指以地表为基准的地下水位），与标准区的年平均地下水位相等，下挖深度设定是基于往年获取的标准区和对照区的地下水位数据，计算得出的。

2003年度的监控结果显示，下挖区的平均水位与标准区基本相等，所以使地下水位与标准区一致的目标已经达成了。然而，地下水位变动却比标准区大（图-13），且土壤水的钙离子、铵离子、总溶解氧氮浓度变得非常高。同时，进一步发现非播种区中几乎未出现芦苇，而且播种区中芦苇的实际存活率很低，初期生育很差。目前，下挖区与标准区几乎不存在植被上的共通点，说明关于植被再生的评价需要相当长时期的监控。由此可知，在通过下挖使地下水位升高的方法中，可能会产生水质恶化和植被恢复显著延迟等各种各样的问题。

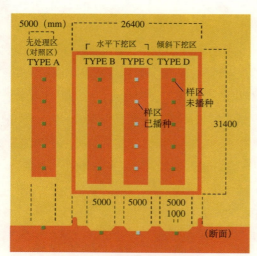

图-12　下挖试验地的概要
（环境省/自然环境共生技术协会，2004）

1. 湿原

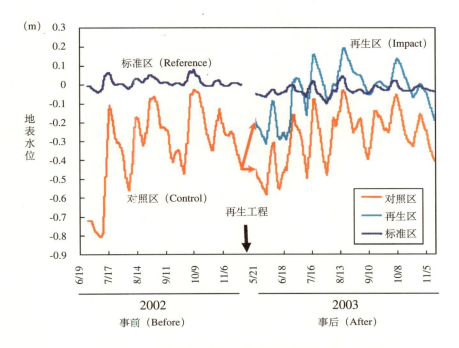

图-13　对使用BARCI设计的下挖方法进行评价的实例
地表水位表示以地表为基准的地下水位7天中的平均移动

2) 怎样处理赤杨林

研究证明，水文环境特性对赤杨林的分布有很大的影响，但目前仍未弄清导致赤杨林增加的决定性环境变化和与具体的人为搅乱的相关性。从植被变化的规模来看，在钏路湿原各地出现的赤杨林的增加，可能会成为今后保护上的一大问题，所以应该通过各种尺度，尽早弄清其增加机理。因此，作为针对增加的赤杨林的再生事业的对策，首先，查明并排除增加原因，是当前的最大课题。此外，湿原中的赤杨增加会给生态系统带来什么影响呢？今后在考虑保护管理和再生方针时，还需要以科学的数据为基础，构建其模型。

对增加的赤杨的再生及管理手段中，要优先考虑通过排除原因来进行的被动式再生手段，但有时也可以考虑与主动式手段相结合。一直有人提议、把通过赤杨的采伐来进行再生及管理作为主动式手段之一，但因不知道采伐会使生态系统产生怎样的反应，而且还非常担心会出现意料之外的副作用。因此，目前在广里地区正在通过赤杨的小规模采伐试验，对采伐后可能出现的影响，包括植被、土壤、水质、微气象等进行调查。因为刚开始监控不久，还未得到充分的数据，但确认了之前弄清的采伐的主要影响，即可能对赤杨林床中生育的毛壁泥炭藓的增长造成抑制和枯死率的增加（图-14，图-15）。

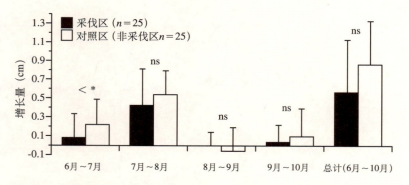

图-14 赤杨采伐的试验区及对照区（非采伐区）中的毛壁泥炭藓的增长量
图中的数值表示平均值±标准差，两地区的比较使用了Mann-Whitney U-test*：$p<0.05$

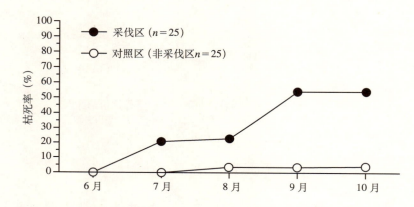

图-15 赤杨砍伐试验区及对照区（非采伐区）中毛壁泥炭藓的枯死率

1-6 面向今后的自然再生事业

在广里地区的再生事业中，时刻考虑到健全性的评价和退化原因的分析，通过对现况进行详细的调查，使退化原因的把握及具体的目标设定成为可能。此外，虽然规模很小，但通过进行实验性的项目，逐渐弄清了试验中所用的再生手法的效果和问题点。而且，通过调查研究分析了湿原生态系统退化的原因及其机制，对湿原的生态和水文功能的理解也加深了。今后，计划以这些知识为基础，就最适合的再生手法，与当地居民和相关省厅进行讨论。

（中村隆俊，山田浩之）

1. 湿原

―― 引用文献 ――

1) Wheeler, B.D. and Proctor, M.C.F. (2000): Ecological gradients, subdivisions and terminology of north-west European mires, Journal of Ecology 88, 187-203.
2) Yabe K. (1985): Distribution and formation of tussocks in Mobara-Yatsumi marsh, Japanese Journal of Ecology 35, 183-191.
3) Nakamura T., Yabe K., Komatsu T. and Uemura S. (2002c): Reduced soil contributes to the anomalous occupation of dwarf community in N-richer habitats in a cool-temperate mire, Ecological Research 17, 109-117.
4) Malmer, N. (1986): Vegetation gradients in relation to environmental conditions in northwestern European mires, Canadian Journal of Botany 64, 375-383.
5) Nakamura, T., Uemura, S. and Yabe, K. (2002): Variation in nitrogen-use traits within and between five Carex species growing in the lowland mires of northern Japan, Functional Ecology 16, 67-73.
6) National Research Council (1992): Restoration of Aquatic Ecosystems: Science, Technology, and Public Policy, National Academy Press, Washington DC.
7) Vermeer J.G. and Joosten J.H.J (1992): Conservation and management of bog and fen reserves in the Netherlands. In: Fens and Bogs in the Netherlands: Vegetation, History, Nutrient Dynamics and Conservation (ed J.T.A. Verhoeven), pp.433-478, Kluwer Academic Publishers. Dordrecht.
8) Beltman B., Van Den Broek T., Bloemen S. and Witsel C. (1996): Effects of restoration measures on nutrient availability in a formerly nutrient-poor floating fen after acidification and eutrophication, Biological Conservation 78, 271-277.
9) Verhoeven J.T.A., Keuter A., Van Logtestijn R., Van Kerkhoven M.B. and Wassen M.J. (1996): Control of local nutrient dynamics in mires by regional and climatic factors: a comparison of Dutch and Polish sites, Journal of Ecology 84, 647-656.
10) Budelsky R.A. and Galatowitsch S.M. (2000): Effects of water regime and competition on the establishment of a native sedge in restored wetlands. Journal of Applied Ecology 37, 971-985.
11) 環境省自然管理局・㈳自然環境共生技術協会 (2004): 自然再生 ― 釧路から始まる ―, 279pp., ぎょうせい.
12) 中村隆俊・山田浩之・仲川泰則・笠井由紀・中村太士・渡辺綱男 (2004): 自然再生事業区域釧路湿原広里地区における湿原環境の実態 ― 植生と環境の対応関係から見た撹乱の影響評価 ―, 応用生態工学 7(1), 53-64.
13) 山田浩之・中村隆俊・仲川泰則・神谷雄一郎・中村太士・渡辺綱男 (2004): 自然再生事業区域釧路湿原広里地区における湿原環境の実態 ― 酪農草地化および河川改修が湿原地下水環境に及ぼす影響 ―, 応用生態工学 7(1), 37-51.
14) Takamura N., Kadono Y., Fukushima M., Nakagawa M. and Kim B. (2003): Effects of aquatic macrophytes on water quality and phytoplankton communities in shallow lakes, Ecological Research 18, 381-395.
15) 水垣 滋・中村太士 (1999): 放射性降下物を用いた釧路湿原河川流入部における土砂堆積厚の推定, 地形 20, 97-112.
16) Nakamura F., Sudo T., Kameyama S. and Jitsu M. (1997): Influences of channelization on discharge of suspended sediment and wetland vegetation in Kushiro Marsh, northern Japan, Geomorphology 18, 279-289.
17) Nakamura F., Jitsu M., Kameyama S. and Mizugaki S. (2002b): Changes in riparian forests in the Kushiro Mire, Japan, associated with stream channelization, River Research and Applications 18, 65-79.
18) Kameyama S., Yamagata Y., Nakamura F. and Kaneko M. (2001): Development of WTI and turbidity estimation model using SMA ― Application to Kushiro Mire, eastern Hokkaido, Japan ―, Remote Sensing of Environment 77, 1-9.
19) 中村太士・中村隆俊・渡辺 修・山田浩之・仲川泰則・金子正美・吉村暢彦・渡辺綱男 (2003): 釧路湿原の現状と自然再生事業の概要, 日本生態学会保全生態学研究 8, 129-143.
20) 佐藤孝則 (1998): 希少野生生物種とその生息地としての湿原生態系の保全に関する研究報告書, ㈶日本鳥類保護連盟, 117-152.
21) 正富宏之・大石麻美 (2001): 湿原生態系及び生物多様性保全のための湿原環境の管理および評価システムの開発に関する研究調査報告書, ㈶日本鳥類保護連盟釧路支部, 3-4.
22) 釧路湿原の河川環境保全に関する検討委員会 (2001): 釧路湿原の河川環境保全に関する提言, 国土交通省北海道開発局.
23) 松原健二・山田浩之・中村隆俊・宮作尚弘・神谷雄一郎・渡辺綱男・中村太士 (2003): 航空機レーザー測量を用いた釧路湿原ハンノキ林の樹高推定と分布域の環境条件, 第114回日本林学会大会学術講演集, 160.
24) 中村太士 (2003a): 河川・湿地における自然復元の考え方と調査・計画論 ― 釧路湿原および標津川における湿地,

氾濫原，蛇行流路の復元を事例として —，応用生態工学 5(2), 217-232.
25) 中村太士（2003b）：自然再生事業の方向性，土木学会誌 88, 20-24.
26) Conway V.M. and Millar A. (1960)：The hydrology of some small peat-covered catchments in the N. Pennines, Journal of the Institute of Water Engineers 14, 415-424.
27) Burke W. (1975)：Effects of drainage on the hydrology of blanket bog, Irish Journal of Agricultural Research 14, 145-162.
28) Nicholson I.A., Robertson R.A. and Robinson M. (1989)：Effects of drainage on the hydrology of a peat bog, International Peat Journal 3, 59-83.
29) 山田浩之・中村隆俊・仲川泰則・濱　裕人・中村太士・渡辺綱男（2003）：釧路湿原広里地区における地下水環境の実態および湿原再生手法の検討，応用生態工学会第7回研究発表概要集，55-58.
30) 中村隆俊・中村太士（2003）：釧路広里地区における植生分布と無機環境要因，環境省自然環境局北海道地区自然保護事務所平成14年度自然再生事業広里地区自然環境調査（その1）業務報告書.
31) Wheeler B.D. and Shaw S.C. (1995)：A focus on fens-controls on the composition of fen vegetation in relation to restoration. In: Restoration of Temperate Wetlands (eds. Wheeler B.D., Shaw S.C., Fojt W.J. and Robertson R.A.), pp.49-72, John Wiley & Sons Ltd. Ontario.
32) Hotes S., Poschlod P., Sakai H. and Inoue T. (2001)：Vegetation, hydrology, and development of a coastal mire in Hokkaido, Japan, affected by flooding and tephra deposition, Canadian Journal of Botany 79, 341-361.
33) Nakamura T., Uemura S. and Yabe K. (2002b)：Hydrochemical regime of fen and bog in north Japanese mires as an influence on habitat and above-ground biomass of Carex species, Journal of Ecology 90, 1017-1023.
34) Yabe K. and Numata M. (1984)：Ecological studies of the Mobara-Yatsumi marsh: Main physical and chemical factors controlling the marsh ecosystem, Japanese Journal of Ecology 34, 173-186.
35) Farrell C.A. and Doyle G.J. (2003)：Rehabilitation of industrial cutaway Atlantic blanket bog in County Mayo North-West Ireland, Wetlands Ecology and Management 11, 21-35.
36) Price J.S., Heathwaite A.L. and Baird A.J. (2003)：Hydrological processes in abandoned and restored peatlands: An overview of management approaches, Wetlands Ecology and Management 11, 65-83.
37) Bardsley L., Giles N. and Crofts A. (2001)：The wetland restoration manual, 250pp., The Wildlife Trusts, UK.

专栏

丹顶鹤的分布区扩大和自然再生

◆丹顶鹤的分布区扩大◆

日本繁殖最多的鸟类丹顶鹤，作为留鸟、栖息在"以正在进行自然再生事业的钏路湿原为中心的"道东地区。在海外，丹顶鹤是在中国北部、远东俄国繁殖，并在中国南部或朝鲜半岛越冬的候鸟，那里分布着约1000～1500只左右。日本的丹顶鹤过去广泛分布在北海道全域～本州的东北和关东，但进入明治时代后锐减，曾一度被认为已经灭绝了。大正时代，在道东重新发现了33只丹顶鹤，于是保护活动开始了，通过在越冬期的人工供饵，其数量慢慢逐渐增加，现在已经增加到800多只。然而，800只这个数字并不是安全的数字，并不能说明丹顶鹤已经脱离了灭绝的危机，而近年来的增加速度逐渐减慢。此外，其陆地上的栖息地——湿地的消失也在增加，可能会导致其个体数的减少。如果在越冬地集中的钏路湿原周边发生疾病，可能会全部灭绝。

另一方面，迄今为止，丹顶鹤只在北海道的钏路、十胜、根室等道东地区生息，但这几年，虽然数量很少，但繁殖期在道央和道北逐渐出现了丹顶鹤的个体，而在道东以外的繁殖尚未确认。在越冬期，这些分散个体还会回到钏路湿原周边的供饵场，因此，如果没有越冬期的人工供饵，就不会有个体群的维持。这样的增速减缓和个体分布区扩大，说明道东的繁殖适地已经达到了个体数容纳能力的极限。繁殖地分布的扩大，在保护上是人们所期待的。2004年6月，在道北的佐吕别湿原中，几乎时隔100年以上，再次确认了丹顶鹤的繁殖。在佐吕别中，只发现了一对丹顶鹤和2个卵，孵化后成长到一定程度的幼雏只有一只。从2002年开始，这对丹顶鹤每年都会出现在佐吕别，并在2004年首次繁殖成功。然而，这只幼雏不久就消失了。

◆应对分布扩大的措施◆

在佐吕别湿原中，今后这对丹顶鹤很可能会继续繁殖活动，幸运的是，当地、环境省、北海道开发局正在合作推进佐吕别自然再生事业，目前正在探讨将丹顶鹤作为主要环节，来进行保护管理和监控。

丹顶鹤曾生活在北海道的大部分地区。因为适合繁殖的芦苇原很多，如果分布区扩大，很可能会在各种地区发现丹顶鹤。因此，最好能尽早开始采取对策。日本生息着很多属于生态系统的高级物种，为了防止其灭绝，需要保护和再生广域生息环境的鸟类。

最好由国家和都道府县对这样的物种进行广域生息环境评价，分析将来可能发生的事态，在其基础上决定自然再生用地等。因此，需要将这些物种的潜在生息适地制成图表，并提前对怎样进行保护管理或自然再生进行探讨，这是"自然再生时代"的所必需的基本态度。

（逸见一郎）

2. 半自然湿地
—以福井县敦贺市中池见为例—

2-1 半自然湿地的生态特征

这里将受人为影响而形成的湿地,称为"半自然湿地"。其中的代表为水田,水田每年都会有规律地进行以生产为目的的用水管理和耕耘等作业。这种水田的水边环境特征被称为:"时空上稳定的暂时性的水边"[1]。研究证明,农业生产活动中水田维持的水边环境被多种淡水生物用作栖息地和生育地。近年来水田的弃耕越来越严重,水田的改变环境废弃及植被演替中伴随的陆地化,可能会导致生物多样性降低。在半自然湿地中,除了水田和池塘等,还有一些是开发时附带的补偿措施,即人工营造的湿地等。下面具体介绍一个弃耕水田自然再生的案例——中池见。

2-2 中池见的概要与实施自然再生的背景

中池见位于福井县敦贺市的市区东部,是面积约为 25 公顷的山间盆地。昭和 30 年代左右,中池见全域都是泥土很深的水田,使用田舟和种田木屐来割稻。从昭和 40 年代开始,由于稻米的生产调整加上水田布局导致作业困难,逐渐开始被弃耕[2]。结果过去进行水田耕作的大部分地区,变为芦苇和茭白等占优势的湿地。

另一方面,1992 年,敦贺市议会决定将液化天然气(LNG)基地招商到中池见,并为此在 1993 年~1994 年进行了调查和环境评估。

在进行环境评估调查中发现,中池见存在着多样性的水生、湿生植物和水边动物,其中还包括很多稀有物种。因此,在环境影响评估书中提出了"将项目规划用地的部分设为环境保护区,并进行必要的治理来保护环境"的规划。此外,在环境保护区的治理问题上,福井县长官提出了以下几点意见[3]。

① 事先对生物和环境条件进行充分的调查。
② 开始施工时,要充分立足于这些调查结果。
③ 将其整治为当地居民用于亲近自然的场所和环境及学习调查研究的场所的设施。
④ 对环境保护区进行适当的维持管理,并对生物变化进行记录。

经过这样的过程,从 1997 年起,环境保护区的治理开始了。包括事前调查在内的治理时间用了 3 年。2000 年 5 月,环境保护区的一部分,以"中池见·人与自然接触的故乡"为主题,

2. 半自然湿地

图片-1 环境保护区全景

向普通市民开放。2002 年，中池见的 LNG 基地建设计划被中止。直到 2004 年，为了保护自然环境而进行的维持管理作业和监控，仍在继续。中池见治理后的环境保护区的全景如图片-1 所示。

在环境保护区的治理中，笔者等人参与了整治计划和监控等。下面将详细介绍项目的实施经过、作为补偿措施而被治理的环境保护区的治理过程及其成果和课题。

2-3 环境保护区中自然再生目标的设定

1) 保护目标的思考方法

在环境保护区的治理中，将宽叶水韭、田字草、纤细茨藻等 24 种植物，日本林蛙、花斑蜻蜓、中白鹭等 16 种动物的动植物种（表-1）设为保护目标（以后简称为保护对象物种）。以"红皮

表-1 环境保护区治理中的保护对象物种列表[3]

分类		种名	
植物 (24种)	保护级别Ⅱ	宽叶水韭 田字草 纤细茨藻 雨久花 黑三棱 长柄黑三棱 反瓣虾脊兰 槐叶藻 睡莲	金鱼藻 四角刻叶菱 水尾虎 睡菜 水鳖 水车前 燕子花 菖蒲 柳蓼
	保护级别Ⅲ	水蕨 泽蓟 勾儿茶	狸藻 溪苏 十字兰
动物 (16种)	保护级别Ⅱ	日本林蛙 八丁蜻蜓	源氏萤 花斑蜻蜓
	保护级别Ⅲ	翠鸟 中白鹭 红秧鸡 苇鳽 平家萤 长痣绿蜓	黑纹绿蜓 大负子虫 黄缘短腹大龙虱 短腹大龙虱 龙虱 十三星瓢虫

续表

分类	种名
级别Ⅱ～Ⅲ的植物群落（5个群落）	水尾虎群落 睡菜群落 雨久花群落

注：保护级别Ⅱ：红皮书中记载的物种和福井县内的稀有物种
　　保护级别Ⅲ：受到当地学者等关注的物种

◀ 河原宏幸氏摄影

照片-2　田字草、雨久花、花斑蜻蜓、龙虱

书内记载、福井县内的稀有"两项基准筛选出的物种中，这些是被判断可能因项目实施而受到影响的物种。

　　在这些物种中，田字草、槐叶藻、雨久花等，是被定位为水田杂草的植物[4]。同样，龙虱和中白鹭等，也是以水田及其周边环境为主要栖息地的动物（照片-2）。综上所述，大多保护对象物种是濒危的稀有物种，同时也是依存于水田耕地的物种。此外，保护对象物种所需的环境条件涉及很多方面，有在水田栖息和生育的，有在水渠或池塘等开放水域栖息和生育的，还有在芦苇原等高茎草本群落栖息和生育的，等等。

　　综上所述，环境保护区中的保护对象主要是以第二自然为主要的栖息和生育环境的种群。

2) 关于保护方法的思路

为了保护上述以第二自然为主要的栖息、生育环境基础的种群，在环境保护区的治理中，设定了以下2个保护方针。

（1）结合务农作业进行的维护管理

很多被当作保护对象的物种，把进行水田耕作的用地，作为主要的栖息和生育的基地。如果停止维护管理，植被就会逐渐演替为高茎草本群落，导致这些物种中的大部分无法继续栖息和生育，所以决定进行持续的维持管理作业。

（2）新的栖息和生育环境基础设施的整治

环境保护区中几乎包括了牛池见区域的典型环境类型，如：正在耕作的水田（现行田）和弃耕不久的水田，还有芦苇等占优势的高茎草本群落等。然而，考虑到环境保护区中，部分保护对象种群的栖息和生育环境并不充分，所以决定以池沼、水渠等为中心，进行了补充性的环境基础治理。

2-4 环境保护区的规划流程

1）事前调查

为了制定环境保护区的治理规划，与已实施的环境评估时的调查不同，要对规划区内的自然环境进行调查。这里对保护对象物种的具体分布情况及栖息和生育环境进行了调查。在1/1000的地形图上，绘制出保护对象物种的栖息和生育范围图表。此外，在栖息和生育环境的调查中，分别对各水田（现行田、弃耕田）的水温、水深、氢离子浓度（pH）、导电度（EC）等进行了测量。此外，还重新绘制了规划区全域的现存植被图。

2）分区规划

（1）前提条件的整理

在环境保护区，要保护动植物种，还要进一步将其整治成当地居民亲近自然和环境学习的场所。换言之，需要对保护和利用的兼顾进行探讨。为了实现后者，可能需要设置观察道和用于休息、展示的设施。

另一方面，环境保护区是保护稀有动植物种赖以生育和栖息的第二自然。因此，决定优先考虑自然环境的保护，来制定环境保护区的整治规划。

（2）环境保护区的分区

为了满足上述条件，在环境保护区中，要在整理以下信息的同时，制定分区规划。

①通过实地调查，得到的保护对象物种分布图。

②每块水田的环境特性图（水深、pH、EC等）。

③从②和保护对象种栖息和生育环境数据库中，得到的潜在可分布区的地图。

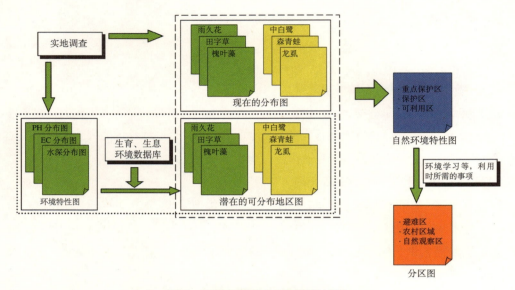

图-1 环境保护区分区规划的过程

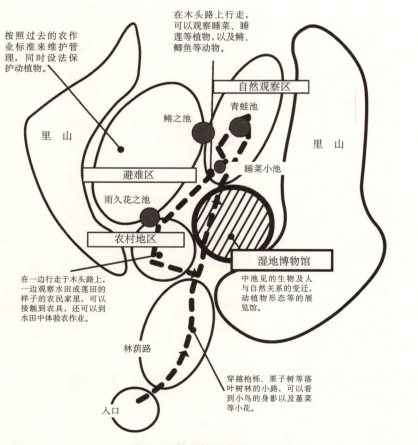

图-2 环境保护区分区图

88

2. 半自然湿地

过去环境保护区的平地部分都是水田，因此以每场（一个分区）10公顷/分区左右的尺度将弃耕田整理成保护对象种和环境特性图。一般来说，水田是每块单独实施维持管理的，所以一块水田内的环境条件相对均质。因此，在对环境保护区的治理进行探讨时，为了掌握自然环境的空间特征，将每块水田看作一个坐标方格来，然后对环境特性进行整理和分析，应该是合理的。

对于①及③中整理的保护对象种的分布图（现存分布图及可分布图），是所有分布图的叠加图，是基于保护和利用对空间进行配置的指南地区（图-1）。其中，将用于环境学习的项目（观察道、行政楼等的配置）等制成图表，制定了最终的分区图（图-2）。

（3）环境保护区的整治规划

以分区规划中探讨的内容为基础，最终绘制出的环境保护区整治规划平面图如图-3所示。在该规划中，把平地部分的西侧，配置为优先进行保护的地带；把保护的同时能够用于环境学习等的地带，配置在东侧。此外，环境学习等的主要设施如：用于观察的木道、行政楼（湿地博物馆）等，作为第二自然的保护象征，决定配置用茅草葺屋顶的农家，来营造出农村景观。

此外，在优先保护地带与用作环境学习的地带之间，配置了高茎草本群落（芦苇原），以此来遮挡视线，使二者能够并存在同一个集水域中。

图-3　环境保护区规划平面图

2-5　自然再生采用的具体手法

1）维护管理

在优先保护的地带，主要通过务农作业进行持续的维护管理，从而实现保护对象物种的保护。为了维持多样的环境类型，将维持管理作业分为：现行田、休耕田、低茎草原、高茎草原等，针对各种环境类型，实施不同的维护管理作业。被定为保护对象的动植物是依存于水田耕作的种群，所以需要导入依照以往务农作业进行的维护管理作业。环境保护区中实施的维护管理项目（表-2），是在对一直在中池见耕作的农家进行访谈的同时，基于保护对象种的生态调查中获取的信息，对各种项目和手法进行选择。

在维护管理作业中，最受重视的作业是休耕田的管理。休耕田管理的目标是维持由一年生

图片-3　耘田、插秧、割草、割稻

表-2　维护管理作业工程表

作业内容		月	3	4	5	6	7	8	9	10	11	12
水管理	沟渠、池塘清扫			▬			▪					
	水管理水渠等维修			▬▬▬▬▬▬▬▬▬▬								
除草	割草（机器）			▬		▪		▪		▪		
	割草（手工）					▪		▬			▬▬▬	
	芦苇、宽叶香蒲拔除						▪					
	稗穗、芦苇拔除								▬			
	制造堆肥									▬		
起耕作业	堆砌田埂			▪▪								
	耘田、整地			▬								
	施肥			▪								
	田埂补修									▪		
收获作业	插秧				▪							
	割稻								▬			
	水稻脱壳								▪			

2. 半自然湿地

照片-4 池沼的配置（刚配置后，配置后3年）

草本为主构成的低茎植被。为此，要实施春季的耘田、高茎草本进入时的选择性除草和春季到秋季之间的水管理（图片-3）。耘田是通过土壤搅乱，防止多年生草本的进入和休眠种子发芽导致的草本类的出现。

2）生态系统基础设施的整治

在环境保护区中，为实现保护丰富的动植物种群的目标，除导入维持管理作业之外，还营造了新的池沼、水渠等生态系统基础设施。在制定池沼的具体规划方案时，加入了保护目标物种的栖息和生育环境所需的构造。

为了营造出多样的环境，分别在两个地方设置了两种类型的池沼，即保持贫营养水质的池沼和保持富营养水质的池沼。同一种类型分别在两个地方同时设置，是考虑作为某一地点因某种原因受到损伤时的后备（照片-4）。

此外，在进行水渠、池沼及其他设施的配置作业时，要注意以下几点：
① 不让污水下流。
② 绝不使用混凝土制品。
③ 不从中池见的外部带入植物种子或土壤。
④ 需要新的绿化时，要充分利用表土。
⑤ 工程管理要充分考虑到作为保护对象的动植物的栖息和生育。

3）实施环境基础设施整治与维持管理作业后的成果与课题
（1）成果

针对整治前、整治中、整治后环境保护区内整治相关的自然环境进行了持续的监控。在监控中，对被定为保护目标的动植物种的出现情况（各保护对象种的确认位置和个体数及分布面积），进行了调查。

刚设置后　　　　　　　　　　　　2日后

一周后　　　　　　　　　　　　　捕食情况

照片-5　克氏螯虾对水鳖的捕食危害实验

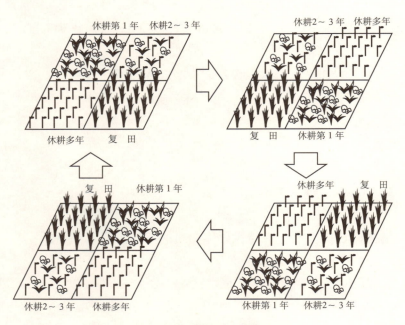

图-4　导入复田后的弃耕田的管理模式

此外，监控的对象不局限于保护对象物种，对与水边环境紧密相关的蜻蜓等昆虫类的出现品种，也常年进行把握。此外，对植物中是否出现了外来物种，也进行了记录。

通过该监控，大部分被定为保护目标的动植物种，得到了保护，同时还证实在环境保护区中出现了多样性丰富的水生、湿生植物。

（2）发生的问题及对策

① 克氏螯虾的出现（照片-5）

通过环境保护区的整治，总体上实现了良好的保护，但也出现了意料之外的问题。其中之一就是克氏螯虾（昭和初期从北美带入的外来物种）的增殖。环境评估调查时，在中池见全域都未发现克氏螯虾，所以，应该是在环境评估后出现的爆发性的增殖。克氏螯虾是杂食动物，捕食水生昆虫的幼虫和水生、湿生植物，可造成保护对象物种，尤其是植物被捕食的显著危害，水鳖、睡莲和狸藻等草质柔软的植物，已经被吃光了。

2004年，由于在环境保护区中驱除所有的克氏螯虾个体是非常困难的，所以在部分人工修建的池沼中进行彻底的驱除作业，作为一种将克氏螯虾的生息维持在较低密度对策。

② 休耕管理植被的多年生草本群落化

在环境保护区的整治规划中，最初未预料到的另一个问题是，在进行休耕田管理的弃耕田中，多年生草本的比例逐渐增加。休耕田管理的目的是维持以一年生草本为主的低茎植物植物群落，但是，虽然每年都进行耕田，蔗草等多年生草本的比例却呈现出增加的趋势。在持续进行的监控中发现，如果以蔗草为代表的多年生草本变为优势，稀有的一年生草本就不会再生长了。因此，在环境保护区中，在继续进行翻地的基础上，加入了几年进行一次的复田体系（图-4）。结果表明：通过该作业，能够实现以一年生草本为主体的低茎植被的再生[6]。结果还确认了包括柳蓼等在内的保护对象种。目前，正在对其长期效果进行确认。

照片-6 敦贺市池河内弃耕田的植被变化（1997年（左）和2003年（右））

2-6　监控和维持管理的重要性

2004 年秋，为了维持稀有动植物的栖息和生育环境，在环境保护区内实施了一系列的保护措施，目前已经过了 8 年。在开始整治环境保护区时，虽然已有很多关于水田杂草防除的研究报告，但基本没有利用由水田杂草为主构成的植被进行再生的尝试。因此，虽然尝试和错误接连不断，但从该措施中可以了解到，依照传统的务农作业方式进行维持管理作业和多样性环境基础设施的整治，对保护水生、湿生稀有动植物是有效的。

生物相关专业职员将维持管理作业导入环境保护区，并在进行环境基础治理的期间常驻现场，负责与工作人员的沟通调整和监控调查。克氏螯虾造成的捕食危害和休耕管理植被的多年生草本群落化问题，都是在持续的监控中被发现的。在中池见设置的环境保护区中采取的措施证明，在处理第二自然的保护问题上，与保护有关的事前调查、周密的规划和设计是非常重要的，但在持续进行监控的同时，将其结果迅速地反映到维持管理上，则更加重要。

1997 年，在环境保护区开始实施该项措施时，笔者等人在与中池见不同的敦贺市池河内的弃耕地中，开始了非常简单的监控。其中，在池河内的弃耕田中发现，弃耕 3～5 年后会变为赤杨占优势的植被(图片 -6)。在该植被演替过程中，弃耕后不久呈现出的多样性植物消失了。由此也可以看出，在弃耕田中形成的水生、湿生植被的变化很显著。因此，对保护的必要性认识和作业的开展，还需要迅速的判断。

（关冈裕明，中本　学）

---引用文献---

1) 日高一雅 (2000)：水辺環境の保全—生物群集の視点から—，水田における生物多様性とその修復，p.125-149，朝倉書店．
2) 藤井　貴 (2000)：農村ビオトープ—農業生産と自然との共存，農村ビオトープの保全・造成管理—敦賀市中池見での事例，p.83-107，信山社サイテック．
3) 大阪ガス株式会社 (1996)：敦賀LNG基地建設事業に係る環境影響評価書．大阪ガス株式会社．
4) 下田路子 (2003)：水田の生物をよみがえらせる，p.40-42，岩波書店．
5) 関岡裕明・下田路子・中本　学・水澤　智・森本幸裕 (2000)：水生植物および湿生植物の保全を目的とした耕作放棄水田の植生管理．ランドスケープ研究 63，491-494．
6) 中本　学・関岡裕明・下田路子・森本幸裕 (2002)：復田を組み入れた休耕田の植生管理．ランドスケープ研究 65，585-590．

3. 次生林

3-1 次生林再生的思考方法

1）次生林

"次生林"是指因人为影响而重新形成的树林。按树种组成等进行分类，日本国内的次生林有粗齿栎、白桦、枹栎、栗子树、麻栎、红松、黑松、米槠、橡树等各种作物占优势的群落。在关东地区，典型的次生林是被称为"杂木林"的过去的柴炭林，这些树林通过定期的砍伐和杂草割除来维持。由以麻栎和枹栎为代表的，榛、山樱和山樱桃等多种落叶宽叶树构成的次生林，即使在连续的林中，其构成物种也会因地形和土壤而稍有不同，同时还会进一步因为较大的气候或地质学史而不同[1]。例如：关东地区次生林的代表是麻栎和枹栎，而关西地区是栓皮栎和枹栎。此外，即使是在关东地区，北部也开始混生很多栗子树，而南部开始混生很多麻栎等常绿树。这些树林的共同特征是生育快，而且以适合用于制造木柴和碳的树木占优势，所以作为柴炭林，具有绝佳的性质。此外，次生林的另一个特征是处于通过管理使演替暂时停止的状态，所以，如果不进行管理，任其自然发展，就会演变为被称为该地的极顶林的树林。例如，在武藏野台地就观察到麻栎和血槠等的增加、冷杉等侵入干燥地、常绿树变多等植被的不断变化。

这样的次生林，受到人为的强烈影响，因此在1975年发表的自然环境保护基础调查中，将次生林的自然度被分类为7，比自然林的自然度"9"还低[2,3]。而从20世纪70年代到80年代，出现了优先保护自然度高的树林，即重视自然度的潮流，因此，往往会认为次生林比自然林的保护和再生的必要性低。然而，随着各领域研究的发展，作为多种动植物的栖息地，被称为里山的落叶宽叶树林，在生态上的重要性逐渐受到重视[4,5]。此外，作为与传统的农村生活形成的自然共生的体系，次生林作为民俗文化保护的场所、休闲娱乐活动的场所和自然观察等学习的场所，其价值也被重新认识，从而受到重视[6,7,8]。

2）次生林再生的背景

过去，日本的农村与里山（城镇附近的山）的次生林，处于不可分割的关系。从再生林中采集的落叶被用作农耕地的肥料，树枝被用作煮饭的燃料，粗大的树枝和树干被用作木炭和木柴，紫藤和通草的藤蔓被制成笼子等，而红松和冷杉等被用作木料。此外，各种树木的果实和蘑菇、植物或动物，还被作为食物或药品等生活和祭祀所需的各种资源来利用。然而，到20世纪60年代中期，在农村生活中，燃料和堆肥的必要性变低，里山开始远离人们的生活。结果导致，依靠山林和自然生活的人，从日本的农村和山村中消失了，而里山利用文化本身也面临着消失的危机。几乎所有的里山，都不再对次生林进行定期的管理和利用，导致小竹和藤蔓植物生长茂盛，多样性自然和丰富的大山的恩泽逐渐消失。

里山树林（次生林）的再生课题，是次生林的再生技术的课题，同时也是如何继承以往的山林管理技术和利用自然来生活的技术，并将其传给下一代的课题。而现代必须首先考虑次生林再生的劳动力和费用要由谁来负担、怎样负担，以及在市民的生活中应该怎样定位山林的管理和利用的问题。

此外，从对次生林的自然作为动植物栖息地的重要性的认识来看，在因土地开发而使树林被破坏的人造地和人工斜面等被人工塑造的环境中，也需要恢复次生林的技术。

因此，下面就次生林的再生，针对次生林的营造与培育的课题，介绍包括市民参与在内的案例。

3）次生林的次生和树林的演替

在进行对次生林的再生时，要事先把握该地树林的演替和体系、演替与主要的外部条件的关系及次生林成立的结构。图-1是关东地区南部树林演替的案例[9, 10]。在该图中，随着枹栎林和红松林的演替，林床上籽生出白栎木等，然后变成白栎木和米槠等占优势的树林并稳定下来。此外，到1960年左右，枹栎林被砍伐后，通过从其树桩发芽来进行更新；或通过在砍伐后出现的盐肤木和野梧桐占优势的树林中，选择枹栎的籽生再次培育树林的循环系统，把适合木炭和木柴大小的、树龄较小的再生林，作为柴炭林来维持。

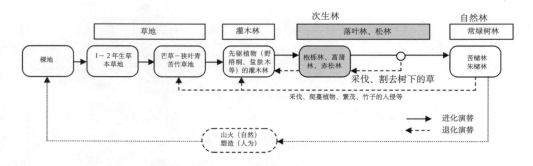

图-1 树林的演替和再生林的位置（千叶县的事例）

4）次生林的再生和目标设定的思路

再生之前，要先以当地树林为原型，对基本项目进行调查，然后在此基础上设立目标树林，并对树林的功能进行探讨（图-2）。此外，还要把设定的功能，反映到其结构和空间配置及治理和管理的方法上[11]。

例如，将树林作为烧炭的场所来利用时，要每隔10～20年，将适合烧炭的树木砍伐更新一次；但如果是为了收集落叶，就要以培育树龄为40～50年或更长的树林为目标。此外，以

3. 次生林

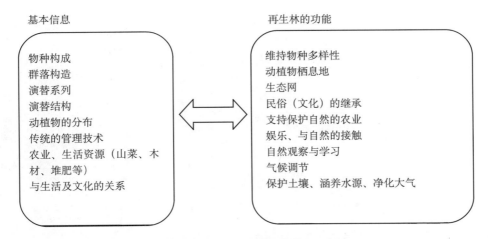

图-2 目标树林的设定和树林功能的相关研究

林床植物的开花为目标，同时又考虑到狸和红鼠的生活时，需要改变割草的方法和次数。综上所述，次生林的功能是多种多样的，而且在其管理和维持的方法上，也有很多选择。因此，在实际的规划中，应该尽量以镶嵌的形状，配置多种管理阶段和管理方式的树林，以此来实现多样化。此外，监控也很重要，通过监控，可以尽早得知计划目标的达成度和无法预料的变化，对于意料之外的变化也能根据需要，变更相应的对策和计划。

3-2 橡子的里山建设和树林管理—鹤田沼绿地—

宇都宫市的鹤田沼绿地位于市区西端，是在城市化进程中受到保护的约30公顷面积中，内部存在湿原的低湿地，也是尝试包括周边林地在内的保护和再生课题的绿地。次生林的再生目的是：保护作为池塘和溪流的水源林的功能；恢复过去的里山森林、恢复连结水与生物的生态系统，补充残留的树林，使其拥有作为动植物栖息地的面积和连结作用，等等[12, 13]。

1）目标的设定

在自然再生中，需要居民的广泛参与时，要在实行规划和施工前，对塑造什么样的树林、目标设定在什么地方等，进行交流或举办学习会，形成共通的印象，这是非常重要的。例如，如需把树种从杉树林转换为枹栎林时，要对其理由达成共识。

在目标设定的过程中，需从对象地区及其周边的里山中，寻找会成为将来的景象的树林，并调查其群落结构和组成。对其特征和功能进行探讨后，可将目标的树林分为两大类，即"用于利用的树林"和"用于保护生物群的树林"（图-3）。前者是管理周到的、林床中有日光射入的、草本植物层多种多样的、稳定的群落；而后者是管理频度低、层次结构发达、林内灌木很多的树林（图片-1）[14]。随后从"用地整体中的人类利用"和从生物群两个角度进行评价，结合起来均衡地配置两种目标的树林。

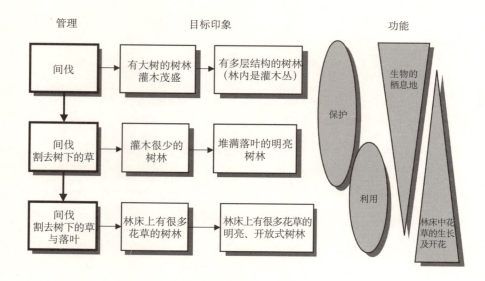

图-3 再生林的管理、功能和目标景象

林床上花草很多、明亮的树林
功能：明亮的林内，会成为很多草本植物开花的场所。此外，开放的空间，被用作鸟类的飞翔、捕食空间。作为散步和观赏的场所，也很受欢迎。
概况：在间伐和割草的基础上，每年进行落叶的收集。在明亮的林床，Carex gifuensis 成地毯状分布。纤细薯蓣、儿百合、槭叶兔儿风等花草的个体数也很多。灌木受到管理，所以可以看到不到30cm的堪氏杜鹃花、小紫阳花、垂果荚蒾等。枹栎的籽生个体很多。
树木密度　乔木（树高18～20m）　4株/100m^2
　　　　　亚乔木（树高3～8m）　22株/100m^2
　　　　　籽生等2200个体

用于保护生物栖息地的树林
林床上有灌木很多的树林
功能：树林内和林边的环境很可能被狸、日本松鼠等野生动物，和大山雀、黄道眉等喜欢树林和林边的动物，用作藏身、休息和繁殖的地方等。作为保护野生动植物的环境，发挥了重要作用。
概况：在未进行利用和管理的树林中，灌木茂盛，林床昏暗。出现物种数相对较多。林床上生育的植物的盖度很低，开花的个体也很少。
林内昏暗，籽生的个体很少。金银花、枹栎等很多。
树木密度　乔木（树高12～14m）　6株/100m^2
　　　　　亚乔木（树高4～8m）　2株/100m^2
　　　　　灌木（树高2～4m）　147株/100m^2
　　　　　籽生等590个体

图片-1　再生林管理目标的两种类型

3. 次生林

2）再生手法

鹤田沼绿地中的课题是如何在对现有树林进行管理和培育的同时，将杉树林和草地转化为次生林来培育。然而，估计对象地既不会发芽更新，也不会从种子供给源中更新。因此，计划利用从附近现存的树林中收集的橡子（橡属等的坚果）等种子，来培育树苗，并将其作为营造次生林的方法。选择该方法的依据是不从其他地区导入不同系统的基因。实际上，在培育树苗、移栽等各个治理阶段，都有几种选择（图-4），根据给定的时间和费用、场所、管理体制等条件，在可能的范围内，选择了适当的方法[14, 15, 16]。

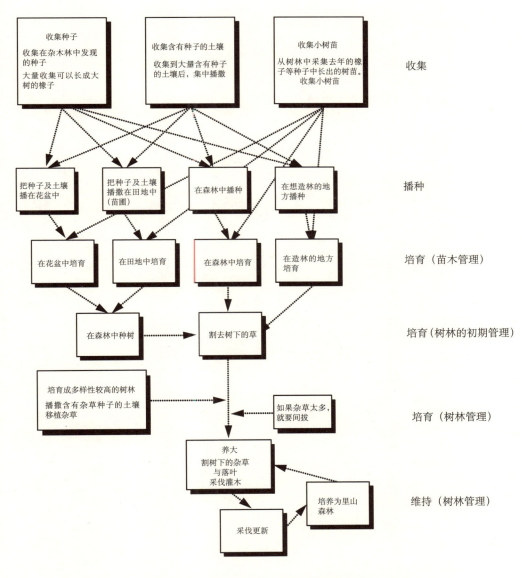

图-4　与市民一起在里山培育树林的方法

另一方面，怎样管理和维持现有的落叶阔叶树林，也是要在造林同时考虑的重要课题。利用橡子营造出的森林，将来也会与其他树林一样受到管理，同时不断更新。

（1）收集种子和树苗

实施过程中需要收集种子和树苗（图-5）。收集橡子，是连小孩子都能做的工作，可将其作为小学的综合学习来利用。除了橡子以外，还有很多类型的种子，这部分工作的目标是：同时收集各种种子，然后试着一起播种。但实际上，比橡子小的种子的寻找和收集都很困难，尤其是对于小孩子来说。此外，上一年从橡子中发芽的树苗，有些生长在林边比较明亮的地方。

森林中的橡子
- 什么是橡子？
- 森林中有这样的橡子。
- 一到春天，橡子树上就会长出小叶子。

那么……
让我们先去收集橡子吧
- 要收集那些有光泽的、新鲜的橡子。
- 不要那些破裂的、腐烂的、空空的、或有虫眼的橡子。
- 如果已经开始长根了，肯定没问题。

让我们把橡子种在山丘上吧
● 苗床播种
- 清除种橡子的苗床上的杂草和石块。
- 用手挖一个2～3cm深的土坑，把橡子放进去，然后盖上土。
- 把之前割的芒草或芦苇铺在橡子上面（防寒），并且粗草绳子捆住，以防被风吹走，然后等着发芽就行了。
- 不浇水也行。
- 如果长得快，1年就能长70cm左右，但在橡子长大前需要除草。

让我们把橡子带回家培育吧
● 育苗钵播种/在学校或家里培育
- 在橡子长到30cm～1.0m之前，养在育苗钵中更容易甚至生长，而且也容易移植。
- 可以试着用牛奶盒（1升）做育苗钵。
- 有的橡子可能不会发芽，所以最好在一个育苗钵中种1、2个橡子。
- 在育苗钵中播种要注意干燥，需要浇水。和盆栽一样，底部也要留一个小孔。

● 花槽(种植盘)播种/如果学校里有花槽，也可以试一下哦。
- 播种方法与"苗床播种"相同。
- 与育苗钵播种一样，要注意干燥，需要浇水。

来年秋天就可以移植啦
- 过了1年，橡子长大后，就可以移植啦。
- 移植时间要选在秋天到冬天橡子休眠的期间。切掉一点树根也没关系。
- 如果已经长到1米左右了，也可栽到山上。是不会输给杂草的。
- 如果培育得好，栽在山上的树苗3、4年就能长到2～3m。

图-5 从橡子中创造森林的指南（从橡子中创造森林的方法（鹤田沼绿地活动资料））

3. 次生林

小学2年级学生在拾橡子
如果去落叶下寻找，还会找到出芽的橡子。橡子主要是麻栎和枹栎的果实。

一个一个地放入小坑中，盖上土。剩下的橡子带回家，种在盆中养大。

图片-2　拾橡子，往苗床上播种

此时只要在夏季结束时，在树苗上做好记号等，就可以在秋天至冬天的落叶时期，过来挖取树苗。该时期落叶树正在休眠，所以不会弄伤树根，很容易移植。如果将其移植到盆等容器中，到来年春天就会成为2年生的树苗。这些是适合市民参与的作业（图片-2）。

（2）培育树苗

再生林再生需将收集来的橡子和树苗种植在盆等容器中，将其培养成健壮的树苗，或直接将其栽植或播种到想营造森林的地方。另外还有在苗圃中栽植并培育的方法，或直接在想营造森林的地方播种。这种方法从第二年春天开始，就要在割草等管理上费工夫，而且容易受到兔子等的食害，所以存活率很低。而只要花费2～3年，在盆或苗圃中，将其培养为30～70cm左右的大小，就可以避免这个问题。当然，一般的管理还是必要的，如给树苗浇水等（图-6、图-7）。在该案例中，

图-6　孩子们进行的橡子播种
　　　一个一个用心地埋，埋上后用割下来的芦苇来护根。
　　　（一个分区是50cm×30cm）

图-7　用牛奶包装制作的橡子发芽培育盆。能做得比市场上出售的塑料盆更深

因为期望减少播种后管理上的工作量，所以决定直接在苗圃上播种。

（3）移栽树苗，培育树林

移植树苗后的初期管理，对于树林的培育是必不可少的作业。在将树苗培育成能与芒草和一枝黄花等高茎草本竞争的高度之前，需要每年割除杂草 2 次。尤其是土壤营养成分较多，草本植物生长旺盛时，更需要对其进行管理。每年割除杂草 1～2 次，并在树木生长到一定程度后，定期地杂草割草和切除葛和紫藤等藤蔓的管理，对于树林的培育，也是必要的作业（图片 -3）。

2003年2月将2001年6月采集的树苗（2000年秋的种子）移植。经过2个夏天后，小树苗平均长到34cm。

到发芽后的第四个夏天，树高超过了1m。（2004年8月）

移栽树苗后，正在进行藤蔓切除和杂草割除作业。
如果任其自然发展，葛和芒草、茅莓等会生长茂盛。（2004年8月）

图片-3　从采集的树苗中培育出的枹栎

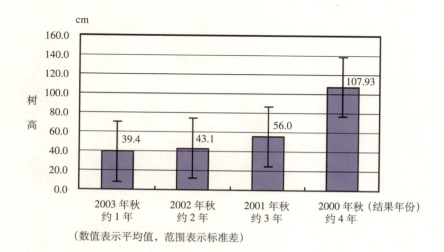

（数值表示平均值，范围表示标准差）

图-8　种子的结果（播种）年和树高
2000年秋的种子在2001年被采集、培育为树苗，其他的是直接播种的（2004年10月测量）

枹栎种子不同个体的生长速度，出现了很大的差别，但取其平均来看，约 4 年后，也就是过了 4 个夏天的树苗的高度平均超过了 1m（图 -8）。

（4）树林的管理

在鹤田沼，以绿色存续宇都宫财团和市民共同组成的"鹤田沼发展会"，以原有的树林为对象，进行了藤蔓切除、间伐、杂草割除的管理和落叶收集。落叶堆肥后用在绿地内的旱田中，间伐材用于香菇的栽培等，持续营造树林和农地的循环系统。经过持续的管理，树林的林床中的小竹减少，逐渐向管理周到的树林转变。今后，如果从橡子中再生的树林变大，同样会继续进行管理。

如果只是为了培育树木，并不需要割除杂草；但为了在林床上培育出花草和灌木，营造出作为与人类密切相关的里山的次生林，就需要定期的割除杂草。藤蔓切除管理是培育树林的重要作业，即使是变为乔木的树木，如果被葛等覆盖，就会生长不良，有时还会枯死。此外，粗大藤蔓的缠绕，还会增加间伐管理作业的难度。

（5）管理的长期持续

再生林的管理需要很长时间和劳力，同时还要从长远的视点来培育森林。今后还有很多问题要解决，例如：低龄林的培育、杉树过密林的林分转换、老龄化落叶阔叶树林的更新问题等。除培养管理人员和负责人，还要不断培养下一代管理人员。除了拥有和继承森林和旱田管理技术的市民，及帮忙提意见和确定方向的专家和技术人员等，能够充分利用各类人的经验的体制也是必要的。今后，以树林为核心的多样性关系的维持仍是关键（图片 -4）。

以小学生为对象的综合学习的观察会。图中是正在倾听市民志愿者讲解的孩子们。　　落叶收集是森林管理，同时，对在市民农园中种植好的作物也有益处。

图片-4　市民活动和管理的持续

3-3　武藏野的森林建设—国营昭和纪念公园"隙光之丘"—

1）背景和概要

1980 年代，在国营昭和纪念公园（东京都立川市），以丘陵地形和武藏野的森林修复为目标，开始再生以麻栎和枹栎为优先物种的次生林。再生地带被称为"隙光之丘",在美军基地旧址修建的昭和纪念公园中,成为尝试自然再生的中心之一 [17, 18]。

2) 修复方法

"隙光之丘"的修建分为地基的营造、栽植、管理这三个阶段。

"隙光之丘"的营造,始于在平坦的地方营造出高约 30m 的平缓低山。营造中使用在昭和纪念公园的治理工程中产生的建设残土、在多摩新城产生的下层残土,还有从公园内采挖堆置的表土(图 -9)。当时,为了避免表土被重机压密,使用了湿地专用的推土机(图片 -5)。

其后,以武藏野再生林的构成物种为模型,栽植了树苗。此外,考虑到地形,在尾根地区栽植冷杉等,设法在不同的布局中恢复不同的树林(表 -1)[19, 20]。"隙光之丘"的栽植,大致花费了 6 年的时间。最初的栽植是在 1989 年 5 月进行的,5 年后(1994 年)栽植结束。其后的大约 7 年时间,一直未开园进行培育,2001 年,一部分开园利用。

3) 市民参与

"隙光之丘"从 1993 年开始,市民参与的植树一直在持续。其后,成立了野草志愿者组织。2002 年开始,组织了"隙光之丘志愿者",开展对整个杂木林的治理活动,这些活动由公园的管理者和市民的协作来运营 [18, 19]。

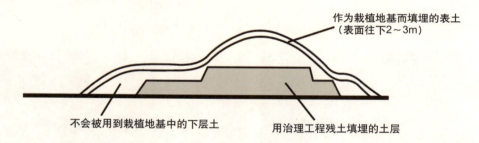

图-9 表土复原的方法

"隙光之丘"的地基,是在治理工程等中产生的残土上面,堆积多摩新城的下层表土,然后在其上堆积 2～3m 的表土。

山的营造

1990年12月(北斜面-刚栽植后)

图片-5 "隙光之丘"的营造和栽植

使用湿地专用的推土机,营造出坡度平缓的小山。刚栽植后的树苗并排而立。

3. 次生林

表-1 "隙光之丘"的栽植设计中主要的植被类型和主要构成树种

类型	植被类型	功能、活动力	主要构成物种	栽植密度（株/100m²）		目标树林
				栽植时	完成时	
A1	麻栎林	林间游玩	麻栎、枹栎、山樱、日本辛夷、朴树、榉	H＝2m 13株 盆栽苗12株 合计25株	H＝8～10m 12株	麻栎-枹栎林（日本辛夷、樱花混生林）
A2	麻栎林	林间游玩景观	麻栎、枹栎、山樱、日本辛夷	H＝2～3m 合计16株	H＝8～10m 12株	麻栎-枹栎林（麻栎主导林）
B	麻栎-枹栎林	拾橡子、收集落叶	麻栎、枹栎、白栎木、柞树	H＝2m 16株 盆栽苗20株 合计36株	H＝8～10m 13株	麻栎-枹栎林（常绿树混生林）
C	椎子树林	观光汽车专用通道、观察会	椎子树、枹栎、戾木	H＝2m 27株 盆栽苗3株 合计30株	H＝8～10m 20株	椎子树林
D	日本扁柏林	防风林	日本扁柏、麻栎、野茉莉	盆栽苗49株 合计49株	H＝8～12m 24株	日本扁柏林
I	冷杉林	观光汽车专用通道、展望	冷杉、杜松、枹栎	H＝2m 26株 盆栽苗4株 合计30株	H＝8～10m 18株	冷杉林
J	榛、枹栎林	体验场、自然观察	榛、枹栎、榉、鹅耳枥属	H＝2m 12株 盆栽苗24株 合计36株	H＝8～10m 12株	榛-枹栎林

（栽植基本设计中的目标树林、植被密度和构成树种）

4）"隙光之丘"的变迁

1989年开始栽植以高2m为主的树苗的"隙光之丘"的树林，耐寒且耐旱。在割除杂草的同时进行培育，到2003年7月，长成最上层的高度超过8m的树林[21]。

"隙光之丘"中枹栎的生长如图-10所示。栽植后4～5年间的生长很缓慢，其后树高迅速增长。占据最上层的树苗（高2m）成长得更快，8年间就长到了5m以上，但盆栽苗（0.8m）在8年中约长到3m。从开始栽植到现在约14年中，"隙光之丘"已经形成了像模像样的树林。

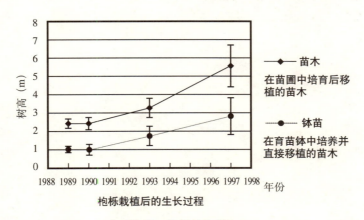

图-10 枹栎的生长

1989年5月栽植的0.8m的盆栽苗与2m的树苗被混栽在一起。在初期的1～2年中，生长量的差别不明显，但生长到一定程度，即1993年后，占据最上层的树苗生长较快，在约9年中长高了3m以上。

栽植当年 1989年11月（1989年5月栽植）

一年后（1990年10月）

8年后（1997年2月）

12年后（2001年7月）

14年后（2003年10月）

图片-6　"隙光之丘"的变迁
刚栽植后草地的形态，但8年后（1997年）已经变成像模像样的像森林。
14年后（2003年），已近成为有日光射入林床的明亮树林了。

5）生物群的变迁

2003年进行的植物、昆虫类和鸟类的调查显示，栽植后的第10年，"隙光之丘"地区已经开始成为树林性生物群的生长环境。在原本完全不存在树林环境的地方，生物或飞来、或走来、或隐藏在被带入的植物根土中，来到了这个地区。现在，昭和纪念公园已经变为最接近落叶阔叶树林的环境。

在2003年的调查中，高约8m的枹栎在乔木层中占优势（表-2）。乔木层、亚乔木层的构成种，是由栽植决定的；但草本层的构成种，是从土壤中的种子或根茎中产生的，或由风、鸟、人及动物带入的种子中产生的。从出现的植物种子播散来看，以朴树、胡颓子、日本毛女贞、

3. 次生林

桑、金银花、灰叶稠李为代表,主要由鸟类和动物吞食而被带来的有 15 种,占半数以上。此外,还有像求米草那样,附着在动物身上带来的。建成后已经经过了 15 年左右,可以说,通过动物(主要是鸟类)和风的作用,林床植被逐渐恢复。

这样的变迁也反映在动物群上,2003 年的昆虫调查结果显示,"隙光之丘"在树林性物种的出现,呈现出一定的特征。在表 -2 的植被调查点进行的昆虫调查中,除确认了绿金琵琶和竹节虫等树生物种,还发现了知了、蜩蟟等蝉类和紫蜣螂、朽木坚甲等树林性物种。

对于越冬期的鸟类群,通过定点调查,确认了小啄木鸟、白头翁、大山雀、绣眼鸟等树林性物种。然而,为了使森林环境发挥功能,灌木的密度和高度、林床植物的发育不良等就成为必须解决的课题。同时还发现繁殖期树林性物种的出现很少,这可能是因为没有藏身之地。今后,希望能增加灌木和草本的高度和密度。

表-2 "隙光之丘"的植物群落

昭和纪念公园北之森林				调查年月日 2003/10/9			
方位:S10W		倾斜:5°					
乔木层		枹栎	8.0m	85%			5种
亚乔木层		日本辛夷	6.5m	20%			3种
草本层		费城飞蓬	0.3m	10%			30种

层	盖度/群度	种名	种子播散	层	盖度/群度	种名	种子播散
T1	5/4	枹栎	植	H	+	桑	食
	1/2	麻栎	植		+	蛇葡萄	食
	1/2	山樱桃	植		+	求米草	着
					+	南蛇藤	食
T2	1/2	日本辛夷	植		+	爬山虎	食
	1/2	榉	植		+	忍冬树	食
	1/2	枹栎	植		+	麻栎	储食
					+	白栎木	储食
H	1/2	费城飞蓬	风		+	琉球猪殃殃	重
	+/2	胡颓子	食		+	日本薯蓣	风
	+/2	朴树	食		+	灰叶稠李	食
	+/2	鸡矢藤属	食		+	枹栎	储食
	+	葛	风		+	金银花	食
	+	杜鹃草	风		+	黄花蒿	风
	+	笔头菜	风		+	一年蓬	风
	+	山草蘸	风		+	木防己	食
	+	榉	风		+	藤	自
	+	日本毛女贞	食		+	稻科的一种	
	+	春兰	风		+	莎草属的一种	

注)种子播散的方式出自《千叶县植物志》(2004)[22]。

植:栽植。

风:风播散 通过翅膀或毛乘风而走,极其微小的种子,母体随风摆动,播散出种子。

食:食播散 种子被动物吃掉而播散 储食播散:吃剩下的种子的播散。

自:自动播散 靠自己的力量播散。重:重力播散 因重力而下落。

着:附着播散 附着在动物身上播散。

这种生物群的变迁，是动物的移动或植物种子的移动引起的，但该生物群移动的流向受生态网络的影响。残存于城市近郊、孤立的绿地就不用说了，新再生的自然，也是通过生态网络，与周边的自然相联系，才能够获得并维持多样性。

在昭和纪念公园，对这个问题高度重视，并对公园内的生态网络的形成，进行了规划和治理（图-11）[17, 18]。图11所示的"隙光之丘"的中心地区，作为北之森鸟类保护区，被定位为与水鸟之池鸟类保护区相连结的媒介。此外，还提出了强化该网络的规划[21]，目前正在对其有效性进行监控。

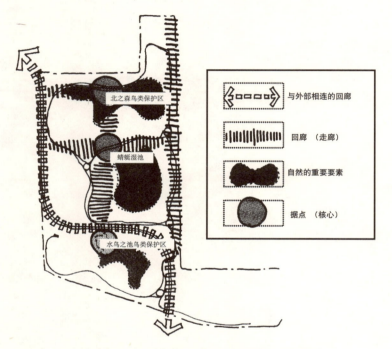

图-11　昭和纪念公园的生态网络构想
连结南北主要自然条件的生物的绿地，形成了网络

3-4　次生林的营造和管理问题

次生林的营造和管理的相关课题很多，但从再生自然或生态系统的角度来看，有三个特别重要的课题。

1）生态系统的再生和广域的生态网络

在附近找不到作为再生目标的生态系统中，能将目标动物群和植物群以及生物集群再生到什么程度呢？昭和纪念公园虽然地势很低，但还是营造出山地，并对树林及其生态系统的再生进行了尝试。然而"隙光之丘"现在的生物群特征，显示出自然再生和生态系统恢复的具有一

3. 次生林

定的困难，特别是怎样恢复移动性少的物种的问题。

在昭和纪念公园中，以提高生态为目标，在公园内部规划了生态网络，并为了将该网络与外部连结，进行了改修残堀川岸边的尝试。然而，该网络未能形成与周边绿地相连的廊道（生态廊道）。在公园北部约4km处有狭山丘陵，西部约3km处有多摩川与东京西部的丘陵地带相连。然而，为了到达那里，必须使市区扩大，跨过河流和道路。此外，对于多数动物来说，连接绿地的水渠，都不具备可以用作通路的结构。也就是说，除了鸟类等移动性较高的动物，新的生物的移入和生息，都处于极其困难的状态。

在该公园中发现的鼠的种类，充分体现出这种生态上的切断的结果。在该公园中，对小型哺乳动物进行了调查，确认小型鼠类中的移入物种只有鼩鼠，未发现红鼠和田鼠等生活在东京都西部丘陵地区和台地的种类[21,23]。虽然发现了狸，但狸与周边的绿地是怎样的关系，还未解明，只能作为今后调查的课题。从长远来看，以几种物种为指标的广域生态网络的把握和连续性的确保，对于小动物的多样性以及"通过动物带来的种子的发芽来增加的"植物的多样性，也是很重要的[24,25,26]。

2）材料的培育和种子资源的保护

再生的另一个课题是如何获得塑造新环境所需的植物材料。"隙光之丘"中使用的树木，充分注意到了本地物种的问题。然而，1980年代后期，由于还未充分认识到利用本地物种在生态系统上的意义，以至于没有考虑到产地和系统。此外，工程或施工的负责人，很难充分认识到规划的意义，所以对于材料的选择有不少混乱的地方。

现在，种类被误选的情况已经变少了，但导入不同产地的自生物种所导致的基因搅乱的问题，已经成为在很多现场确保材料时的课题。在避免基因水平的搅乱的同时，作为恢复生态系统的方法，最好能明确导入材料的产地的体系，和从种子或根茎中培育并栽植的长期的设计和施工工程。

另一方面，表土的保护能够保持土壤中的各种养分和成分，除土壤中的小动物和菌类外，还能够利用很多休眠种子[27,28]，因此，作为能够保护生态系统多样性的方法备受瞩目。昭和纪念公园也进行了表土的保护，但仅从林床植被来看，对种子的保护效果还不明确。一般来说，地表2-3cm到5cm的浅层含有大量种子，当浅层超过5cm，与表土一起播散的种子很少发芽。是保护作为生长基础的土壤？还是保护种子？目的不同，表土的保存和恢复的方法也就不同。

实践中还有将原来存在的土壤地层，作为整个土壤的A层，按原样实验性地进行恢复的案例[29]。虽说存在工程的管理和费用的问题，但正在开发使用机械进行直接表土挖掘和移植的技术[30]。通过对包括树林的构成物种在内的移植，应该实现更具综合性的树林再生。关于土壤层整体的保护，则是今后的研究课题。

3）监控和树林的管理

对再生林再生后的初期监控和管理，是极其重要的工作，必须仔细地规划相关的管理和监控制度。

在通过造地而形成的大规模斜面绿地中，可能会出现组织建设和初期管理不利的情况，这可能会导致树林的退化。在位于鸟取市郊外的新城斜面上，从 1986 年左右开始，进行了大规模的表土复原和盆栽苗的密植[31]。1988 年，即栽植后 2～3 年，通过为长到 2m 左右的枹栎、白栎木、朴树等接枝，使其变为灌木林，这是备受期待的培育森林的尝试。然而，10 年后的现在，大部分被葛覆盖，基本看不到树木的生长（图片-7）。目前还不清楚该树林退化的直接原因，但估计主要的原因是由于过密栽植和管理不足，以及葛从周边的侵入。该案例显示了初期管理（2～3 年）对后持续的管理计划的重要性。

在再生林管理成功的案例中，企业、管理者、利用者等不同立场的人们组成的灵活的共同体，支持着树林的再生。此外，定期的监控和自然观察会，弄清了该地树林的植物群和动物群，在确定继续管理的方向性的同时，也成为继续进行管理的动力，还成为孩子们和年轻人与自然联系的契机。今后，需要有效利用市民的关注进行管理。

（井本郁子）

1988年（左），栽植的树苗健康生长，还以为能形成以枹栎为中心的落叶林。然而，2004年（右），已经完全被葛覆盖，部分栽植的树木保持着灌木的形态、勉强幸存。

图片-7　管理不利的例子

──引用文献──

1) 石塚和雄（1976）：主な群落名リスト，沼田　真編；自然保護ハンドブック，p.21-240，東京大学出版会．
2) 伊藤訓行（1976）：保護区の設定のための基礎調査，沼田　真編；自然保護ハンドブック，p.127-156，東京大学出版会．
3) 環境庁（1975）：第 1 回自然環境保全基礎調査，http://www.biodic.go.jp/J-IBIS.html
4) 亀山　章編（1996）：雑木林の植生管理：ソフトサイエンス社，303pp．
5) 倉本　宣・園田陽一（2001）：里山における生物多様性の維持，武内和彦，鷲谷いづみ，恒川篤史編「里山の環境学」，p.83-123，東京大学出版会．
6) 中川重年（1996）：再生の雑木林から，205pp．，創森社．

7) 倉本　宣（2001）：市民運動から見た里山保全．武内和彦，鷲谷いづみ，恒川篤史編（2001）：里山の環境学，p.19-32，東京大学出版会.
8) 深町加津枝，井本郁子，倉本　宣編（1998）：里山と人・新たな関係の構築を目指して，造園学会誌61(4)，275-324.
9) 日本緑化センター編（1982）：柏総合公園（仮称）植生調査報告書，87pp.，千葉県都市部計画課.
10) 住宅・都市整備公団（1993）：千葉北部地区印西総合公園自然環境基礎調査・自然環境保全活用計画報告書，346pp.
11) 井本郁子（2001）：生物空間の保全・創出における目標環境の設定，造園技術報告集1，p.6-9，日本造園学会.
12) 宇都宮市（1999）：鶴田沼自然環境調査報告書，271pp.
13) 宇都宮市（1998）：（仮称）鶴田沼緑地保全整備基本構想策定業務報告書，102pp.
14) 宇都宮市（2001）：宇都宮市鶴田沼における自然環境保全活用のための植生改良実験平成12年度報告書，174pp.
15) 宇都宮市（2002）：宇都宮市鶴田沼における自然環境保全活用のための植生改良実験平成13年度報告書，130pp.
16) 宇都宮市（2003）：宇都宮市鶴田沼における自然環境保全活用のための植生改良実験平成14年度報告書，106pp.
17) 井上康平（1999）：エコロジカルパーク，増補応用生態工学序説；応用生態工学序説編集委員会，p.265-289.
18) 国営昭和記念公園工事事務所（2003）：国営昭和記念公園における自然再生，公園緑地63(6)，25-30.
19) 国営昭和記念公園工事事務所（1995）：市民参加型公園運営計画調査報告書，95pp.
20) ㈶公園緑地管理財団（1998）：北の森植栽計画検討報告書，141pp.
21) ㈳日本造園学会（2004）：平成15年度国営昭和記念公園生物関連情報収集・整理検討（その２）業務，171pp.
22) 千葉県史料研究財団編（2003）：千葉県植物誌，千葉県の自然誌　別編4，1181pp.
23) 生態計画研究所（1998）：平成10年度国営昭和記念公園エコアップ調査業務報告書，601pp.，国営昭和記念公園.
24) 井手　任（1992）：生物相保全のための農村緑地配置に関する生態学的研究，緑地学研究(4)，1-120.
25) 井本郁子・井上康平・川上智稔・井手　任（2002）：生命系ランドスケープを計画する生物情報地図，ビオシティ(24)，65-73.
26) 井本郁子・川上智稔・寺尾晃二・井手　任：(2002)，ニホンリス（*Sciurus lis Temmminck*）およびアカネズミ（*Apodemus speciosus Tmminck*）を指標とした樹林性動物の生息環境ネットワーク地図の作成，景観生態学会日本支部会報7(2)，51-56.
27) Borman, F.H., and Likens, G.E. (1979): Development of Vegetation After Clear-Cutting: Species Strategies and Plant Community Dynamics: Pattern and process in a forested ecosystem, p.103-137, Springer-Verlag.
28) Crime, J.P. (1979): Regenerative Strategies, Plant Strategies and Vegetation Processes, p.79-119, John wiley & Sons.
29) 中村俊彦（1996）：生態園から都市における自然環境の保持・復元へ，中村俊彦・長谷川雅美編「都市につくる自然」，p.171-186，信山社.
30) 日本道路公団緑化技術センター・西武造園（2002）森のお引っ越し：西武造園資料，西武造園㈱企画開発部.
31) 地域振興整備公団鳥取新都心開発事務所（1985）：鳥取新都心植生・緑化調査報告書，63pp.

4. 田 园
―鹳的回归自然和田园的自然再生―

4-1　田园景观作为栖息地的特征

如"瑞穗之国"这个词所示，水稻至今仍是日本农业的基础作物。2003年，水田面积为2,592,000公顷，虽然面积呈逐年减少的趋势，但仍占总耕地面积的54.7%[1]。田园生态系统是包括水田、水渠、旱田、环绕在其周边的森林等的整体，但其中水田是使该生态系统独具特色的主要构成要素。水稻是1年生作物，而且耕作期间要使用大量的灌溉用水。所以，水田的环境以1年为周期，发生较大的季节变化。换言之，在引水插秧前后，呈现出和湿地一样的景观；但收获前后，水会消失，变为陆地。在这里，通过水渠连结的水系网络是生物群集形成的关键，作为在水中度过一段生活史的蜻蜓类、蛙类、或在暂时性水域中产卵并度过鱼苗期的淡水鱼类等的生息场所，一直发挥着重要的作用[2,3]。与次生林和半自然草地相比，田园生态系统受人类管理和影响的程度更大，农地的构造、耕作作物的种类和务农日程等务农形态的各种因素，对生态系统的质量影响很大。

鹳（*Ciconia boyciana Swinhoe*）曾一度在日本灭绝，现在正在推进使其回归自然的计划，下面将以恢复其生息环境的尝试为例，来探讨田园生态系统中的自然再生。对象地位于流经兵库县北部的圆山川下游，是平地水田广布的丰冈盆地（图片-1）。

4-2　鹳的回归自然和自然再生

1) 在日本灭绝的鹳

鹳现在以俄国和中国的国境地带作为繁殖地，估计全世界的个体数约为2,500只，是濒危鸟类。鹳是大型鸟类，如果展开翅膀，会达到2m。鹳以泥鳅、鲫鱼等淡水鱼和蛙、昆虫等小动物为饵料。鹳原本是候鸟，但曾在日本生息的个体群中，至少有一部分不再迁徙，而是留了下来。然而，1971年，鹳的野生繁殖个体群在日本灭绝，最后的栖息地是丰冈盆地。从鹳灭绝前夕的1965年开始，在丰冈的鹳饲养场（后来的鹳之乡公园附属鹳保护增殖中心），开始了通过人工饲养来保护繁殖的尝试。1989年以后，每年有成功繁殖，2004年9月，对饲养的115只进行了以回归自然（再导入）为目的的研究[4,5]。2003年3月，根据"鹳的回归自然推进计划"[6]，决定了再导入的方针，计划于2005年对饲养的几只鹳进行放生试验。

4. 田　园

图片-1　从圆山川下游看到的丰冈盆地

2）水田作为捕食场所的重要性

鹳的栖息地广泛分布于俄国和中国的国境宽广的湿原地带。而在几乎不存在原始自然的日本，鹳的生存环境是人们身边的自然村落。在丰冈盆地中，鹳主要利用作为捕食场所的是水田、水渠和河流等开放水域，大松树则是筑巢的场所[7]。换言之，从栖息地整体来看，鹳需要水田、河流、森林等田园生态系统的多种构成要素。丰冈盆地周围被森林环绕，圆山川在盆地中心平缓地流淌着，其两侧广泛分布着水田地带，这种地形曾是潜在的适合鹳生息的环境。从过去的记录和参与保护的相关人员的叙述中，也可以看出这一点。2002年8月，一只野生鹳时隔31年后飞到丰冈盆地，因此对其的行动方式和捕食场所进行了跟踪调查。此外，繁殖个体群灭绝后，每年会有1～2个鹳单独飞来日本的例子，但此次飞来的个体在丰冈盆地停留了2年多，所以能够从其行动跟踪记录中，得知鹳的捕食栖息地的季节变化。关于鹳的捕食栖息地，从滞留时间的比例来看，6月，80%左右的捕食时间在淹水的水田中；7月和5月仅次于此；8月到10月，在牧草地捕食的时间增加；10月以后到冬天，则经常利用河流捕食。此外，5月到7月是鹳的育雏期，繁殖个体需要比平时更多的食物资源。因此，从插秧后到水稻生长，直到开放水面消失为止，水田及其相邻的水渠是鹳的重要捕食场所。

然而，在鹳灭绝的前后，水田环境不断改变，与以前相比，作为栖息地的功能明显丧失了。从昭和20年代开始使用的农药，对水田的生物造成的直接影响应该很大，但对生物影响较大的农药减少后，下文所述干田化等改善结构所导致的环境变化，也对水田生物造成了很大影响。

图片-2 通过田地整治，与水田之间出现了高低差的排水渠。

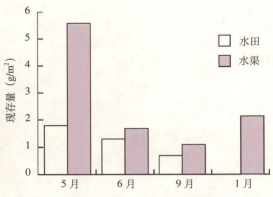

图-1 水田和水渠中饵料生物现存量的变化（内藤、池田[7]）

3）需要自然再生的理由

丰冈盆地是广泛分布于圆山川下游泛滥平原的、海拔数米左右的低湿地。因此，该地区的水田曾是很难排水的烂泥田。估计昭和初期在这一带生息的鹳的个体数约有100只。当时，鹳是身边极常见的鸟，农作时甚至还被当成害鸟，成为被驱赶的对象，所以很多人都把湿田和鹳放在一起，来讲述当时的情景[8,9]。然而，由于田地整治的开展，现在整个地区几乎都在一定程度上变成了干田。在田地整治中，通常会用客土来置换田地的表面土壤，同时通过分离供水和排水的工程，增大水田与排水渠之间的高差（图片-2）。这是转换成可使用大型农业机器进行耕作和旱作所需的基础设施配置。另一方面，对于生活在水渠中的生物，以及平时在河流中生活，但会上溯到水田中产卵的鱼类[10,11]等，水渠和水田之间的落差就意味着不能再从水渠移动到水田中去。而且，因为在水稻的生长期以外，可以极快地进行排水，对于在水田中结束生活史的生物来说，与施工前相比，田地内也会变成不适合生息的环境。在丰冈盆地的水田和水渠中，对鹳的饵料生物进行的调查显示，与水田相比，水渠中每年的单位面积饵料生物量更大（图-1），同时还证明水田内鱼类的现存量很少[7]。

再进一步来说，为了分离供水和排水，会将排水渠向下深挖，这样就形成了鹳很难进入其中捕食的结构，这样的水渠也很多。假设鹳能够利用的水渠为宽2m以上、深50m以下的水渠，那么丰冈盆地一带的水渠长度比约有30%，面积比约有32%是不适合鹳生长的（作者等未公开的数据）。除了直接挖掘的水渠的地区，在非灌溉期水渠中有些地方会干涸，所以，与田地整治真正开始实施前相比，水渠作为饵料生物的生息环境的质量应该是下降了。

从这些情况来看，为了使以田园生态系统为捕食场所的鹳回归自然，最好能在增加水田和水渠中饵料生物量的同时，通过自然再生恢复鹳的捕食环境。

4）目标设定

该地区将自然再生作为鹳回归自然所需的环境治理的主要环节来考虑。其基本思路如下

4. 田 园

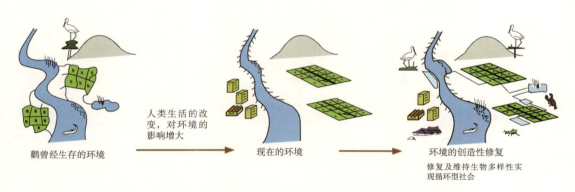

人类生活的改变，对环境的影响增大

鹳曾经生存的环境 　　　　　现在的环境　　　　　环境的创造性修复
　　　　　　　　　　　　　　　　　　　　　　　　修复及维持生物多样性实
　　　　　　　　　　　　　　　　　　　　　　　　现循环型社会

图-2　鹳回归自然所需的环境治理的基本思考方法（内藤、池田等[5]）

（图-2）。虽然鹳的生存环境与灭绝前相比，可以为仍同样适合鹳的生存，但由于生活方式的改变，栖息地不断地发生变化，以鹳为顶点的生态金字塔也被破坏了，这就是现在的状态。该地区的自然再生，并不是要将其还原为过去的状态，而是在改良现有社会经济基础和体系的同时，将整治鹳的生存环境作为方针。在"鹳回归自然推进计划"中，鹳被定位为与自然共生的象征，通过综合性地开展自然再生使其回归自然。换言之，鹳需要广域的生息圈，是位于生态金字塔顶点的保护物种，致力于构筑其能够野生的田园环境，是自然再生的短期目标。其成败直接由导入的鹳的定居和繁殖的情况来评价。为了实现这个目标，在农业领域进行了以下研究：通过水田鱼道的设置等，来确保饵料生物的生息条件等硬性治理；延长水田的淹水时间、减少农药的使用，或有效利用休耕转作田为捕食场所等软性治理。此外，不仅是农业领域，从河流和森林管理的角度来看，也在不断开展适应鹳回归自然的环境治理。通过这些治理，要实现的终极目标是推进计划的副标题中提出的"建设与鹳共生的地区"，即实现以鹳为核心的共生型循环型的区域社会。

4-3　水田鱼道的设置和转作田生物生境

基于现状的分析，在丰冈盆地进行了几个自然再生的尝试。首先，为消除水田表面和排水渠之间的落差设置了鱼道，这是将水田构造改良为兼顾生物的构造的典型案例。如前所述，有些在水渠和河流中生活的鱼类会上溯到水田中产卵。所以，只要设置高效的鱼道，就能提高作为生物栖息地的质量[12]。2004 年 8 月(现在)，在丰冈盆地中，共在 52 处设置了水田鱼道(表-1)。因为设置的时间尚短，对其效果的评价还有不确定的地方。下面将介绍设置的原委和监控结果。

1）利用间伐材设置的鱼道

最早设置的 2 条鱼道，是 2002 年在兵库县立鹳之乡公园相邻的丰冈市祥云寺地区设置的（图片-3）。该地区水田的田地整治已经完成，从上游河流取水的供水系统和水田的排水系统是

表-1 丰冈盆地中设置的水田鱼道数

地区名	设置的契机	鱼道的原材料		波纤			合计
		间伐材	混凝土	明渠	暗渠	**并用	
丰冈市祥云寺	水田生物生境等	2	—	—	*2		4
丰冈市赤石	田地整治	—	23	1	7		31
出石町中川	田地整治	—	—	—	8		8
丰冈市六万	水田生物生境等	—	—	—	—	9	9
合计		2	23	1	17	9	52

（2004年8月，现在）

*在水田的一侧修建的、连结水渠和排水渠的鱼道。
**鱼道上游为明渠，下游变为暗渠。

图片-3 丰冈市祥云寺地区设置的鱼道。水田部分被作为转作田生物生境来管理。

表-2 在祥云寺地区设置的水田鱼道中，进行上溯调查的结果

种名/调查天数	5月 4.5	6月 9.0	7月 4.5	8月 0.5	总体 18.5
泥鳅	0.67	15.11	10.22	30.00	10.81
长颌须鮈	1.11	12.89	6.44	8.00	8.32
银鲫	—	0.67	0.44	—	0.43
沙塘鳢	0.44	0.11	0.44	—	0.27
褐栉鰕虎鱼类	—	0.33	—	—	0.16
鳗鲡	—	—	0.22	—	0.05
黑斑泥鳅	—	—	0.22	—	0.05
条纹鳅	—	—	0.22	—	0.05
鲫鱼类	0.22	—	—	—	0.05
鱼类种数	4	5	7	2	9
绿虾	36.67	6.22	4.22	6.00	13.14
克氏螯虾	—	—	0.22	—	0.05
河蟹	—	0.11	—	—	0.05
总种数	5	7	9	3	12

依据丰冈土地改良事务所的报告资料。单位：上溯个体数/日

分离的。水田表面和排水渠之间存在2m左右的落差，所以水生植物不可能从排水渠上溯到水田中。在耕作方式方面，通过鸭稻共作等无农药、或低农药耕作，或使转作田经常淹水，积极有力地推进生物生境化等。上述两条鱼道中，一条设置在经常淹水的作为转作生物生境水田来管理的地方，另一条设置在作为低农药耕作水田来管理的地方。设置的鱼道宽60cm，右岸的一半是水池式的阶梯形状，剩下的一半是斜道。最大坡度为11%，长度分别为10.8m及7.2m。考虑到视觉景观，决定使用间伐材，并在底面埋设防水膜。然而，因为使用间伐材，所以设置费用很高，还留下了维持管理费用和耐久性等方面的问题。

2002年5～8月（在低农药水田中，到进行晒田的7月9日为止），在这些鱼道的上游设置了捕捉器，对上溯情况进行了监控调查（调查由丰冈土地改良事务所实施）。结果确认了9种鱼类和3种甲壳类的上溯（表-2）。特别是6月到7月，泥鳅和长颌须鮈的上溯个体很多，平均1天有6.4～15.1个。

此外，在晒田期间，相反地在排水口设置了捕捉器，对顺流而下的个体进行了调查。结果确认了银鲫、长颌须鮈、泥鳅、绿虾4个物种。这4种都是5～7月会上溯到水田中去的物种。其中泥鳅的个体数最多，占总体的70.4%（1477个）。因此可以认为，设置的鱼道充分发挥了作为连结水田和排水渠的廊道的作用。

2）结合田地整治设置的鱼道

对祥云寺地区设置的鱼道进行的监控证明，只要设置构造合适的鱼道，鱼类就会上溯。然而，如果想全面扩大鱼道的设置，就需要费用低廉、且易于维持管理的构造。2000年，丰冈市赤石地区开始进行田地整治。虽然换地计划已经确定了，但还是对水渠部分重新进行了研究，将其作为国家和县级的生态系统保护型水田整治推进项目，设置了鱼道，并采用了兼顾水生生物生息的水渠构造。

田地整治是分区分段进行的，所以决定先试验性地设置不同构造的鱼道，在对其效果进行比较和探讨的基础上，确定余下的鱼道构造。在确定可确保的水渠宽度以内考虑到必须确保水田表面和水渠之间的落差以改善排水的田地整治的目的，以及维持管理经费无法对水渠进行长期维护而存在崩塌的可能性等，决定放弃采用土水渠的施工方法。最终决定将水渠的斜度设为10%以下，长度为7～8m左右。采用开放水渠以易于维持管理，同时设置格栅（金属制）来防止鸟类埋伏在水道中捕食，在上述相同条件下，于2002年动工修建了以下4种构造的鱼道（表-3及图片-4），并对上溯效果进行比较。

① 半圆木斜面型：在铺设了混凝土的侧沟底部，将切成两半的圆木，沿着与水渠垂直的方向，左右交错地设置的鱼道。

② 半锥型：在铺设了混凝土的侧沟底部，将混凝土材料的半锥（将圆锥切成一半的形状），沿着与水渠垂直的方向，各不相同地设置的鱼道。

③ 波纤U字沟：用角形的波纤管设置斜面的鱼道。

④ 波纤暗渠沟：将与③相同的原材料—波纤管埋于地下的鱼道。

3）鱼道的上溯效果和改良

在田地整治的同时，还全面地整修了水路。所以，调查开始时，在水渠中生息的鱼类个体数应该尚未得到充分的恢复。因此，对4种鱼类上溯效果的调查，并不是通过统计上个体

表-3 赤石地区设置的4类水田鱼道的概要和泥鳅上溯的个体数

类型	内部结构	*设置费用（千日元）	实验中上溯的个体数
半圆木斜面型	混凝土、半切的圆木	400	17
半锥型	混凝土材料的半锥	400	35
波纤U字沟	波纤的波形	150	4
波纤暗渠沟	波纤的波形	100～200	**4

*概算值，在波纤暗渠沟中，表示改良前后的值。

**晒干进行得较早，所以于第二年进行了调查。

图片-4 在赤石地区设置的4种水田鱼道
①、②半圆木斜面型 ③、④：半锥型 ⑤、⑥：波纤U字沟 ⑦、⑧：波纤暗渠沟

4. 田　园

溯的，而是通过泥鳅的放流实验来进行的（调查由丰冈田地改良事务所实施）。在各个鱼道的下游，放入10个体长为4～10cm的泥鳅，进行了使其上溯的实验。在鱼道上游设置了滚动式地笼网，来捕捉上溯的个体。2003年7月10日（对于晒干期较早，而未能实施的波纤暗渠沟，则在次年6月8日）17时到次日7时为止，每2小时确认一次，为了让上溯的个体能够重新上溯，确认后将其放回下游。

调查结果显示，半锥型鱼道中上溯的个体数最多（表-3），而且上溯与体长的大小无关。半圆木斜面型鱼道中的上溯个体数仅次于半锥型。波纤U字沟及波纤暗渠沟中的值最低，还呈现出能上溯的个体体长受限的趋势。

2004年6月，对晒干导致水面下降时顺流而下的鱼类进行了调查。在半锥型鱼道中发现了很多泥鳅、鲇鱼、长颌须鮈等顺流而下的个体数，所以该调查也证明了这种类型的鱼道非常有效（表-4）。从波纤沟中顺流而下的个体很少，但发现了鲫鱼类和鲤鱼科的鱼苗。在未设置鱼道的水田中，顺流而下的鱼类只有泥鳅，甚至还有根本没有生物顺流而下的水田。

根据这些结果，做出了以下评价：如果仅从上溯效果来说，半锥型是最合适的；与半圆木斜面型相比这种鱼道用混凝土代替木材来修建流路，所以从维持管理和耐久性来看，半锥型也是更好的，所以决定基本上采用这种类型。另一方面，虽然波纤U字沟的上溯效果较差，但费用只有半锥型的一半到四分之一，而且在设置成暗渠型时，很容易进行斜面的割草等管理，这些也得到了高度评价。试验施工中鱼道的坡度是一定的，所以不存在水流的变化，流量多时，上溯个体很容易被冲走；而流量变少时，又要担心无法保持水深。因此决定，在实施一些改良的基础上，在部分鱼道中采用波纤暗渠沟型。这些改良措施包括：为了提高上溯的可能性，将使用的波纤管的直径加粗；在途中改变坡度，设置积水的地方；使用十字连接器，在途中设置休息场所等。

表-4　晒干时的鱼道及水田排水口中顺流而下的个体数

地点顺序号	1	2	3	4	5	6	7	8
鱼道	有	有	有	有	无	无	无	无
类型	半锥型		波纤 U字沟	波纤 暗渠沟				
泥鳅	52	—	—	—	5	1	1	—
鲇鱼	8	82	—	—	—	—	—	—
鲫鱼类（鱼苗）	1	1	5	1	—	—	—	—
长颌须鮈	3	19	—	—	—	—	—	—
鲤鱼类（鱼苗）	1	—	6	—	—	—	—	—
鳜	2	—	—	—	—	—	—	—
大口黑鲈	1	—	—	—	—	—	—	—
鱼类总数	7	3	2	1	1	1	1	0
绿虾	>10	2	—	13	—	6	3	—
克氏螯虾	—	—	—	1	—	—	—	—
总种数	8	4	2	3	1	2	2	0

调查由丰冈土地改良事务所实施。值是2日间的合计个体数

图片-5　设置了混凝土制斜面的水田排水桝

除了对鱼道本身的形状，还对排水桝也进行了改良。最初是将水田排水口（从各个水田到水渠的排水口）和鱼道分别设置，但在调节水田排水口的堰板降低水位时，必须同时调整鱼道侧的排水口，否则水就不会流入鱼道，可能导致鱼道不能发挥作用。对于耕作者来说，这就意味着维持管理的成本增加了。因此，决定不另设水田排水口，而是让鱼道本身兼做水田排水口。这时，如果在水田排水口设置调节水位的堰板，就会在其下游产生断坡，在鱼道中上溯的个体可能会无法越过堰板进入水田中。因此，在与堰板相接的水渠侧，沿水流方向和与水流垂直的方向，设置了混凝土制的下坡，这样一来，即使将堰板上下调整，也能一直保持水面的连续性（图片-5）。其结构是在底部设置导管，移开堰板时，可以从导管直接排水。

4）田地整治中进行的水路整修

前面对鱼道进行了详细的论述，但在赤石地区，对水渠本身也下了很多工夫。水渠本身使用的是大型沟道（混凝土制的水渠式侧沟），并采用了易于维持管理的构造；另一方面，施工时还兼顾了水生生物的生息。该构造具体由水渠底的深度、水渠中心线的蛇行及鱼巢和水渠壁面的斜面三项构成。部分水渠底的深度设置为 20cm 左右的深水区，使沙土容易堆积，而且在干线排水渠的水位下降时，也可以保持部分水面，希望能利于底栖鱼和水生昆虫的生息，而且也能在一定程度上促进水生植物的生育。此外，水渠底是混凝土材料，所以能够根据需要，去除堆积的沙土和繁茂的植物。然后在水渠中心线的蛇行部分，即在水渠的中心线上，可设置一些可向左右移动的区域，来降低流速。在这个部分通常将 50cm 的水渠宽度扩大到 100cm，然后将宽度的一半作为鱼巢，在其中放入基石，所以很容易成为水生生物的藏身处和涨水时的避难所。此外，在水渠壁面各处，还设置了蛙等能跳上去的斜面。这些都是为了在维持排水所需的水渠断面和深度的同时，将单调的混凝土水渠的结构复杂化，创造出水生生物的栖息地。现阶段，竣工时间尚短，所以水渠内堆积的沙土还很少，看不出明显的效果，但随着时间的流逝，相信这样的施工会促进栖息地的复杂化。

5）兼顾水生生物生息环境的水田管理

1996 年，丰冈市组成了丰冈鸭稻共作研究会，开展了环境保护型的水稻—合鸭共作（杂鸭稻共作方法）。在该耕作方法中，为了不让杂交种鸭逃走，并保护杂交种鸭免受鸟兽的危害，设置了防鸟电网将水田围起来，因此，很难将水田本身作为鹳的捕食场所来利用。由于尽量不使用农药，可减轻环境负荷，提高产品的附加价值，将其与鹳的生息环境的整治，同时进行考虑这方面取得了一些进展。

采取营造鹳的捕食场所的直接措施的系列有：2001 年，市民团体—鹳市民研究所（2004 年开始成为 NPO 法人）在丰冈市当地农业者的协助下，在 5 块水田、共约 0.73 公顷的面积上，开始的生物生境转作试验。其基本想法是："全国水田面积的 4 成都已经变成了转作田。能否尽量不费工夫地，在随时都能将其恢复为稻田的状态下，使这些转作田形成生物生境吗？"，因此根据需要进行了耕耘、割草，同时进行经常淹水。因为担心经常淹水会使田地变得泥泞，或使田埂变形等，所以只在小面积地区进行了试验。以此为契机，次年，兵库县实施的水田自然再生事业（转作田生物生境型）被制度化了。该制度的对象是针对丰冈盆地的平地中能被利用的 1 公顷以上的完整面积的情况；对于持续 3 年以上、长期进行经常淹水的转作田，则要通过县和市町的预算，向农家支付委托费用。今后计划一点点增加对象面积，2004 年，共有 6 个地区、共 7.4 公顷被作为转作田生物生境来管理（表 -5）。在其中的福田地区设置的生物生境中，从插秧后到稻子生长的期间，观察到了飞来的野生鹳频繁地来捕食的样子（图片 -6）。

表-5　丰冈盆地中转作田生物生境和经常淹水晒干延迟水田的推移

年	转作田生物生境		经常淹水晒干延迟	
	实施地区数	面积（m²）	实施地区数	面积（m²）
*2001	1	7,250	–	–
2002	5	53,422	1	11,404
2003	6	67,182	1	11,461
2004	6	74,126	2	54,598

*由鹳市民研究所和丰冈市实施，其他由兵库县和丰冈市实施

图片-6　在丰冈市福田地区的转作田生物生境中捕食的野生鹳

2002年，对进行稻作的水田，制定了对导入经常淹水型稻作和晒干延迟等务农方法的补助制度。其目的是在进行耕作的同时，通过延长淹水时间，来维持适合水生生物生息的水田环境。2004年，有2个地区，5.5公顷被作为经常淹水型稻作田来管理。生物生境转作是在未种植的水田中进行的，其定位已经离开了农业生产。另一方面，丰冈市将前述稻鸭共作中生产的稻米导入学校供餐，或将环境保护型农业中生产的作物作为统一品牌来推广等，致力于新农业的振兴。目前正在通过将这样政策与鱼道的配置等保护型基础配置相结合，在进行经济活动的同时，摸索使鹳回归自然的道路。

4-4 遗留的问题和今后的方向

因为有使鹳回归自然这个大目标，丰冈盆地中的自然再生应该进行得比较顺利，但在实施过程中出现了几个问题。下面将立足于这些问题，对今后的研究方向进行探讨。

首先是选择自然再生场所时的问题。例如，把供排水系统分离的田地整治已经结束的水田，作为经常淹水型的生物生境或冬期淹水田利用时，水源的确保就会成为问题。这是因为，这些水田大多通过抽水机来供水，在稻作所需的时期以外，就容易因为水泵停止，而无法供水。迄今为止，所有项目都是作为先导性的试验来进行的。所以，那些地方是否是潜在的适用地，还有当地农业组织和耕作者是否积极，都是决定能否实施的关键。对于鱼道等基础配置和环境保护型稻作、转作田生物生境化等的实施来说，当地农家的同意实际上是必不可少的。但在当地和各个农家中，对这些新农业的评价存在着明显差异。因此从生态学观点出发的鹳的活动圈和捕食场所的分布与配置等，与实际开展项目的地方，未必是统一的。今后，在扩大对象场所或面积时，要对比费用和效果，对候选地进行战略性的抉择。

其次，费用上也存在问题。2002年，土地改良法被修改，进行土地改良时的基本原则被定位为"兼顾与环境的和谐"。因此，在田地整治过程中已经设置了鱼道的场所，有相应的预算措施。但在田地整治已经结束的地方，若进行新设鱼道等确确实实的自然再生，必须由政府或地方负担、确保工程所需的费用。但在现阶段，这方面的预算很有限，已经成为增加鱼道设置场所的障碍。为了今后增加鱼道的设置场所，不仅要对鱼道的效果进行定量的测量和说明，还要讨论作为自然再生而进行的鱼道设置的费用由谁、按怎样的体系来负担，还有设置后的维持管理由谁来负责、怎样负担其费用等，这些都是研究课题。

最后的问题是自然再生的软硬件设施一体化。鱼道等设置改变了水田的结构，可谓是硬性方面的配置。在此基础上，通过在同一水田，采取水田生物生境、冬期淹水和晒干延迟等软性措施，能发挥出相乘的效果，使多样性的生物在田园生态系统中生息。当地自治体的组织也是基于同样的考虑，为了将二者结合起来而不断进行调整。但在田地整治过程中已经设置了鱼道的场所，有些耕作者想在地基稳定前进行例行的农业。由于耕作者这种想有效利用治理后的水田、设法提高生产性的希望等，现阶段可能还有一些进展不顺利的方面。

4. 田　园

综合来看，使鹳回归自然所需的措施的方向性，与以往那些只要按规划施工即可的项目大不相同。因为其中包括了很多只靠行政措施无法完成的事情，所以需要创造出促使整个地区参与到该对策的实施中去的奖励机制。此外，对结果进行评价，并将其反映到下个规划中去的顺应型管理的导入，也是不可或缺的。

（内藤和明，大迫义人，池田　启）

──引用文献──

1) 農林水産省大臣官房統計部（2003）：農林水産統計，http://www.maff.go.jp/toukei/sokuhou/data/kouchi2003/kouchi2003.pdf
2) 片野　修（1998）：水田・農業水路の魚類群集，水辺環境の保全 ─ 生物群集の視点から ─，江崎保男・田中哲夫編，p.67-79．朝倉書店．
3) 上田哲行（1998）：水田のトンボ群集，水辺環境の保全 ─ 生物群集の視点から ─，江崎保男・田中哲夫編，p.93-110．朝倉書店．
4) 池田　啓（2000）：コウノトリを復活させる，遺伝 54(11)，56-62．
5) 内藤和明・池田　啓（2001）：コウノトリの郷を創る ─ 野生復帰のための環境整備 ─，ランドスケープ研究 64，318-321．
6) コウノトリ野生復帰推進協議会（2003）：コウノトリ野生復帰推進計画，コウノトリ野生復帰推進協議会，87pp．
7) 内藤和明・池田　啓（2004）自然と共存する農業　コウノトリを支える農業，農業と経済 70(1)，70-78．
8) 菊地直樹（2003）：兵庫県但馬地方における人とコウノトリの関係論 ─ コウノトリをめぐる「ツル」と「コウノトリ」という語りとのかかわり ─，環境社会学研究 9，153-168．
9) 菊地直樹（2004）：多元的現実としての生き物，兵庫県但馬地方におけるコウノトリをめぐる「語り」から，生き物文化誌Bioストーリー 1，110-122．
10) 端　憲二（1998）：水田灌漑システムの魚類生息への影響と今後の展望，農業土木学会誌 66，143-148．
11) 齋藤憲次・片野　修・小泉顕雄（1988）：淡水魚の水田周辺における一時的水域への侵入と産卵，日本生態学会誌 38，35-47．
12) 鈴木正貴・水谷正一・後藤　章（2000）：水田生態系保全のための小規模水田魚道の開発，農業土木学会誌 68，1263-1266．

5. 都市自然

5-1 都市生态系统的特征

都市的人口密度较高，人均绿地和滨水面积总体来说相对较小。因此，热岛效应和各种废气的影响较为强烈，大气环境以及热环境会对生物的物质生产和持续性产生较大的影响。另外，建筑物的高层化以及覆盖在地表的沥青和混凝土会造成照射到负责进行初级生产的陆地植物上的光能和土壤水分的减少，并且会使无机物含有率产生变化，使得物质和能量的流动与自然的状态呈现出差异。再者，作为自然现象产生的水和土壤的动力学会受到抑制，出现干燥化和营养盐类的分布不均。进而，噪声会对动物的栖息产生抑制作用，而夜间照明往往会对动植物的生活造成影响。由于上述因素，一般在都市区域栖息的生物种类有限，形成了都市地区特有的生物系统。如此一来，对不利于人类生活的舒适与安全的生物的繁育遭到抑制的同时，人们还推行了不允许其栖息的政策。而另一方面，由于人类的兴趣活动，人工引进的生物在生态系统中所占的比率较高。

5-2 林地的自然再生技术

1）林地的面积与形状

在都市的自然再生中，常常以林地的再生为目的[1]。从保护生物学的观点来看，在林地的创造中，为了确保大面积、并使核心部分尽可能地扩大，原则上就要建设成近似于圆形的形状。在实际中，用地的面积以及形状，必须要参考其他观点加以多方面的判断之后再做决定。例如，增加都市绿地的周长的话，在能够增加接触绿地的人数和绿视率的同时，也发现能够允许生长的动物群落种类和个体数量也增加了[2]。但另一方面，发生火灾时火灾蔓延的危险性是随着周边长度的增加而增大的。在需要保全和保护的生物区系或者物种明确的情况下，如果主要目的是林地的再生，那么就要以允许其持续的规模和形状为前提，同时考虑其他防灾和使用的压力及与实际都市规划的整合性。

在都市内的林地再生中，应该以确保核心环境为目标，规划应尽量避免形成缺少核心的带状绿地或是不经意而形成的复杂形状绿地。因此，在建设廊道的必要性较高时，应该优先探讨垫脚石型通道。小规模的带状绿地仅仅能发挥作为边缘空间的机能，其作为有害鸟兽和害虫以及外来生物的生活场所的机能却广为人知。为此，在都市内投入较高的成本保护和利用缺少核心环境的带状绿地的生物，一般来说意义不大[3]。在都市内，带状绿地自我更新和长期保留在生态学上是较为困难的。

在实际中，如何规划核心及边缘地带的面积和形状是重要的课题[1]。由于边缘的作用是根据生物区系和环境等的相对差异来判断的，所以不能一刀切式的决定其幅度。例如，在北美的案例中，落叶树林的边缘幅宽为 12～15m，针叶树林的边缘幅宽则为60m，包含最小核心的面积分别为 452～707m^2 和 11,310m^2。在以北美的鸟类为对象的研究中，甚至得出了边缘幅宽达到60m，为了确保核心环境，面积最少必须要有113公顷的结论。热带雨林的边缘幅宽在 178～5000m 左右，估算为了确保核心环境，必须要有79km^2 的面积。

作为自然再生事业，日本在都市内希望确保树林自然性的情况下，普遍认为，边缘幅宽在 15～60m、必需面积在0.1~1.0 公顷以上，才能确保有价值的水平（以后文所述的冈山市神社林的案例为参考）。在比该数值更小的用地上追求自然再生的理想是较为困难的。比方说，在预想了100m^2 的核心区域的规划中，即便是估算必需的外周边缘为12m，最小的用地面积也要达到约 1,000m^2=0.1 公顷的圆形。考虑到大白鹭和黑鸭等鸟类的警戒距离约为110m、日本松鼠的栖息容许林地为 10～20 公顷，最好能够确保1.0 公顷左右的用地。

要使树林持续性的更新，最好准备不会使其构成树种灭绝的绿地形状和规模。在京都市包括了神社树林的林地中，如果边缘幅宽为30m，面积不足1公顷的话，从木本植物种类构成的点来说，整个空间都会被视为是边缘[4]。不过这种解释并不充分，必须要注意从多角度进行分析[5]，这也是一直以来强调的要点。另外，根据宫崎县神社寺庙的常绿阔叶林中树林面积与常绿阔叶林要素植物种数之间的关系，发现随着树林面积的减小会存在缺失的树种，其临界值可能在200m^2 与 1000m^2 左右，进而，还认为存在仅仅在1公顷以上的大规模树林中才会高频率繁育的树种，并且还显示出，面积在2公顷左右时出现的树种数量会达到极限值。由于0.1公顷左右的规模和1公顷以上的规模在能够容许再生自然方面的性质不同，因此项目目标和管理内容也应该根据占地面积的不同因地制宜。在0.1公顷和1公顷之间的规模中，再生自然的性质由土地利用的变迁等周边环境以及项目对象用地的地形和气候决定的可能性较高。以宫崎县为例，要完全满足常绿阔叶林区系的话，理论上必须要有 2800～2900 公顷的面积，对于具有当地特点的常绿阔叶林的构成植物种类多样性的保存而言，在单一的自然再生事业用地上是很难满足所有的必要条件的。

在都市区域中残存或形成的林地生物多样性保存状况方面，关于步行虫类和地甲虫类等移动能力较差体型相对较大的昆虫的调查结果，无论作为一般原则，还是进行个别决策均可以参考。在对都市孤立林（0.1～1.2 公顷）及其周边的步行虫类和地甲虫类进行的研究中发现，①以河畔林作为原本的栖息场所的种类消失情况较为显著，从现状来看无法保证会对种群结构的修复产生较高的效果。但是由于这类场所以及依赖于此类环境的生物中包含了稀有而且固有价值较高的种类，因此作为重要的群落生境需要给予特别的关注。②为了保持孤立林中栖息的个体数和种类构成，应该重视孤立林周边的土地利用状况及其变迁，在这一点上，都市区域的河畔林和孤立林以及防风林分散存在，即便无法直接成为生物多样性保存机能的核心区，也可以推测出这些林地在长期以来发挥了分散个体群的作用，从结果来看维持了多样的群落。③由于栖息种类数量具有随着孤立林规模增大而变多的倾向，因此扩大现有孤立林规模具有较大的意义。

2）树林的更新

在都市区域栖息的动物，尤其是鸟类，会对木本植物的自然更新产生不小的影响。由于鸟类携带种子造成的外来种的入侵是都市林地无法回避的问题，在边缘和间隙区域无法忽视其影响。一般来说，在都市环境中，鸟类造成的种子散布距离为100～300m。实际上，在札幌市的市区中，动物散布的种子主要是由位于周边100m以内的树林来提供的[7]。另外，在京都市的市区中，鸟类散布种子的分布扩大范围大致在150m，显示出鸟类和植物种子的组合不同会产生50m左右的差异[8]。在东京都内的外来种金森女贞的分布扩大过程中，有看法认为起到了推动作用的要素有栽植的个体较多、鸟类散布了栽植个体、适宜于其繁育的边缘环境面积较广等[9]。近年来，在都市林地中作为问题浮上水面的是棕榈类分布扩大的问题，也被认为是鸟类的散布起到了较大的推动作用。在九州北部都市近郊的神社树林中，来自于周边次生林的舟山新木姜子的入侵较为显著，可能会使得自然更新的过程产生变化[10]。另外，有很多研究报告称，越是片段化或者是孤立的树林，其中鸟类散布型的种类越会增加，但是这些报告并没有对天然林和次生林以及阶层构造的差异等要素进行充分的研究，因此该结论的普及在很大程度上还有待于今后的研究。

表示树林构造稳定性的指标之一是出现树木的个体大小和频率分布。图-1显示了冈山市区三个神社林地进行调查的结果[11]。在面积较大、构造稳定的神社林地中，出现个体的大小呈现出指数函数式的分布，常常表现为倒J型。与此相对，面积较小的林地则难以出现幼树以及灌木。后者的情况，即可判断为树林的持续性构造无法得到维持，通过自我更新进行的再生并不容易。

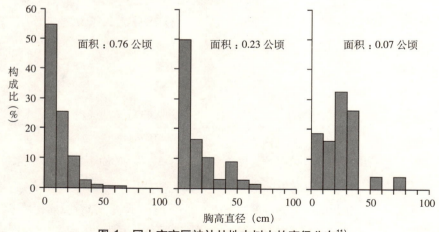

图-1　冈山市市区神社林地中树木的直径分布[11]

5. 都市自然

　　关于神社林地的更新特性，在京都市市区下鸭神社纠森的保护林（约 1.5 公顷）中进行了出色的前瞻性研究，以此为基础提出了保护管理方法[1-14]。树林的再生更新是由于树冠间隙的形成而产生的。间隙则是由于单棵树木的枯死而产生，或者是由于折枝、折干以及多棵树木的倒伏而产生的。这些会使树林内的光环境、水环境以及营养条件产生变化，通过构成树种的成长特性差异形成持续性的群落，从而得以再生更新。林地边缘是具有与林地内部不同环境条件的空间，其状态对于森林的再生更新会产生较大的影响。在纠森就形成了作为最新的更新状况指标的林冠层、下层以及幼树层，通过分析闭合林冠、林冠间隙以及林地边缘分别在空间中所占的相对密度，弄清楚构成树种的存在样式，对树林的自我维持构造进行了评价。在纠森保护林中，米槠（*Castanopsis cuspidata*）是形成林冠的顶级优势树种，也会出现在下层和幼树层中，但是在林地边缘很少。也就是说，除了林地边缘之外，在林内备有米槠的后续个体，可以认为林地在持续进行依赖于林内环境的更新。这一点同时也暗示，像米槠这样成为顶级优势树种的乔木容易因树林面积的缩小而消失。朴树尽管在闭合林冠和林地边缘的林冠层占优势，但是不存在于林内的下层和幼树层中，仅仅出现在林地边缘的幼树层中。这显示出朴树在林内分布的地点与米槠的后继树不同，其更新仅仅依赖于林地边缘。而棕榈类无论是在闭合林冠、林冠间隙还是林地边缘的空间中，在下层和幼树层的优势度都很高。也就是说，其森林覆盖的优势度较高，对空间没有选择性，更新的频率非常高。通过对每个构成种进行上述分析，可以明确实地管理必要条件有如下 4 点。

　　① 为了维持朴树等中间区系的优势树种，必须要有开阔的树林面积和会经常性产生干扰强度较大的大规模间隙的马赛克构造。在无法确保上述要求的情况下，就需要人为地减少米槠等顶级优势树种的更新个体，以期待该树种个体的自然更新，或者是栽植幼苗或进行播种以诱导更新。

　　② 棕榈类等外来种在下层占优势的环境会提高阻碍原本的树林更新的可能性。要对此加以探讨，对照目标、根据必要进行清除。

　　③ 樟树等栽培树种尽管在各种树冠环境下都不存在有后继个体，但是会在树冠层占据优势。这一点暗示，樟树不会更新，但是会阻碍朴树等中间区系优势树种的更新。当地的樟树一般是在遭受台风灾害之后以植被恢复为目的而栽植的，现在应再次探讨其妥当性，应对照目标、根据必要进行清除。

　　④ 低密度出现的原有树种容易从残存林中消失，在重力散布型种子的树种中该可能性较高。在确保这些树种时，需要确保种子的移入源，并准备人为的更新。

　　另外，近年来，又有报告称在纠森栽植的日本本土移入树种樟树对神社林地的自我更新产生了负面影响[15]。

　　综上所述，在都市内的树林管理中，可以说有必要掌握树林中发生的干扰特征与构成树种更新方式之间的关系，根据目标实施砍伐和补栽。另外，在日本的顶级林或者是与之相接近的老龄林的成熟林部分中，林木的枯死率以及新加入率范围在年均 0.6% ～ 4.3% 以及 0.5% ～ 3.8% 之间[16]，并且与树种组成和构造无关。以此为参考，可以大致推测林地的更新状况。

图-1　位于东京都代代木的人工规划建设的明治神宫的神社林地
树林建成后已经经历了80年，外观呈现出森林状态，但是也被人指出了生态学方面的问题。

3）树林的管理

构成树林环境的植物种类多样性同时也是环境差异和迁移的进程以及周围环境和过去土地利用的指示指标。近年来，人们开始详细探讨森林覆盖植被的种类构成、探讨其与周围环境以及利用压力的关系，并探讨将该结论反映到树林管理和利用压力（踩踏、入侵）的调整中的有效性。踏压与根围的损伤、森林覆被的干燥化、来自外部的种子的移入及其发芽和扎根等现象具有直接联系。普遍认为，在都市林地中，树林受到周围环境的强烈干预，利用潜力较高，因此关于森林覆盖的质量进行探讨也会促进有益的管理方法的使用。

另一方面，也有精心规划后运用造园以及造林技术人工建设的神社林地。例如，奈良县的橿原神宫的神社林地是于1940年在23公顷用地上栽植了107种、76,118棵树木的人工林，东京都的明治神宫的神社林地是于1920年在70公顷用地上栽植了365种、122,572棵树木的人工林。明治神宫的神社林地至今仅仅经历了短短80余年，其人工栽植的树木已经呈现出了与森林类似的外观（图-1）。近年来，在该神社林地中发现：①由于上层的闭合以及棕榈类和桃叶珊瑚的繁茂，中下层能够成为后继树的幼苗和幼树较少，②由于总体来说在中小直径的树木中具有乔木性质的顶级构成树种较少、而枹木和杨桐等下层树木较多，认为存在上层构成树木的更新障碍等生态学方面的问题[17]。另一方面，也有看法认为，上层树木的后继树棵数相对较少的状况反映了具有稳定的阶层构造的成熟林的特有状态，实际上也有经过报告称桃叶珊瑚、八角金盘、棕榈类的繁育状况也变得不太旺盛了。今后，由于自然的迁移，长期看来更新有可能会进展顺利。但是，从实现都市林地的机能以及与周围环境的变化之间的关系来说，为了在不使现有的林地外观发生大幅变化的情况下促进更新，有人提出了对形成灌木层的棕榈类进行大幅度的砍伐、对桃叶珊瑚进行小幅度砍伐，并补栽乔木树种苗木的提案[17]。

另外，实际中也有实施神社林地修复再生的案例。在京都府相乐郡山城町的和伎座天乃夫歧卖神社已经荒废了的神社林地部分约500m²的用地上，在1992年竹类灭绝之后，通过冲积土壤形成表土层，再通过栽植橡树、杨桐和青冈栎等方法尝试再生，目前进展顺利[18]。在京都

5. 都市自然

照片-2 "纠森"的更新培育管理
为了确保后继树木，对下层树木和幼树进行了保护

市的纠森，从十多年前开始实施土壤改良、为促进幼树发育设置了防止入内的栅栏、栽植落叶阔叶树、为了减少干燥恢复水路等措施，近年来，其成果不断显现（照片-2）。这些神社林地的历史沿革中，有许多作为都市再生林的先进案例值得我们学习。

　　树林内的伤病树和长势较差的树木如果放置不管的话，会成为诱导木蠹类、天牛类和白蚁类虫害发生的要素。在和歌山市的某座神社林地中，由于周围存在有次生林和耕地等潜在的昆虫飞来源等要素，曾经导致发生甲虫类虫害而不得不播散药品。伤病树放置不管导致产生的昆虫类尽管是正常的迁徙过程，在都市区域发生新问题的可能性很高，因此必须搬离出境或进行剪枝等管理。再者，在预计不会产生这些昆虫问题的情况下，伤病树会长期保留其原形。长势较差的小型树木会导致甲虫类的经常性产生，而枯死的树木则会诱发树冠火灾，在都市区域这些都是不容许出现的。

　　上述情况从树木的大小以及与周围环境之间的关系来看不能一概而论，但是由于从确保安全和促进树林更新的方面来看还存在问题，因此还是应该以一定的管理为前提进行考虑。并且，把对象地生态系统整体演替大部分都交由自我补偿进行是比较理想的。不过，虽然创造出倒伏树木可能造成的森林覆盖植被的减少和枯枝落叶层的减少等环境，有些情况下也会对籽生形成的树林更新产生有益的影响[19]，因此关键是对该现象进行适应管理，并参与到更新的过程中去。在上文提到的明治神宫的神社林地中，目前对于落枝落叶基本上都采取了放置的管理方式，但对枯树和枯枝则进行适当处理。

5-3　自然再生的案例

　　此处笔者将以两个都市公园为例介绍都市的自然再生，同时还会介绍近年来再生技术的实际情况[20-24]。案例的概要如表-1所示。为了进行管理、运营以及调查，组成了有志于此的市民团体和专家团队，以此为主体进行活动十分重要。

表-1 赤羽自然观察公园与"生命森林"的自然再生事业的概要

	赤羽自然观察公园	"生命森林"
事业区域面积	8,000m²	6,150m²
占地面积	5.4公顷	约10公顷（梅小路公园）
用地周边利用情况	另外确保作为缓冲区域的绿地 自然观察区域和广场等	与园路或是庭园以及铁路轨道相邻接 （自然再生事业区域内包含了事实上的缓冲带）
动工日期	1999年（不过于1998年进行了调查和建设）	1995年
开园日期	2001年（不过1998年即有市民参与）	1996年
基本构思探讨时期	1995年	1994年都市绿化节闭幕时
土地利用前身	陆上自卫队驻扎地	JR货运列车调度场
土壤基础	以用地内的统筹建设为基本理念 不过不足部分从园外引进	引进填土（京都市内、滋贺县）
地形	谷地	平坦
栽植	施工单位购买，表土移栽，播撒 市民进行的"橡树栽植" 木本植物约70种	建设单位购买 行道树移栽 木本植物在100种以上
水系	泉水、水泵形成的循环 自然水路，水池	抽取地下水 采用水泵进行循环 固定水路，水池
动物	非目的性的引进	有目的性的引进、非目的性的引进
园艺植物	有目的性的引进	有目的性的引进、非目的性的引进
管理运用	赤羽自然观察公园志愿者会（以周边的居民等为主的"稻穗俱乐部"、"享受割草会"、"橡树俱乐部"、"月例自然观察会"、"自然摄影俱乐部"、"建设儿童游乐场会"、"群落生境会"、"多功能广场使用者联络会"等社团的联合组织） 东京都北区建设部河流公园科	京都群落生境研究会生命森林监测小组（由大阪府立大学以及京都大学等教师与学生，以及地区有志于此的市民和专家进行的探索调查；"观察会"举办） 财团法人京都市都市绿化协会
再生自然目标	以往地域性的自律性恢复	纠森（约12.4公顷，主要木本植物约40种左右，是以落叶阔叶树为主体的林地，保护林约为1.5公顷）
管理	有（主要是清理废弃物）	有（灌溉等不定期）
入园	免费	收费

照片-3 东京都北区赤羽自然观察公园

通过土地原本的地形以及水系的复原诱导自然再生。在都市化的环境中，来自周围的各种木本植物的种子主要是通过鸟类散布的。

1）东京都北区赤羽自然观察公园

赤羽自然观察公园在其园内设置有自然保护区域，尝试在都市中进行自然再生（照片-3，照片-4）。该地同时也是陆上自卫队驻扎地旧址，于1995年设立了公园基本规划探讨会，翌年确定了基本构思，于1999年至2001年期间阶段性的对公众开放，目前仍有一部分尚在建设之中。在此期间还于1998年设立了运营会议筹备会，从1997年开始平行推进建设。从构思到对公众开放之间花费了3年时间进行筹备公园5.4公顷的占地主要由保护区域0.8公顷，观察区域1.0公顷，交流区域1.1公顷，缓冲区域等2.5公顷组成（图-2）。本公园位于武藏野台地的东北地区，以侵蚀台地的小型谷地为原型，是通过统筹工程使整个区域大变样的地区。在进行公园的设计之际，选取了与当地的特征崖线相连接的侵蚀谷的地形作为核心。在古环境调查中，确认了绳文晚期的湿地（池沼）地层，在公园的预定地存有6处泉水的涌出地点，同时确认其水质以及涌出量都具有非常高的价值。由于上述情况，公园的理念之一，包含了有效利用原本的地形与水环境，实现自然的自律性恢复的目标。也就是说，"原本的当地"成为了目标范例。在建设规划中，以谷地地形和水环境的改善以及自然潜力的活用为目标，创建了新的水系。拆除了将泉水引流至下水道排出的导水管，使得地表面出现了新的水路，将泉水聚积到新建成的洼地水池中，用水泵将流下来的泉水抽起，使之从新建成的山谷上游一侧自然流下。

通过收集公园内的雨水并直接放到谷地的其他地方，从而实施循环水的供给。在一系列的水系建设之中，促进了通过母材的移动和再次堆积等形成的地形和植被的恢复。不进行湿生植物和水生植物以及堆积砂土的清除，通过放置砍伐的树木以降低流速，促使形成复杂的水路。另外，在实际的建设工程中，在谷地底部发现了超出预计的残土处理层。

为了避免将这些残土作为填土使用，将谷底的挖掘控制在最低限度。因此，水的地下渗透较差的谷底部分创造出了计划外的湿地环境。另一方面，尽管最初的计划是通过园内的统筹工程来建设基础的，但是由于填土不足，不得已又从园外引进了土壤。在建设工程的过程中，将出现在水路上的湿生植物连同表土一起剥离，移栽到建设工程对象之外的湿地中去，或是在现有的草原性植物较多的斜面上实施"表土撒布"，以图保护现有的资源。在自然保护区域中，

照片-4 赤羽自然观察公园的自然环境保护区域
在告示牌上解释"自然再生"的目的，以求游客的理解。另外，为了通过自然的变迁获得树林化，将栽植控制在最低限度（栅栏之内是自然环境保护区域）。

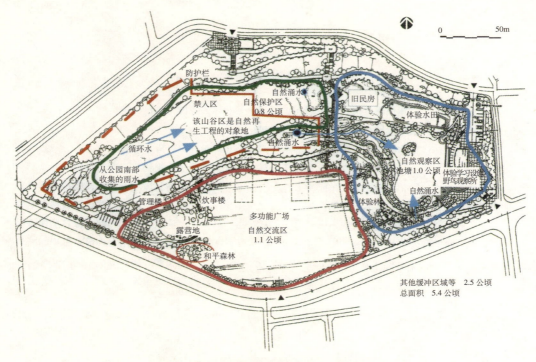

图-2　赤羽自然观察公园的分区规划概念图

照片-5　赤羽自然观察公园中都市自然再生的各种场景
在自然观察区域和交流区域进行了与自然保护区域不同的利用（参照图-2）。左侧是当地居民栽植的杂树林。右侧是在观察区域中水域上的"小路"散步的人们。"自然再生"正处于发展为构筑都市交流平台的过程之中。

将潜在自然植被及其先驱群落构成树种的幼树仅仅栽植在斜面地区的外围。公园整体栽植的木本植物约有 70 种。

自然观察区域内规划了杂树林，配置有森林覆被明亮、可以进行管理的体验林（照片-5）。这样作为居民们提供了通过管理作业等接触自然的机会，同时也是考虑到了将来即便自然恢复树林及其前期状态郁闭或者变暗之际，仍然可以在园内维持开放的树林环境。像这样考虑到了人类与生物的可持续性关系和多样性、明确认识到空间与时间的连续性进行设计的地方被评价为优秀的尝试。同样的，在自然保护区域内确保了泉水和一部分细流，在自然观察区域准备了

5. 都市自然

亲水空间和水田等，在空间上明确划分了自然复原和利用之间的交集。清澈流水的涌出水源位于孩子们向上游步行时"看得见"但是"摸不着"的地方（自然保护区域），将这些流水供给到自然观察区域的安排实在是令人叫绝。

2）京都市下京区梅小路公园"生命森林"

"生命森林"是 1994 年举办的都市绿化节的旧址，此前曾被用作 JR 货运列车的调度场（照片 -6，照片 -7）。公园于 1995 年进行设计，1996 年对公众开放，占地约 0.6 公顷。本公园位于距离京都站较近的平坦地带，由于地下埋藏文化遗产的关系，是通过从园外引进填土的方式进行基础施工的。引进的填土主要是该市内进行地铁线路建设时挖掘的土壤，以此为基础又从滋贺县的休耕耕地中引进壤土进行上层土壤的改良。当地被认为是"复原型群落生境"，不过是通过使用电泵抽取地下水，使之流下，并进而再将流下的水抽起来维持水循环的。水路中配置了卵石，栽植了长苞香蒲等的同时，还有意识的放养了鳉鱼。在没有泉水等存在的用地内创造出水系的背景，应该是以京都市内左京区鸭川河畔现存的纠森为目标样板的。

纠森是下鸭神社的神社林地，据说是由于以往贺茂川频繁泛滥而产生并得以维持的河畔林（照片 -8，照片 -9）。纠森是以朴树、榆树和糙叶树等榆科落叶树为主体的大致 12 公顷的森林，由约 40 种树龄未满 600 年的主要木本植物构成。关于当地维持这种落叶树林的背景，有河流频繁泛滥造成的干扰、导致土壤不够成熟、立地条件使得部分地区暴露在低温之中等各种解释。

可以推测，流经神社林地内的细流在抑制林内干燥等方面也具有生态学上的意义。纠森是过去遭受过人为干扰后的次生林，尤其是在 1470 年的应仁·文明之乱中遭受了毁灭性的破坏。而"生命森林"可以说是以该再生神社林地的再生为目标、修建了水路、栽植了包括大直径落

照片-6　目前"生命森林"所在地梅小路公园周边昭和 62（1987）年的状况

方框内是货车调度场，箭头为京都站。由于城市化进程，河畔林等残存林现在已经消失。

照片-7 在京都市梅小路公园内创建的"生命森林"
目标是通过货车调度场的自然再生创建出像纠森一样的都市林。通过林冠小路可以在树冠周边散步,左侧的照片中能够看到的京都塔让人想到是位于市中心。

照片-8 京都市残存的神社林地（下鸭神社的"纠森"）
被作为了"生命森林"的自然再生样板。左下方的京都御所作为完整的都市绿地保存至今。

叶树在内的 106 种木本植物（算上草本植物约有 170 多种）的人工林（照片-10）。在其中,也包含了樟树、青冈栎、须田米槠、小米槠和石栎等常绿阔叶树。生命森林的流水在动力学方面、间隙水的土壤渗透方面与自然水系有着很大的差异,在生态学上随着变迁的发生,常绿阔叶树会占据优势,长期看来,出现与以往的"纠森"旨趣不同的环境的可能性也较高。在立地环境不同的狭小场所,为了使得基于以往纠森经历过的过程的落叶阔叶林的外观能够持续下去,预计需要进行以顺应管理为前提的管理方式。该地还需担负野外试验地的功能,帮助人们掌握由于都市的自然再生事业而出现的环境变化的生态学过程。

5. 都市自然

照片-9　京都市的残存林、同时也是再生林的下鸭神社"纠森"
神社境内有多条水路，与周围相比维持了较为冷凉湿润的环境。

照片-10　"生命森林"的栽被
栽被包括各式各样树种、树高以及树龄不同的树木，呈现出了与常绿阔叶林类似的林地外观或是杂树林外貌的空间散布在狭小的占地内。因此在较短期间内可以看到多样动物的移入和栖息。椿象类、甲虫类和蝶类的栖息数量在都市内的公园中算是比较丰富的。

5-4　课题与展望

　　都市的自然再生事业，作为都市林进行规划的案例较多。从林地的维持以及都市林的景观和防灾的观点来看，林地边缘是非常重要的。同时，林地边缘也是规定被再生的生态系统及其构成生物的重要环境。但是，在绿地的林地边缘管理和创建方面，日本从上述观点来谈论目标和规划或者进行评价的案例却少之又少[25]，这是今后的重要课题。

　　在神社林地中，经常能够观察到枯损现象从缺少外围群落的林地边缘扩大的状况。在这样的部分，易于受到海风和强风的危害，并且从此处造成的林内干燥化和外来种的入侵也较为显著。在公园中，林地边缘植被的缺失会造成林内生物的暴露，从而助长人类的干扰以及踩踏和采集的压力。在"生命森林"中，林地边缘部分植被不发达的情况是妨碍形成理想的林内环境的主要问题[23]。尽管目前推荐通过对都市林地边缘的树木进行有目的性的修剪以达到未雨绸缪防范强风危害的目的[2]，但是仅留下了与林地边缘空间所具备的固有功能（例如生物的保护以及美观）的确保之间的协调的问题。如何从生态学上把握和分析林地边缘与间隙的差异，如何引导形成适宜的环境，还有待于今后的进一步研究。

通过埋土种子与森林表土移植的方法进行的绿化技术已经取得了一定程度的成功[26,27]，今后会成为标准的施工方式。但是，在现有的施工方式中，由于伴随着土壤的移植会造成有机物（包括微生物在内）的移植，因此无法区别评价种子的供给以及肥料成分和有机物供给的效果。由于搬出地点和移植地点的环境条件不同，会造成意料之外的种子的引入或初期的变迁方向朝着预料之外发展的情况。例如，由于土壤养分变得适宜，以往即使从周边获得了种子来源也无法充分发育的，对干扰依赖性较高的先驱性草本植物会生长得异常旺盛，而且也有可能会发生新的物种的入侵和扎根阻碍发育的情况。因此，可以说是不仅针对移植土壤所包含的种子状况，也要对来自周边的种子供给进行预测，须不懈怠地开发充分的危险预测的技术。另外，移植而来的土壤受到移入地周围环境的影响，会产生与搬出地点土壤不同的物理化学性质。为此，必须考虑到其迁移状况未必能够保证与搬出地点时刻保持一致。

"生命森林"通过在初期引进树高不同的各式各样的树种以及枯死树等，其引进的鸟类和昆虫类的种类以及个体数量在都市区域来说属于异常偏多的类型，取得了一定的成果。但是，另一方面，在从滋贺县引进的土壤以及栽植树木的根围土壤和水生植物之中，能够看到很多夹杂在其中引进的维管束植物、苔藓类、蕨类植物、菌类和小动物类等（照片-11,12）。这种状况在移栽大直径树木等急于实现理想环境的情况下较可能发生，必须要尽早准备好监测系统。可以说，本案例从另一方面证明了，在都市区域新建的自然再生事业地具有成为众多外来生物滋生的温床的危险性。再者，也会出现有目的性引进的生物在早期灭绝的现象。"生命森林"在对公众开放之后即实施了以生物状况调查为中心的事后监控机制，以期能够为都市地区自然再生事业中的基础土壤和栽植的选择，以及引进和配置方式提供重要的信息。今后，监测的成果会经过整理并逐步公布。为了使其成果能够应用到今后的事业中去，就必须要从其他地点收集类似的信息、积累事实，弄清楚能够普及的部分。

上文介绍的两座林地在对公众开放后都采取了人为引进动植物的措施，对此各方的意见不一。投放在赤羽自然观察公园内的海外引进鱼类已经与利用公园的人们产生了联系。而"生命森林"在放养关东地区养殖的萤火虫的同时，还补充栽植了园艺植物，并经历了对其施以喷水管理的过程。当出现已经扎根的引进物种对林地内或是周围环境和生物群落以及人类的感受产生的影响被视为问题的情况下，就必须承担起解决该问题的职责来。对于都市温室化和舒适性的考虑也必不可少。

土木工程领域以及造园领域的专家们也不能仅仅迎合市民和爱好者的要求，还必须在真正意义上为社会和市民提供具有较高价值的空间设计以及系统构造而提供信息。在此情况下，负责教育的知识分子和专家的立场就显得很重要。不过，即便是综合积累了来自各个专业领域的观点意见（绿化、造园、鸟类、昆虫、植物、人类社会），也鲜少会出现唯一的正确答案。目前需要的是能够协调这些看法、从实现环境和群落的可持续发展的方向上，承担起解释说明责任的高级职能。

5. 都市自然

照片-11 "生命森林"建成的水系

引进了各式各样的植物种类。栖息的大部分大型动物有具备了较高移动能力的蜻蜓类、鸟类,以及被认为是非目的性引进的牛蛙和克氏原螯虾等。而短期飞来的动物由于原本在其行动圈内就拥有栖息场所,因此一般不会被视为是自然"再生"的象征,而是由于自然的"移动"而造成的"分散"。都市水系以及河畔林的"再生"是重要的课题。封闭式的水系往往会造成有机物和土壤的积累。所谓"自然",包含了枯水以及闪电造成的洪水和冲刷等现象。在不容许动能和物质举动的情况下,必定会需要"管理"。在使用电力进行水循环的运动中,"自然"再生将变得不自然。

照片-12 在"生命森林"中引进设置的枯树

栖息有菌类以及食屑性和食菌性小动物,作为土壤形成和观察材料作出了贡献。但对与植被和土壤的迁移速度不同的这种突发的生态功能的迁移,会产生怎样的影响?未进行这方面的定量调查,费用及效果不明。在热岛效应等地球温暖化带来的环境变化条件下,小幼物及胞子、菌丝的引入的影响的调查和降价是当前的研究课题之一。

"生命森林"和赤羽自然观察公园对栽植树木的发育状况和新加入个体进行了时间记录。而此前关于现有树林的更新状况的研究,不仅仅关注籽生个体和引进个体的初期生长,还着手研究庇荫树木对于邻接树木生存产生的影响[28]。综合分析这些调查结果获得的成果,能够把适应目标的顺应管理体系具体化,并作为决策的判断材料,在预测长期维护管理成本和林相变化状况之际发挥作用,对明确解释说明责任作出了贡献。

长期以来,关于在农林业或者是保健卫生方面有可能产生危害的生物,相关机构和研究者们在管理对象地对其栖息状况和分布扩大状况实施调查的同时,也进行了与防治相关的试验研究。另一方面,在作为固有象征空间的机能受到人们期待的都市绿地中,实施上述监管和风险管理的重要性却并没有被人们所认识。近年来随着外来物种问题以及文化和景观价值的固有性和多样性等保护生物多样性的意义逐步被人们所认识,即便是在绿化和造园等领域,也开始出现了立足于将外来生物造成的问题防患于未然或是加以解决的观点的研究[29]和提案。都市景观保护中的外来生物问题,在对大多数人的直接影响这一点上尤为重要,由于其中包含了与生物科学以及生态学问题不同的问题,因此需要确立独立承担社会责任的制度和承担公正责任的态度和教育、对此进行支持的独立的信息整理和技术开发,以及与相关的专业领域有关的信息的掌握和相关领域直接的协调合作体制。以此为基础,提出了综合生物多样性管理(Integrated Bio-diversity Management)的概念,这个概念融合到都市景观规划中想必具有重大的意义。

为了达到该目的,大范围的区域划分计划就必不可少。以流域等大范围规模的规划为基础,为了使单个的自然再生事业发挥较高的机能,就必须制定更高层次的规划。此时不仅仅要对自然环境的连续性和异质性等进行评价,还必须要基于人类的空间分布和产业构造、人口变动的预测等多样的角度进行规划。由此,才有可能计算出自然再生地的管理成本和推测利用压力,规划的妥当性和意义才会得到评价。目前,作为开端的尝试正在进行[30-36]。并且更进一步来说,再生空间与人类之间的关系以及其时间推移也应该受到重视,顺着该思路的观点进行的研究的充实和体系化是众望所归。

(中尾史郎)

——引用文献——

1) Goldstein, E.L. (1991): The ecology and structure of urban greenspaces, In Habitat Structure: the physical arrangement of objects in space, S.S. Bell, E.D. McCoy and H.R. Mushinsky eds., p.392-411, Chapmann & Hall.
2) Agee, J.K. (1995): Management of Greenbelts and Forest Remnants in Urban Forest Landscapes, In Urban Forest Landscapes: Integrating Multidisciplinary Perspectives, G.A. BRADLEY ed., p.128-138, University of Washington Press.
3) Raedeke, D.A.M. and K.J. Raedeke (1995): Wildlife Habitat Design in Urban Forest Landscapes (in Urban Forest Landscapes: Integrating Multidisciplinary Perspectives), G.A. Bradley ed., p.128-138, University of Washington Press.
4) 村上健太郎・森本幸裕 (2000):京都市内孤立林における木本植物の種多様性とその保全に関する景観生態学的研究,日本緑化工学会誌 25(4), 345.
5) 坂本圭児・石原晋二・千葉喬三 (1989):岡山における社寺林の研究(1):市街地およびその近郊における全体構造,日本緑化工学会 15(2), 28.
6) 服部 保・石田弘明 (2000):宮崎県中部における照葉樹林の樹林面積と種多様性,種組成の関係,日本生態学会誌 50(3), 221.
7) 矢部和夫・吉田恵介・金子正美 (1998):札幌市における都市化が緑地の植物相に与えた影響,ランドスケープ研究 61(5), 571.
8) 故選千代子・森本幸裕 (2002):京都市街地における鳥被食散布植物の実生更新,ランドスケープ研究 65(5), 599.
9) 吉永知恵美・亀山 章 (2001):都市におけるトウネズミモチ(*Ligustrum lucidum* Ait.)の分布拡大の実態,日本緑化工学会誌 27(1), 44.
10) Manabe, T., H. Kashima and K. Ito (2003): Stand structure of a fragmented evergreen broad-leaved forest at a shrine and changes of landscape structures surrounding a suburban forest, in northern Kyushu, J. Jpn. Soc. Reveget. Tech. 28(3), 438.
11) 坂本圭児・青木淳一 (1999):都市林の保全と管理,環境保全・創出のための生態工学,岡田光正・大沢雅彦・鈴木基之編著,p.32-42,丸善株式会社.

5. 都市自然

12) 坂本圭児・小林達明・池内善一 (1985)：京都・下鴨神社の社寺林における林分構造について，造園雑誌 48(5), 175.
13) 坂本圭児・吉田博宣 (1988)：都市域におけるニレ科樹林 (木) の残存とその形態，造園雑誌 49(5), 131.
14) 坂本圭児 (1988)：都市域におけるニレ科樹林及び孤立林群の残存形態に関する研究，緑化研究 別冊2号, 1-129.
15) 田端敬三・橋本啓史・森本幸裕・前中久行 (2003)：糺の森におけるクスノキおよびニレ科3樹種の成長と動態，ランドスケープ研究 67(5), 499.
16) 後藤義明・玉井幸治・深山貴文・小南裕志 (2004)：京都府南部における広葉樹二次林の構造と5年間の林分動態，日本生態学会誌 54(2), 71.
17) 濱野周泰・近藤三雄 (2001)：平成13年度日本造園学会全国大会分科会報告，造園における「森づくり」の理念と技術 ―"明治神宮の森づくり"の先見性と科学性を学び，現在に活かす ―，ランドスケープ研究 65(2), 143.
18) 菅沼孝之 (2001)：鎮守の森は甦る～社叢学事始～，上田正昭・上田篤編, p.133-154, 思文閣出版.
19) 丸山立一・丸山まさみ・紺野康夫 (2004)：北海道の針葉樹林におけるトドマツ・エゾマツ実生の定着に対する林床植生とリターの阻害効果，日本生態学会誌 54(2), 105.
20) 亀井裕幸・岡沢元雄 (1999)：赤羽自然観察公園整備事業 (上)：公園の整備・運営方針の検討，都市公園 (146), 29.
21) 亀井裕幸・岡沢元雄 (2000)：赤羽自然観察公園整備事業 (下)：公園の整備計画とその修正経緯，都市公園 (148), 14.
22) 亀井裕幸 (2001)：赤羽自然観察公園におけるボランティアのかかわりかたと自然の回復への影響，造園技術報告集, (1), 132.
23) 京都ビオトープ研究会いのちの森モニタリンググループ (1996～2003)：いのちの森 (1)-(8).
24) 駒井 修・立花正充・杉本 亨・宇戸睦雄 (2000)：梅小路公園「いのちの森」，造園作品選集 (5), 54.
25) 門田有佳子・井上密義 (2001)：社叢縁部マント群落の復元・創出について ― 初期段階の植生差 ―，日本緑化工学会誌 27(1), 279.
26) 山辺正司・小倉 功・山本正之・河野 勝 (2003)：表土移植工法を用いた森林復元の試み，造園技術報告集 (2), 132.
27) 高 政鉉・上田 徹・笹木義雄・森本幸裕 (2004)：造成地における森林表土を用いた自然回復緑化に関する実験研究 (2002)：日本緑化工学会誌 30(1), 15.
28) 田端敬三・橋本啓史・森本幸裕・前中久行 (2004)：下鴨神社糺の森において樹木の枯死に隣接個体が与える影響，日本緑化工学会誌 30(1), 27.
29) 本田裕紀郎・伊藤浩二・加藤和弘 (2004)：種子の永続性に着目した我が国への植物の帰化可能性 (2002)：日本緑化工学会誌 30(1), 9.
30) Settele, J., C. Margules, P. Poschlod and K. Henle (1996): Species Survival in Fragmented Landscapes, 381pp., Kluwer Academiuc Publishers.
31) 竹末就一・杉本正美・包清博之 (1998)：都市における樹林地の保全・活用に向けた価値評価に関する研究，ランドスケープ研究 61(5), 711.
32) 山田浩行・増山哲男・雨嶋克憲・東 克洋・横山隆章・岩間貴之 (2001)：「まちだエコプラン」策定における自然環境の小流域評価，造園技術報告集 (1), 120.
33) 中瀬 勲・服部 保・田原直樹・八木 剛・一ノ瀬友博 (2003)：兵庫県におけるビオトープ地図・プラン作成について，造園技術報告集 (2), 42.
34) 井本郁子・大江栄三・川上智稔・半田真理子・韓 圭希・鳥越明彦 (2003)：安曇野地域を事例とした広域レベルにおける動物の生息環境図化，造園技術報告集 (2), 46.
35) 井上康平・田中利彦・川上智稔・半田真理子・鳥越明彦・韓 圭希 (2003)：日野市を事例とした都市域レベルにおける動物の生息環境図化，造園技術報告集 (2), 50.
36) 大澤啓志・山下英也・森さつき・石川幹子 (2004)：鎌倉市を事例とした市域スケールでのビオトープ地図の作成，ランドスケープ研究 67(5), 581.
37) 木下 剛・宮城俊作 (1998)：港北ニュータウンのオープンスペースシステム形成過程における公園緑地の位置づけ，ランドスケープ研究 61(5), 721.
38) 田中伸彦 (2000)：流域レベルの森林観光・レクリエーションポテンシャルの算定，ランドスケープ研究 63(5), 60.
39) 宮城俊作 (2001)：ランドスケープデザインの視座, 206pp., 学芸出版社.
40) 岩村高治・横張 真 (2002)：公園計画策定時における住民参加がその後の公園管理運営活動に与える影響，ランドスケープ研究 65(5), 735.
41) 今野智介・村上暁信・渡辺達三 (2003)：市街地における水辺とのふれあい行動について，ランドスケープ研究 66(5), 739.

专栏

都市的草庭与自然再生

向岛百花园位于东京都墨田区，于文化2年（1805）由佐原菊坞开创，是被国家指定为历史名胜古迹的东京都立公园。前岛康彦将该庭园称之为"草庭"。草庭与以石头为主体的庭园不同，主要是指成簇的栽植日本原产的草本类植物、并以此为景观的主体的庭园。在此，会聚了春秋七草和诗经以及万叶集等中日古典中咏诵的著名植物，一年四季繁花盛开，常常会举办赏月会或是聆听虫鸣的聚会，被多数人所熟知。由于第二次世界大战的战火，庭园基本上遭到了毁坏，但是向岛百花园在熟知者的努力下得到了复原，开设至今已经历了约200年。

近年来建设的草庭的例子有位于神奈川县川崎市的都市再生改建社区的都市生态园川崎。在该社区的庭园中，引进了川崎市周边的以原有的草本类植物为主体的草地植被，以50年前川崎市常见的农家庭园为主题修建了草庭。充分考虑到了都市中的自然环境保护和人类近距离亲近自然的两个方面。同时还进行了植物的监测调查，定期对草地植被进行诊断。

构成草庭的草本类植物一般常见于田地和田埂、农家的庭园以及河流的堤坝等处，但是随着城市化的进展，这些绿地都急速消失了。由于有多样的草本类植物构成的草地植被是由人类的管理来维持的，因此疏于管理的话常常就会荒废。另外，在都市地区，北美一支黄和大野塘蒿等大型侵略性外来种使得本地种遭到驱逐，生态系统产生"扭曲"，导致生物多样性的低下。因此，残留在都市地区的由多样植物构成的草地植被变得很宝贵，要通过适当的维护管理，使之得到保护和再生。

拥有约200年历史的向岛百花园草庭的保存，单单从自然环境保护的观点来说，还有无法解释的地方。这是因为，通过适宜的维护管理，可以亲近有由来的花草、聆听虫鸣和赏月，想必其中还包含了通过熟识文化而培养起来的价值。

要使草地植被的保护和再生得以继续，关键是要有这种人与自然之间的"文化"的成熟。

（八色宏昌）

照片-1 宣告向岛百花园的春天已经到来的款冬

照片-2 都市生态园川崎的草庭

照片-3 生长在草庭的毛蓼（川崎都市生态园）

6. 湖 沼

6-1 湖沼生态系统及其特异性

1）湖沼的概念

湖的定义是"周围被陆地所包围的洼地中静止储存的水体,与海洋没有直接的交流关系"[1],同时,池和沼被定义为深度较浅、沉水植物可以分布在整个区域的水体,而更浅并且被挺水植物覆盖的水体被称为湿地[2]。另外,在完整的湖沼中,从岸边到水面随着水深逐渐增加,可以看到湿生植物、挺水植物、浮叶植物、沉水植物和轮藻等各个植物带依次分布。尤其是在水中部分,透过光是种类改变的主要因素。像这样可以看到扎根植物的部分称为沿岸带,而水面的部分则称为水面带。在水面带,浮游植物是初级生产者。作为主要因素的透过光不是仅仅由水深决定的,在很大程度上还受到湖水透明度的左右。因此,浮游物（浮游生物以及非生物的浮游物质）较少的贫营养湖沼中,水生植物的分布反倒比富营养的湖沼要深。

2）湖沼生态系统的现状

霞浦湖、诹访湖和琵琶湖等日本的主要湖沼在1960年代后半叶到1970年代发生了富营养化,湖沼生态系统出现了巨大变化[3]。这一情况的原因是在湖沼集水区域伴随人类活动的变化导致排放的磷和氮等营养盐增加,而且在沿岸地带进行的填埋和护岸工程等也促使了水生植物带的减少[4-7]。

在最初进行筑堤之际,以诹访湖为代表,号称要控制内部生产,甚至在沿岸部分进行挖掘,积极的排除沉水植物[8]。

筑堤被认为对于湖岸植被造成了较大的影响的几个因素之一。由于进行工程而导致生物群落被掩埋消失是理所当然的,但是在湖岸边建成的混凝土制垂直护岸造成的反射波会进行冲刷,使得作为植物繁育地的浅滩减少[9]。而且由于陆地治水改善不断进展,湿地的开发不断进行,使得水生植物群落经历了二次消失。即便没有被开发,没有了以往不定期的涨水造成的干扰和植物群落迁移导致了原野上的植物消失[10]。从生物的角度来看,湖水的泛滥是临时性的湖面扩大,不仅仅在春季涨水时鲫鱼和鲤鱼在芦苇带中产卵之际发挥了作用,而且对沉水植物和浮叶植物来说也承担着将种子和植芽等散布体送达到陆地一侧的重要作用。并且,水生植物带分布领域会由于泛滥而扩大,水田和水路会成为临时的庇护所。但是,区分水陆的湖岸堤坝建设会把水生植物困在湖内,造成其减少的结果。伴随着筑堤,在湖水方面的影响是,以水利和治水为目的的人为的水位调控成为可能,湖面水位变动的模式与自然条件下的变动模式产生差异。这被认为是造成霞浦湖中荇菜群落减少的原因[11]。另一方面,在琵琶湖,设置在唯一的流出河流濑田川上的洗堰的操作规则于1992年4月1日开始实施,从6月16日到10月15日期间水位保持得较低。由于上述原因,以往原本可以看到4、5月融雪水造成的涨水和梅雨造成的涨水共计两次峰值,在1992年以后梅雨期的峰值基本消失,夏季的低水位倾向变得显著。尤其是在干梅雨期的年份,出现刷新纪录的低水位也不少见。这种夏季低水位的倾向导致了沉水植物繁茂的结果[12]。

除了挺水植物带以上的陆上部分,沿岸带的湖沼生态系统是由水生植物、浮游植物、浮游动物、鱼类、底栖生物(贝类和水生昆虫等)等很多生物群落构成的。陆上生态系统和湖沼生态系统之间较大的不同在于,上述各种构成要素比较容易繁殖和繁茂,或者相反的容易消失,对水中环境和其他生物要素产生影响,偶尔会使得生态系统产生巨大的变化。作为单一种占据优势的例子,如:在沙地上栖息着数量众多像是铺了满地砂砾似的日本蚬(*Corbicula japonica*),覆盖了堆积着底泥的湖底的沉水植物伊乐藻(*Elodea nuttallii*)的纯群落,覆盖在正在进行富营养化的湖沼湖面的浮叶植物凤眼莲(*Eichhornia crassipes*),以及覆盖在过营养化的湖沼湖面、像是涂了一层绿漆似的浮游植物蓝藻的水华等等(照片-1)。

上述这种湖沼生态系统的特征大量出现的现象,在琵琶湖的南湖(琵琶湖以琵琶湖大桥为界可以方便的划分为桥北的主湖盆(平均水深44m)即北湖和桥南的副湖盆(平均水深3.5m)即南湖)中,于1994年的大旱之后显著发生。下文以此为例来说明复杂的湖沼生态系统构造和恢复目标。

照片-1　湖沼中单一种的优势占据状况
① 如同铺满了砂砾似的繁殖的日本蚬(小川原湖水深3m;1996/7/26)
② 覆盖湖底的伊乐藻的纯群落(琵琶湖北湖水深5m;1990/5/22)
③ 覆盖了整个湖面的凤眼莲(中国云南省滇池;1990/9/11)
④ 如同涂了一层绿漆似的蓝藻水华(谏访湖;1992/10/26)

3) 生态系统恢复的事例

(1) 琵琶湖南湖中沉水植物群落的恢复

关于琵琶湖沉水植物群落的面积,此前滋贺县水产试验场等多家机构都进行了报告(表-1)。但是,由于在这些调查中采用的手法各不相同,有通过声纳进行的样线法(④⑥⑦⑧)、航拍

6. 湖 沼

表-1 琵琶湖沉水植物群落分布面积的历年变化

调查年份	沉水植物群落面积（公顷）			文献与调查方法	
	北湖	南湖	合计		
1953	3,570	2344	5,914	滋贺县水产试验场（1954）[13]	①
1969	2,229	710	2,939	滋贺县水产试验场（1972）[14]	②
1974~1975	—	327	—	谷水、三浦（1976）[15]	③
1994	3,383	623	4,006	滨端（1996）[16]	④
1995	2,111	947	3,059	滋贺县水产试验场（1998）[17]	⑤
1997~1998	4,647	2,381	7,029	水资源开发公团（2001）[18]	⑥
2000	4,144	2,927	7,071	滨端与小林（2002）[19]	⑦
2001	—	3,200	—	大冢等（2004）[20]	⑧

上述数值都没有进行覆盖度评价

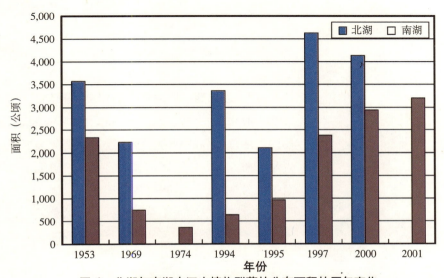

图-1 北湖与南湖中沉水植物群落的分布面积的历年变化

照片判读法（③④⑥⑦）、潜水收割等直接观察法（①②⑤⑥⑧），因此无法进行详细的比较，不过可以解读最近50年之间植被面积的变化倾向（图-1）。尤其是南湖的变化较为显著，从战后到1970年代之间减少，而1994年之后又开始急速增加。尽管从1974年到1994年的20年时间里没有报告，但是笔者从1985年起在琵琶湖对沉水植物进行了调查，通过使用水下呼吸器的潜水调查和声纳掌握了分布区域。从1980年代后半开始到1993年之间南湖的透明度令人忧心，常常出现哪怕是近在咫尺也看不到眼前的水草的情况，沉水植物分布的最大水深除去靠近北湖的南湖北部之外，就算是繁育了也不过仅止于3m而已，而且还仅限于非常靠近湖岸的部分。原本处于这种状况中的南湖沉水植物群落于1994年以后开始急速扩大[16]，到了2000年已经超过了南湖面积的50%[19]，并且增加的趋势一直到2004年还在继续。

尽管目前还不能说1994年之后恢复的原因已经十分明确了，不过主要几点有：1994年夏季的小雨和河流流入负荷的减少使得湖水的透明度上升，造成了1m以上的水位低下（创下了历史上最低的-123m的记录），另外还有晴天阳光照射量的增加等使得水中的光条件大幅度改

143

善等。这些因素对处于繁育期的沉水植物产生了有利影响，在靠近湖岸的比较浅的水域则促进了在湖底休眠的种子等发芽，在增加了群落现有量的同时，从当年夏季到秋季期间，还大量产生了种子和植芽等繁殖体。在此后的年度，通过如上产生并散布到湖底的种子等的发芽，以及夏季的低水位趋势和后文将要论述的伴随着沉水植物群落的繁茂而产生的环境改善，沉水植物群落会继续扩大其分布区域。

（2）群落的恢复与水质

伴随着沉水植物群落的繁茂，南湖的水质改善逐步显现。1993年以前在南湖中，从船上几乎是看不到水草的，但是2000年夏季就连南湖的南部水质也变得澄清，能够看得到在水草带中游弋的鱼类（照片-2），同时，在每月进行一次的水质定期观测结果中[21]，也出现了改善的趋势。南湖的北部由于有水质相对较为良好的北湖湖水流入，在枯水之前透明度就较高，而且作为浮游植物指标的叶绿素a和总磷、总氮等浓度原本就较低，不过枯水以后南湖的南部在透明度和总磷方面出现了显著的改善趋势，而且随着叶绿素a在整体上的下降，总氮在2000年左右开始出现了下降的趋势（图-2）。

（3）浅水湖沼的两个稳定系统和管理目标

一般来说，湖沼会相当稳定地保持浑浊状态或者是相反的透明度较高的状态，要使之产生变化需要时间，不过近年来研究得知，在深度较浅、可以繁殖沉水植物而且总磷等营养盐达到一定程度的浓度水平（例如，在挪威该水平是指总磷的平均浓度在20μg/L[22]）的湖沼中，只要具备一定的条件，就能从浑浊的状态恢复到透明的状态，或者说相反的过程会急剧发生[23,24]。

Scheffer等人[24]以（Ⅰ）伴随着营养盐浓度的增加浑浊度也增加，（Ⅱ）沉水植物会降低浑浊度，（Ⅲ）浑浊度超过一定临界值的话水草就无法繁育等三个假说为基础设置模型，以期解释上述急剧的湖沼生态系统的变化。假定这一模型的话，也就能够容易地解释伴随着南湖水草的繁茂出现的短时期内的水质改善。换句话，尽管此前努力削减流入负荷导致出现了营养盐浓度降低到水草繁殖水平以下的结果（A），但是由于1994年的水位低下使得水中的光条件得以改善、水草繁茂，引起了从上回归线到下回归线之间的转换（B），也就是说，最终营养盐的水平相同但是浑浊度却大幅下降了（图-3）。

沉水植物群落的繁茂可以降低浑浊度的机制一般来说有如下看法，即沉水植物的存在可以抑制波浪、减少底泥的卷扬，以及沉水植物围绕营养盐与浮游植物展开竞争、并释放出抑制蓝藻等的有机化合物等等[22,25,26]。近年来受到注目的是，沉水植物达到一定密度以上（沉水植物

照片-2　琵琶湖南湖滨大津港水面的黑藻和狐尾藻群落（2000/10/13）

6. 湖　沼

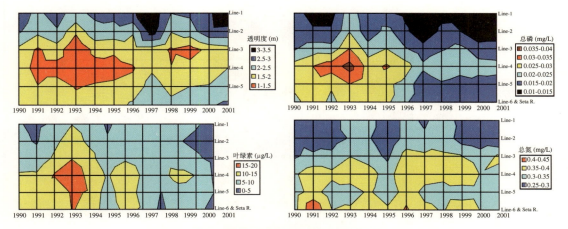

图-2　琵琶湖南湖10年间的水质变化

左上起向下分别为透明度、叶绿素a浓度，右上起向下分别为总磷、总氮各年份的浓度，各图的横轴表示年份、纵轴表示南北方向（向下为南）。

在南湖以及濑田川各个水质检测点测量，求出水草繁茂的7月至10月之间四个月的平均值，并进而根据东西方向上的多个点（大部分为3点）计算平均值，显示了南湖南北方向（纵轴）上水质的历年（横轴）变化。

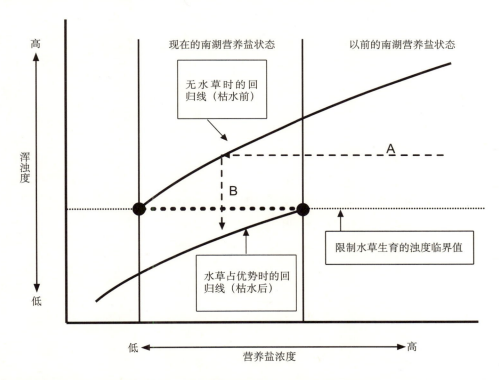

图-3　在营养盐浓度与浑浊度之间的关系中沉水植物群落发挥的作用（Scheffer等人，2001[24]，一部分有变动）

所占据水体的体积比率：PVI（percentage volume infestation）＞15%~20%[27]的话，鱼类的感受性会降低、浮游动物的捕食压降低，从而浮游动物增加、浮游动物的采食压增加并导致浮游植物减少，即所谓生物之间相互作用。上述沉水植物群落一旦形成，就会抑制降低浮游植物密度，

145

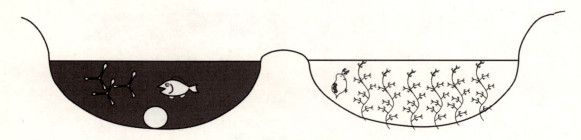

图-4 浅水型湖沼的两种稳定状态
鱼类占优势的浑浊状态与沉水植物占优势的高透明状态。当鱼或水草被除去时两种状态可能朝相反的状态发生转化。

使得透明度更进一步的增加，而这样一来又会使沉水植物群落增加，从而导致湖水的透明度更加稳定。

相反的，由于浮游植物占据优势而导致的浑浊状态则是由于鱼类的增加、浮游动物的减少、浮游植物的增加、透过光的减少以及沉水植物的最大分布水深的上升（变浅）导致水草带的消失等因素形成的。并且没有植物覆盖的湖底容易发生沉降物的卷扬、增加浑浊度[22]，其透明度较低后浑浊状态会进一步加速，而其浮游植物占据优势的状态也会变得稳定。

在透明状态下发挥最重要作用的是沉水植物，而在浑浊状态下发挥最重要作用的则是抑制浮游动物的鱼类[24]（图-4）。因此，作为使湖沼向透明或是浑浊这两种状态之一转换的人为因素，在从前者向后者转换时，可以进行水草的清除[26]。常常能听到为了清除水草而投放的除草剂和引进的草鱼导致了叶绿素 a 浓度增加的例子[28]。而作为后者向前者转换的因素，Scheffer 等人[24]提出了以湖沼整体为对象临时性强制减少鱼类生物量的"休克疗法"（shock therapy），只要营养盐水平不过高，就可以持续地保持透明状态。

在琵琶湖南湖出现的沉水植物的繁茂与水质改善问题中湖沼生态系统的主要构成要素之间的关系可以整理如图-5所示。尽管在数量和速度方面的信息还不够充分，但是可以确定湖沼生态系统是由这种复杂的相互作用构成的，而湖沼生态系统的管理目标应该是避免单一构成要素的大量繁殖、设法确保上述相互作用系统的稳定。

6-2　湖沼生态系统的再生手法

1）利用掩埋种子的群落再生

对湖沼生态系统的自然再生来说最为必要的是湖沼的环境改善，此外，除了作为基本条件必须具备的水质改善，还要恢复复杂的湖岸形状、恢复更加自然的水位变动、进而确保湖沼与其他水体生态系统之间的连续性等。而从南湖的例子也可以清楚地知道，为了恢复稳定的湖沼生态系统，沉水植物群落的再生最为重要。

作为植物群落再生采用的具体方法，不光在陆上植物群落方面，在湖岸植被方面也担心地域固有的遗传特性会遭到干扰，因此目前开始探讨利用当地的掩埋种子来取代此前栽植的芦苇

6. 湖沼

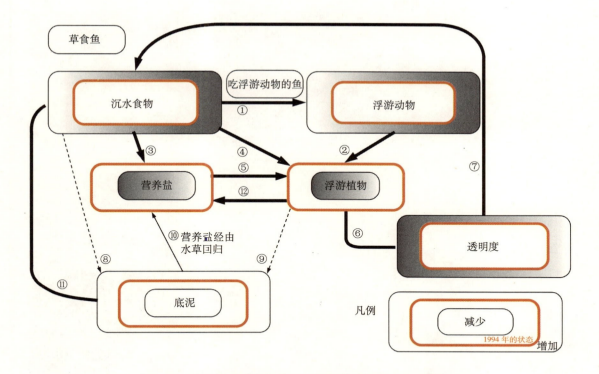

图-5 围绕沉水植物的湖沼生态系统的主要构成因素关系

使用方框的大小和颜色深浅表示了南湖1994年之后各个因素的变化。目前尚不确定的部分则用虚线表示。①沉水植物的增加通过构筑群落构造抑制了以浮游动物为食的鱼类的捕食压,使得浮游动物的数量增加。②浮游动物的增加使得浮游植物减少。③沉水植物的增加通过从水中吸收氮元素等营养盐,从而降低湖水中的营养盐浓度。④沉水植物通过使群落构造发达(使树冠发达),限制光线照射到树冠以下,从而抑制了浮游植物的增殖。⑤营养盐的较低水平抑制了浮游植物的增殖。⑥浮游植物的减少使得透明度增加。⑦透明度的增加使得沉水植物增加。⑧沉水植物的增加通过枯枝落叶的供给增加底泥。⑨浮游植物的增加使得底泥增加。⑩底泥的增加以沉水植物等为媒介,增加营养盐向湖水的回归量。⑪底泥的增加使得沉水植物增加。

苗等。

在霞浦湖的湖岸上,由于湖面设置了消波栅等(照片-3,左、中),投入了湖底的疏浚土,进行了复原沉水植物群落等的尝试,观察到了霞浦近年来没有确认到繁育的沉水植物大竹菹草(*Potamogeton anguillanus*)(照片-3右)和竹叶眼子菜(*Potamogeton malaianus*)等的发芽[29]。

另外,在琵琶湖基于对曾经存在于东北部的早崎内湖(89.1公顷)的修复方法进行探讨的目的,于2001年11月起在内湖旧址的17公顷水田中进行了灌水实验,并于2002年确认了布氏轮藻(*Chara braunii*)和扯根菜(*Penthorum chinense*)等珍稀品种的繁育[30](照片-4)。

在早崎内湖出现的珍稀品种被认为是从表土层种子库中发芽的,但是1990年代在位于千叶县的手贺沼附近伴随着挖掘工程的进行而相继出现的羊蹄叶(*Potamogeton dentatus*)和无色丽藻(*Nitella hyaline*)[31,32]等应该是从深土层种子库中发芽的。

照片-3　霞浦的湖岸植被带再生事业

在设置石砌突出堤防防止砂土流失的同时（左），设置椽栅、播撒湖底疏浚土（中）后，大竹萱草等开始发芽（右）（均为2002/8/25拍摄）。

① ② ③

照片-4　琵琶湖中珍贵品种的繁育确认实验
① 琵琶湖北部早崎内崎旧址水田的灌水实验地（2003/8/2）
② 灌水实验开始第二年繁育得到确认的布氏轮藻（2002/10/18）
③ 灌水实验开始第二年繁育得到确认的扯根菜（2002/10/18）

　　表土层种子库之所以能够利用，是由于目前或者是近年来场地的自然性较高。在判断其利用是否适宜时，当复原对象地是琵琶湖的内湖等的情况下，内湖状态维持到了何时、水田是否是以湿田的状态得到维持的、圃场建设是何时进行的、旱地化是何时开始的、通过水路等与本湖进行了多大程度的有机联系等等场地的评价就必不可少了。在深土层种子库的利用方面也必须进行同样的立地评价，但是所利用的堆积土层的土龄具有更大的重要性。由于与保存状态有关，所以不能笼统地说多少年前的种子还可以利用，从手贺沼的掩埋种子的发芽实验来看，百原[32]认为，50年以前被掩埋的种子仍然可以利用到植被的再生中。折目等[33]从位于琵琶湖东部的近江八幡市的津田内湖旧址的旱地表层30cm以下的深度采集的土壤中观察到了布氏轮藻（*Chara braunii*）和沉水植物金鱼藻（*Ceratophyllum demersum*）的发芽，该内湖被排干湖水作为旱地利用已经经过了30年，看来如果是数十年前左右被掩埋的种子，还可以进行实际的利用（照片-5）。另外，在应该利用哪种土层的问题上，百原[32]和折目等[33]认为具有还原性而且包含有大量有机物的粉土质土壤最佳。

2）连续性的确保与湖沼群的保护

在早崎内湖的灌水实验中，于灌水开始后的第二年春天确认了沉水植物大竹萱草和穿叶眼子菜，以及外来种伊乐藻（Elodea nuttallii）的繁育。其后由于伊乐藻的大繁盛（照片-5）造成了两个原有品种的消失，但是这些沉水植物出现的原因被认为是由水鸟携带而来的，并非是掩埋种子（至少伊乐藻在日本仅有雄株，无法产生种子）造成的。从照片-4中也可以看出，早崎内湖的实验地与琵琶湖岸和湖岸堤坝相邻接，而且琵琶湖岸既是沉水植物的丰富分布地，同时也是日本屈指可数的水鸟飞来地之一，从2001年起到2002年冬季在灌水之后的实验地上飞来了天鹅等很多水鸟。从上述几点，人们认为水草是通过被水鸟携带而来并繁殖的。尽管

①　　　　　　　　　　　②　　　　　　　　　　　③

照片-5　在琵琶湖东岸近江八幡市的津田内湖旧址进行的播撒实验

① 采集土壤（2002/3/8）。
② 内湖旧址的土壤横截面（2002/3/8）。没有利用上部30cm的耕作土壤。在其正下方③30~65cm处包含有较多有机质的粉土质土壤层中出现的发芽最多。
③ 从含有较多有机质的粉土土壤中出现的发芽状况（2002/6/28）。左侧发芽较少的水槽中铺的是粉土层下方的65~110cm深处的黏土层土壤。

照片-6　伊乐藻的繁茂
在早崎内湖的实验地中，伊乐藻于第二年占据了优势，原有的水草消失，而透明度增加。（2003/6/29）

自古以来人们就知道水草的移动以及鸟类在其中发挥的作用[34-36]，但是对此进行定量把握非常困难。不过，神谷等[37]在确认水鸟的粪便中含有篦齿眼子菜（*Potamogeton pectinatus*）和大茨藻（*Najas marina*）的种子的同时，也在粪肥的播撒实验中确认了这些种子的发芽，由此水鸟作为水草的移动媒介的作用不容小觑。

1994年枯水期之后，南湖出现了大量繁茂的沉水植物，在其恢复的最初阶段，从北湖流入的水草繁殖体肯定也发挥了重要的作用。因此，使用掩埋种子等单独在各个湖沼进行植被的复原固然重要，但是确保与其他水体之间的连续性也是必不可少的。在这种情况下，就不光要单单考虑水系网络，还要进一步考虑到水鸟的迁移在湖沼群之间的协同，并进而提高由迁徙路径即候鸟飞行路线产生的湖沼群之间的有机联系，超越国境的湖沼生态系统的保护这一宏观的视点是非常重要的[19]。这样一来，如果提高有机协作、从而能够相互提供种子的话，就能对消失的品种进行补充，湖沼生态系统就一定会维持得更加稳定（图-6）。

图-6　考虑到了生物迁徙的湖沼和湿地保护模式图
以水系和水鸟造成的迁徙为前提，在力图保护以大湖沼为中心的湖沼群的同时，最好能对湖沼群和其他湖沼群之间的水鸟迁徙路径加以健全的保护。

6. 湖　沼

——引用文献——

1) Forel, F.A. (1901) : Handbuch der Seenkunde: allgemeine Limnologie, 249pp. Bibliothek geographishe Handbücher, Stuttgart. （直接の引用はできなかった．）
2) 上野益三（1935）：陸水生物学概論，276pp.，養賢堂．
3) 門司正三・高井康雄（1984）：陸水と人間活動，310pp.，東京大学出版会．
4) 倉沢秀夫・沖野外輝夫・林　秀剛（1979）：諏訪湖大型水生植物の分布と現存量の経年変化，「環境科学」研究報告集　B20-R12-2　諏訪湖水域生態系研究経過報告第3号，7-26.
5) 桜井善雄（1981）：霞ヶ浦の水生植物のフロラ，植被面積および現存量 ― 特に近年における湖の富栄養化に伴う変化について ―，国立公害研究所研究報告第22号　陸水域の富栄養化に関する総合研究(Ⅵ)霞ヶ浦の生態系の構造と生物現存量，p.229-279，環境庁国立公害研究所．
6) Nohara, S. (1993) : Annual changes of stands of *Trapa natans* L. in Takahamairi Bay of Lake Kasumigaura, Japan, *Jpn J. Limnol.* **54**(1), 59-68.
7) 後藤直和・大滝末男（1994）：霞ヶ浦の水生植物の現状と過去，水草研究会会報 **54**，13-18.
8) 沖野外輝夫（1984）：諏訪湖 ― 湖の回復と下水道，「陸水と人間活動」，門司正三・高井康雄編，p.103-166，東京大学出版会．
9) 西廣　淳・川口浩範・飯島　博・藤原宣夫・鷲谷いづみ（2001）：霞ヶ浦におけるアサザ個体群の衰退と種子による繁殖の現状，応用生態工学 **4**(1)，39-48.
10) 藤井伸二（1994）：琵琶湖岸の植物 ― 海岸植物と原野の植物，植物分類，地理 **45**(1)，45-66.
11) 鷲谷いづみ（1994）：絶滅危惧種の繁殖／種子生態，科学 **64**(10)，617-624.
12) 浜端悦治（2003）：琵琶湖における夏の渇水と湖岸植生面積の変化 ― 2000年の渇水調査から ―，琵琶湖研究所所報 **20**，134-145.
13) 滋賀県農林部水産課（1954）：水位低下対策（水産生物）調査報告書，61pp.，滋賀県．
14) 滋賀県水産試験場（1972）：琵琶湖沿岸帯調査報告書，121pp.，滋賀県水産試験場．
15) 谷水久利雄・三浦康蔵（1976）：びわ湖における沈水植物群集に関する研究　Ⅰ．南湖における侵入種オオカナダモの分布と生産能，生理生態 **17**，1-8.
16) 浜端悦治（1996）：水位低下時に計測された湖岸植生面積，琵琶湖研究所所報 **13**，32-35.
17) 滋賀県水産試験場（1998）：平成7年度　琵琶湖沿岸帯調査報告書，178pp.，滋賀県水産試験場．
18) 水資源開発公団琵琶湖開発総合管理所（2001）：琵琶湖沈水植物図説，92pp.，国土環境株式会社．
19) Hamabata, E. and Kobayashi, Y. (2002) : Present status of submerged macrophyte growth in Lake Biwa: Recent recovery following a summer decline in the water level, Lakes & Reservoirs: Research and management **7**, 331-338.
20) 大塚康介・桑原靖典・芳賀裕樹（2004）：琵琶湖南湖における沈水植物群落の分布および現存量 ― 魚群探知機を用いた推定 ―，陸水学会誌 **65**(1)，13-20.
21) 滋賀県．1990-2001．滋賀県環境白書 ― 資料編．
22) Faafeng, B.A. and Mjelde, M. (1998) : Clear and turbid water in shallow Norwegian lakes related to submerged vegetation In: *The Structuring Role of Submerged Macrophytes in Lakes* (eds E. Jeppesen, M. Søndergaard, M. Søndergaard & K. Chistoffersen), p.361-368. Springer-Verlag, New York.
23) Timms, R.M. and Moss, B. (1984) : Prevention of growth of potentially dense phytoplankton populations by zooplankton grazing, in the presence of zooplanktivorous fish, in a shallow wetland ecosystem. *Limnol. Oceanogr.* **29**(3), 472-486.
24) Scheffer, M., Carpenter, S., Foley, J.A., Folke, C. and Walker, B. (2001) : Catastrophic shifts in ecosystems. *Nature* **413**, 591-596.
25) 宝月欣二・岡西良治・菅原久枝（1960）：植物プランクトンと大型水生植物との拮抗的関係について，陸水学雑誌 **21**，124-130.
26) Wetzel, R.G. (2001) : Limnology. lake and river ecosystems. third edition, 1006pp., Academic Press.
27) Schriver, P., Bogestrand, J., Jeppesen, E. and Sondergaard, M. (1995) : Impact of submerged macrophytes on fish-zooplankton-phytoplankton interactions: large-scale enclosure experiments in a shallow eutrophic lake. *Freshwater Biology* **33**, 255-270.
28) Canfield, D.E. Jr., Shireman, J.V., Colle, D.E., Haller, W.T., Watkins, C.E. II and Maceina, M.J. (1984) : Prediction of chlorophyll a concentrations in Florida lakes: importance of aquatic macrophytes, *Can. J. Fish. Aquat. Sci.* **41**, 497-501.
29) 西廣　淳・鷲谷いづみ（2003）：自然再生事業を支える科学，自然再生事業 ― 生物多様性の回復をめざして，鷲谷いづみ・草刈秀紀編，p.166-186，築地書館．
30) 湖北地域振興局環境農政部田園整備課（2003）：早崎内湖ビオトープネットワーク調査，8pp.
31) 浜端悦治（1999）：湖沼における水草の現状と保全，淡水生物の保全生態学 — 復元生態学に向けて —，森　誠一編著，p.171-183，信山社サイテック．
32) 百原　新・上原浩一・藤木利之・田中法生（2001）：千葉県手賀沼湖底堆積物の埋土種子の分布と保存状態，筑波実験植物園研報 20, 1-9.
33) 折目真理子・西川博章・浜端悦治（投稿中）：畑地化していた湿地の植生復元は可能か — 滋賀県近江八幡市津田内湖での事例 —．
34) Arber, A. (1920): Water plants. A study of aquatic angiosperms, 436pp., Cambridge University Press, Cambridge (Reprint, 1972, Verlag von J. Cramer, Lehre).
35) Sculthorpe, C.D. (1967): The biology of aquatic vascular plants, 610pp., Edward Arnold, London (reprint, 1985, Koeltz Scientific Books, Königstein).
36) Hutchinson, G.E. (1975): A Treatise on Limnology. Vol. III Limnological Botany, 660pp., John Wiley & Sons, New York.
37) 神谷　要・矢部　徹・中村雅子・浜端悦治（2004）：フライウェーイ湿地の生態系に水鳥が果たす影響．水草研究会第26回全国集会（秋田）．講演要旨．

7. 高山草原
—以新潟县卷机山雪地草原的复原为例—

7-1 雪地草原的特征与植被破坏

在多雪地区山岳的高山带和亚高山带中分布着雪地植被（下文称为雪地草原）。这种植被形成并发达于季风下风口吹积的坡面，由于适应了大量积雪造成的强雪压和较迟的融雪时期造成的短暂发育期间，可以称得上是作为顶级地形的高山草原[1]。据报告称，构成雪地草原的群落有日本沼茅—湿原银杏草群落，日本沼茅—莎草群落等。

雪地草原的破坏大多是由于登山者的踩踏造成的。由于雪地草原大部分分布在倾斜地区，再加上下雨天或是融雪期间登山路途泥泞不堪非常湿滑，因此登山者不得不选择将裸露地表和草地交界线附近作为登山路径。当该部分完全变成裸露地面的时候，登山者会踩踏进更加靠近外侧的植被带。在该过程的反反复复中，雪地草原的地表裸露化急速进行，在陡峭的斜坡地区甚至能够看到宽幅达到10m以上的登山路。并且地表裸露化还激活了暴雨时期的侵蚀作用，不光使得表土流失、露出底土和岩砾，还会深掘冲刷沟，并从此处搬运出砂土，掩埋植被和池塘等，造成次生性破坏的发生。为了使遭受上述破坏的植被得以复原，从寻求适应了多雪地带环境特性的绿化手法的角度，笔者将在下文中，以新潟县卷机山雪地草原的复原方法及其恢复过程为例，加以概述。

照片-1 多雪地带山岳中常见的雪地草原（新潟县卷机山）

153

7-2　针对卷机山雪地草原复原的前期工作

　　卷机山（1967m，鱼沼连峰县立自然公园）位于新潟县和群马县的交界处，其山顶附近分布有大片广阔的雪地草原（照片-1）。在1965年~1974年的第一次登山热潮中，登山者的踩踏造成了大规模的植被破坏，侵蚀砂土等又造成了池塘的掩埋等，对美丽的山岳景观造成了巨大的打击。1976年进行了正式的调查，从1977年起以笔者等志愿者为中心展开了植被复原活动。其后，与县行政机关和当地居民建立了良好的合作关系，并一直持续至今[2]。

　　在卷机山进行的一系列复原活动不仅致力于恢复遭受破坏的植被，还养护登山路并疏浚了遭到砂土掩埋的池塘等，扩大到了景观层次的修复上，展开了称为综合性可持续性的环境管理活动。

　　在一系列的活动中，笔者将与植被复原有关的项目、包括与事业的推进相关的系统整体加以整理，如表-1所示。

表-1　面向雪地草原复原的探讨项目

A．表土残存地的绿化对策
①播种（材料与方法）
②移栽（材料与方法）
③自然恢复的促进（防止踩踏的对策等）
④表土流失防止对策（通过绿化网等进行覆盖）
B．表土流失地的复原对策
⑤绿化基础工程（施工方式、外来土壤材料）
⑥伴随着换土而来的外来种对策
C．复原系统整体
⑦建立材料的批量生产和供给体制
⑧高效率的施工方法（植被垫等的开发）
⑨复原事业的实施方法（志愿者体制，行政机关与志愿者之间的协作等）

1）植被复原的方法

　　卷机山的植被复原活动在经历的27个年头当中，通过不断的探索尝试，采用下文六种圈有方框的方法实施了植被的复原。采用了这些多样方法的原因有，复原对象地的表土有无、地形和倾斜程度等条件较为复杂，复原材料功能有限，以及在复原过程中开发了新手法等。

　　复原的方法有移栽和播种，使用的草种则是以通过雪地草原构成种的移栽以及播种实验和复原活动得到的观察结果[3]为基础选择的（表-2）。不过，由于材料的筹措有限，因此移栽并非是时刻能够进行的，所以目前是以播种为主流。

（1）通过移栽进行的复原

表土残存地·植株埋入型

　　在移栽的情况下，如果不解决为了再生自然而需要以牺牲其他自然为代价的矛盾，实施就

7. 高山草原

难于进行。在卷机山，通过使用在由于人为因素遭到砂土掩埋的池塘中繁殖的星穗苔草来解决了这一问题。星穗苔草具有先驱种的性质，适宜于作为裸地的复原材料。

表-2 作为植被复原材料的评价及其特性

材料名（主要方法）	个体采集的难易度	成活难易度	成活后的发育	外观	植被度	特性
1.星穗苔草 （播种、移栽） （*Carex omiana*）	◎	◎	◎	△	○	种子的采集较为容易（8月下旬），发芽率较高。是采用播种方法时最易于使用的绿化材料。移栽后易于成活，在湿润地区发育旺盛。尽管是容易作为绿化材料使用的品种，但是在致密的泥炭土壤上扩展其植被尚有难度。叶片较早开始枯萎这一点比较显眼。
2.日本沼茅 （播种、移栽） （*Moliniopsis japonica*）	○	◎	○	◎	○	是雪地植被顶级种之一，会成为优势种，最容易看到。移栽较为容易，移栽后的发育也不错。种子的成熟期较迟（9月中下旬），作为播种用的绿化材料十分适宜。
3.发草 （播种） （*Deschampsis caespitosa ver.festucaefolia*）	◎	◎	◎	○	○	是在土壤流失地区广泛繁育的先驱植物。8月中旬种子成熟，播种的话当年9月即可发芽。是表土流失地的有用绿化材料。
4.深山刺子莞 （移栽） （*Rhynchospora yasudana*）	△	◎	○	◎	○	种子细小且成熟期较迟（9月下旬）。叶片为明亮的绿色，呈现出纤细的感觉。易于移栽，并可在池塘周围等湿润地带发育，在致密的泥炭土壤等地也发育旺盛。
5.丝状灯芯草 （移栽、播种） （*Juncus filiformis*）	○	◎	◎	×	◎	在池塘内和水滨生长，移栽后的发育也较为旺盛。适宜于作为湿润地区的绿化材料。也可进行播种。但是其叶片尖端会较早的开始枯萎。
6.羊胡子草 （移栽） （*Eriophorum vaginatum*）	×	◎	◎	◎	△	繁育地仅限于水滨地带，种子和幼苗的采集稍有些难点，不过在湿润地区的发育非常旺盛，即便是在干燥地带也会超过星穗苔草。
7.本渡细杆萤蔺 （移栽） （*Scirpus hondoensis*）	△	◎	◎	◎	○	在池塘内和水滨繁育，移栽后生长旺盛。在实验中，分蘖数的增大并不突出，但是伸长量较大。呈现墨绿色，可作为绿化材料使用，不过难点在于个体数量较少。
8.湿原银杏草 （移栽） （*Fauria crista-galli*）	△	△	○	○	×	在水滨会形成群落，植株的高度也较高，但是在雪地植被中生长并不旺盛。尽管不太适合作为绿化材料，但是可以作为补栽材料加以利用。
9.日本岩菖蒲 （*Tofieldia japonica*）	×	×	×	◎	×	开白色的花，结红色的果实。个体数量较少，移栽后的成活也不尽如人意。
10.莎草 （*Carex blepharicarpa*）	×	×	×	◎	×	是雪地植被的顶级种之一且个体数量较多，但是移栽较为困难。种子细小，不适于作为绿化材料。

评价顺序：优=◎　○　△　×＝劣

【复原的程序】 在泥炭土裸露出的地表上每隔约 25cm 挖掘 20cm×15cm 左右的坑，将从池塘旧址挖出的星穗苔草植株种植其中（照片-2）。当坑和植株的大小不一致时，就需要修整植株的形状，或者是使用指尖或小棍在缝隙间加入土壤以固定根系。

【成果】 该方法是 20 多年以前实施的，由于植株之间的裸露地表部分没有得到充分的休养，该部分的表土流失，结果移栽植株就像小山包似的突了出来。在这种情况下，使用蒲包或是绿化网进行地表覆盖（mulching），不放松休养管理的话，尽管会花费一些时间，但是植被还是有可能恢复的。该地区经过 10 多年以后，移栽植株中间混进了日本沼茅，朝着日本沼茅占据优势的方向复原（照片-3）。不过，虽然外观上重新变回了草原，但是调查构成种的话会发现没有完全恢复（参照图-2）。

照片-2　移栽后不久的星穗苔草　　　　照片-3　移栽18年后，混进的日本沼茅占据了优势

|表土流失地·植株换土型|

这是在泥炭土壤流失、裸露出底土和砂砾的立地上包括植株在内进行换土的方法。原本通过移栽进行的复原仅限于表土残存地区，而该方法是作为新手法开发的。

【复原的程序】 提高被掩埋池塘的堤坝部分，把在积水的地方繁殖的丝状灯芯草植株连带黏土质的土壤一起挖出，搬运至表土流失地完全换土。尽管换土进行的较为杂乱，但是可能是由于有雪的压力，经过一个冬天之后就变得十分整齐。

【成果】 两年后混进了日本沼茅，几年之后日本沼茅就占据了优势。取得较好的进展的主要原因被认为有，搬运来的土壤包含了养分和种子，植株土壤柔软使混入植物的根易于伸长，植株的土壤易于含水等等。

该方法在高效性和实效性方面都最为优秀，但是在材料的筹集方面较为困难，无法大范围进行。但是，只要符合这些条件，就适宜于小规模的植被复原，另外还具有可以用于池塘复原等恢复消失的景观的优点。

（2）通过播种进行的植被复原

|表土残存地·埋入种子型|

在简便的持续进行植被复原时，播种当地出产的种子是最为现实的方法。作为其方法之一，使用了星穗苔草的种子。这种种子大小与芝麻粒相当，具有便于采集的优势，发芽率也较高。

7. 高山草原

【复原的程序】 将采集到的种子与粘土质的土壤混合以增加其量，在裸露地面上每间隔几厘米挖出深约 1cm 的小坑，捻取少量混有种子的土壤填埋进小坑里（图-1）。之后播撒光合细菌和营养活力剂，并覆盖绿化网[*1]。

① 用手指捋下并收集种子　② 将种子混进黏土质土壤中，并揉成面团状　③ 在裸露地面上挖坑，把种子填埋其中

图-1　星穗苔草的播种程序（绘图：成濑明日香）

【成果】 该方法的优点在于，通过加入土壤提高了施工效率，即便是在斜坡上种子也不会流失，发芽后也易于扎根（照片-4）。尽管在水分条件较差的立地上难于成活，但是可以通过覆盖绿化网加以改善，通过播撒光合细菌[*2]等也加速了植被覆盖（照片-5）。

照片-4　星穗苔草播种17年后

照片-5　星穗苔草播种一年后。绿化网等的效果较好

> 表土流失地·换土 + 直接播种型

在表土流失地进行植被复原时，在底土和砂砾上如何构造基础会成为问题，根据使用的草种不同，对策也不同。这种换土 + 直接播种型方法，在通过使用能够确保相对较多收获量的日本沼茅的情况下，在景观上有希望能够早日恢复雪地草原。

对象地基本上都是坡地，由于侵蚀作用较强而且土壤也会移动，要间隔约 1m 沿着等高线铺设原木工程。该工程由新潟县负责。

[*1] 绿化网：绿化网是由黄麻（jute）纤维经揉捻之后编织成网状的绿化物资，由于透光性较好，因此对于植物的初期发育有利，还具有保持水分、保护土壤、防止种子流失和抗风等效果。几年后会风化，在景观上也具有优势。

[*2] 光合细菌：为了促进绿化，在卷机山播撒了光合细菌和可作为细菌饵料的营养活力剂。光合细菌可以激活土壤中的有益细菌类从而促进植物的发育，在实践中确证了其实效性。不过，在同时使用二者的植物发育实验中，尽管出了贫瘠地中营养活力剂的效果要比光合细菌的效果大的结果，但是尚不明确的部分还有很多。

【复原的程序】 在地基上用厚度约 10cm 的苔泥炭进行换土，先播撒光合细菌和营养活力剂。接着播种日本沼茅（照片-6），并用苔泥炭覆盖。最后再盖上绿化网。苔泥炭使用之前要先在 120℃的蒸汽中熏蒸 24 小时。

【效果】 发芽良好，经过换土后的柔软土壤促进根系伸展，发育和植被覆盖都进行的较快（照片-7）。绿化网和光合细菌等的支持也较大。在表土流失地作为早期恢复原本植被的方法比较有效，但是在大面积的情况下，就必须要解决换土材料的筹集、搬运和资金等事业的前提问题。

照片-6 使用苔泥炭换土后播种日本沼茅，并再次用苔泥炭覆盖

照片-7 日本沼茅播种4年后

表土流失地·直接播种型

这是在底土和砂砾上部进行换土并直接进行播种的方法。由于保护活动使得沿路的环境较为稳定，此前个体数量较少的发草增多、采集变得容易，从而进行了实际应用。发草具有较强的最早进入表土流失地的先驱植物的性质。

【复原的程序】 通过沿着等高线铺设原木抑制了土壤的移动之后播种发草，接着再覆盖绿化网。由于没有土壤，所以不使用光合细菌等。由于发草的种子较小，难于剥取，因此将草穗整个收割并整穗播种。

【成果】 发芽力较强，在播种后 1 个月之内就发芽了。生长速度也快得惊人（照片-8）。

如果能够确保收获量的话，作为不对土壤流失地进行换土直接绿化的方法比较有效。除去基础建设外，可以控制较低的费用也是该方法的优点。

表土流失地·原木地表覆盖＋直接播种型

带有循环利用性质的方法，当使用重建或修复登山路之际产生的原木台阶废料对表土流失地进行地表覆盖，并播种发草时，发现效果较好，之后加以实际应用。

【复原的程序】 随机的铺设原木，在原木周围播种发草。为了使得原木便于移动，没有覆盖绿化网。

7. 高山草原

照片-8 发草播种2年之后　　照片-9 由于原木地表覆盖的效果而旺盛生长的发草

【成果】 发芽非常良好，生长也很快（照片-9）。就算是在没有采用原木铺设工程加固土壤的斜坡上，只要有废料就是行之有效的方法。被认为是与在沙漠绿化中使用的石料覆盖相同的原理在起作用，在卷机山的实验[9]中，也确证了抑制蒸发效果、保水效果和表土流失抑制效果等。

2）植被复原工程后的恢复与总结

表土残存地植被复原工程后的恢复过程如图-2所示。在条件较好的地方，经过2~3年会混进优势种日本沼茅，而经过15年左右这些日本沼茅就会占据优势，从而在外观上呈现出与原本植被相同的状况。但是即便是在20年以后再调查构成种及其比例的话，还是不会恢复到

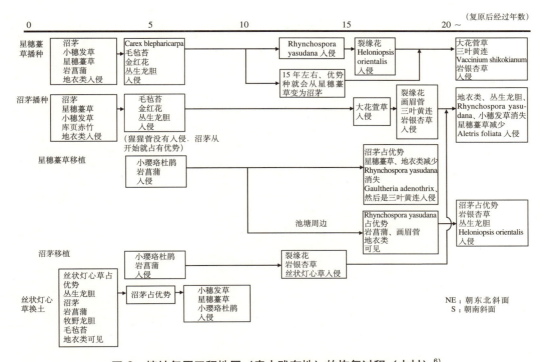

图-2 植被复原工程地区（表土残存地）的恢复过程（木村）[6]

与原本植被相同的水平，据估计还需要几十年的时间。

作为今后的课题，笔者想要指出两点。第一是外来种问题。为了对表土流失地进行复原而以苔泥炭为主进行了换土，但是由于其熏蒸及后续管理没有跟上，导致许多外来杂草如白花三叶草、早熟禾等大量入侵。目前，对这些入侵杂草进行处理的方法成为了较大的问题。另一方面，由于发草即便是在表土流失的土地上也可以发育、不需要进行换土，从防止外来杂草入侵的角度来看，有必要验证其有效性。

另外，确立有效的植被复原系统也是重要的课题。实地供给复原材料有其限制，而这成为了决定一个季度工作量的限制因素。确立在山麓进行材料生产供给体制和开发在严酷山岳环境下可以短期内结束作业的植被毯等有效的施工方法也是有待于今后解决的课题。

7-3　日本全国山岳地带的植被复原案例

最初的山岳植被复原于1966年始于尾濑，但是普及到日本全国却比较晚，直到1980年代中期才开始在各地实施。不过，山岳植被的复原常常都是按照各自独有的手法进行的，鲜少有模仿其他案例的。在此，笔者在表-3中对各地的植被复原事例加以介绍。希望能够作为引进有效手法和开发时的参考。

（麻生 惠，松本　清）

表-3　日本全国山岳地区的植被复原事例

八甲田山大岳～井户岳[7] 植被：风冲高山草原 土壤：火山岩类风化土 方法：扦插，播种 施工单位：青森县 期间：1984年～1998年	• 栽植的为峰柳插条。初期将采集的插穗进行培养基栽培，第二年春季进行扦插。中期是将插穗进行低温保存之后，在第二年春季进行扦插。后期是将秋季采集的插穗直接扦插。插穗的长度为30～40cm。每平方米扦插7～12根。由于干燥和冻土等的影响，成活率在10%以下。 • 播种时与十几种高山植物一起进行了混播。在现有的柴垛栅栏工程之间使用厚度约20cm的苔泥炭进行换土（为了防止土壤流失，在前后采用装进了苔泥炭的麻袋进行固定），并使用苇席作为覆盖材料进行覆盖。
八幡平八幡沼 植被：湿地草原，雪地草原 土壤：泥炭土，底土 方法：播种 施工单位：八幡平自然植被研究会 期间：1993年～	• 翻耕地基土壤，与高山植物的种子一起进行混播（一部分单独播种）。播种不进行覆土，而是与翻耕的土壤混合。覆盖材料最初使用了蒲包，但是后来改为使用了绿化网以及与之类似的材料。 • 在土壤基本全部流失的地方以及尽管是泥炭土但是植物仍然难以成活的地方，采用了从周边地区收集来的砂土进行了换土，创造了基础。 • 采集的种子在干燥之后，揉碎。 • 为了防止播种不均，把种子与作为增量剂的麸皮灰进行混合。 • 该项目与行政没有直接的关系，是以志愿者为主体进行的。
月山姥岳[7] 植被：雪地草原 土壤：泥炭土，底土 方法：播种 施工单位：山形县 期间：1988年～1993年	• 施工地区外围使用装入苔泥炭的土包围住，并用木桩子固定。并且为了防止土包由于雪压而移动或是坍塌而用石料压住。在地基上采用苔泥炭进行换土，与20余种高山植物种子一起混播之后，播撒肥料并用蒲包覆盖。蒲包再用秸秆绳进行固定。 • 为了防止雨水流入施工地区，在上部防水。 • 泥炭土残存面的换土厚度约为6cm。在底土裸露面则大致以10cm以上为标准。 • 施肥时，每100m²播撒30~40kg的高合成化肥（15-15-15）。

7. 高山草原

续表

栗驹山 植被：雪地草原 土壤：湿性灰化土壤，火山碎屑物未凝固土壤 方法：扦插 施工单位：宫城县 期间：2001年～2004年	• 作为事前准备，要通过管道对聚集到施工区域的伏流水进行排水处理。中途，利用侵蚀凹陷地面建成储水池，提高地表水的集水效率。 • 作为植被复原的基础建设，实施木栅工程，并在木栅之间使用人工土壤进行换土（换土厚度平均为20cm左右）。人工土壤是由山地砂土与旱地土壤同比例混合而成的，为了提高土壤的凝结力，每100 m²加入了15kg的魔芋粉作为胶粘剂。另外，在侵蚀已经到达基层部分的地方填充砾石。不使用覆盖材料。 • 植被复原方法仅采用了扦插，约9成使用了峰柳。采集的峰柳在林业试验场培育了2年之后进行移栽。3年间培育了约10000根（成品率约7成）。
会津驹岳～中门岳 植被：湿地草原，雪地草原 土壤：泥炭土 方法：播种 施工单位：桧枝岐村（福岛县） 期间：1985年～	• 在基础使用苔泥炭进行换土，播种星穗苔草、褐红脉苔草、丝状灯芯草等。铺上椰子垫作为覆盖材料。 • 椰子垫是在可降解的化纤线编成的粗网中夹进了椰子纤维。由于纤维的密度较粗，便于发芽，但是纤维比较容易脱落。 • 施工地区较多为缓和斜坡～平坦地面，植被恢复有进展。由于植被破坏的程度比较轻微，来自周围植被的水分供给也较多。
尾濑 植被：湿地草原、雪地草原 土壤：泥炭土、底土 方法：播种、幼苗移栽 施工单位：群马县、福岛县、尾濑林业、尾濑登山休憩所协会 期间：1966年～	• 【菖蒲平】[8)] 耕作泥炭土裸露的基础，通过泥炭和木炭的混合粉末改良土壤之后播和茜草。铺上蒲包作为覆盖材料，并用板框圈住施工地区。初期以植物板块的移栽为主，但是没有取得预期的成果，于是改为播种。 • 【尾濑原，尾濑沼周边】 将日本沼茅、星穗苔草、深山刺子莞的种子与泥炭藓的切片混合后播种到裸露出泥炭土的基础上。并在含肥泥炭盆中种植日本沼茅等的种子，培育出幼苗后进行移栽。将日本沼茅等的茎叶铺到整个地区以作为覆盖材料。 • 播撒泥炭藓的碎片，被认为可以通过泥炭藓的增殖促进植物的生长和加快裸露地面的覆盖。 • 【至佛山】 在雪地草原遭到破坏、裸露出蛇纹岩底土的基础上诱导地表水，进行保留土壤等处理，使用当地出产的土壤进行换土（从附近的小泽搬运而来）。移栽了上州鬼蓟、星穗苔草等的幼苗，并播种了茜草、蒙古栎等的种子。覆盖材料采用了绿化网或者是性质相同的材料。 • 幼苗移栽是将在可降解盆中培育的幼苗连同培育盆一起移栽。盆中的土壤使用了苔泥炭与泥炭藓的混合物。
白马岳[7)] 植被：风冲高山草原，湿地高山草原 土壤：底土 方法：播种，移栽 施工单位：白马村（长野县） 期间：1981年～1990年	• 基础建设的方法有，砌石围住施工地区的方法，以及挖掘地基、按照从大到小的顺序堆积从周围收集到的砾石、然后在上面铺上混合了肥料的挖掘土的方法。 • 播种使用了在施工地区周边的收获量预期较大高山植物种子。施肥后，覆盖上化纤网。 • 移栽的有当地产的植株和在山下培育的实生苗。移栽实生苗时，采取了将幼苗装进可降解盆、连培育盆整个移栽的方法和在移栽坑中铺上砂砾、埋进根围包裹了泥炭藓的植株后在表面再次铺上砂砾的方法。基本上是以单独的个体为单位移栽的，也有一部分采取了板块移栽的方法。
立山[9,10] 植被：湿地草原，雪地草原，湿地高山草原，崩溃地性沙砾地 土壤：泥炭土，粘土，底土，砂砾 方法：播种，移栽，扦插 施工单位：富山县 期间：1969年～	• 【弥陀原】 作为基础建设，在基层的裸露部分填充了砂砾之后换土，在表土流失部分用苔泥炭换土，在泥炭残存部分耕作，在播撒肥料和营养剂之后播种了当地出产的8种种子。移栽使用了马森赤杨、岳桦的实生苗。扦插使用了峰柳、龙江柳。覆盖材料使用了由麻线（通常为尼龙线）编织而成的蒲包。 • 【天狗平】 在表土流失部分采用苔泥炭换土，在泥炭残存部分进行耕作，混进肥料之后播种了10种高山植物。移栽采用了偃松、马森赤杨等，扦插使用了峰柳。使用蒲包覆盖。 • 【室堂平】 施工仅采用了播种，方法与天狗平相同。
伯耆大山[7,11] 植被：山地高茎草原，风冲草原 土壤：火山灰土 方法：扦插，移栽 施工单位：鸟取县，大山山顶保护会 期间：1985年～	• 作为基础建设，采用铺设原木工程保留土壤。对于山棱线崩溃的部分采用原木斜框工程进行固定。冲刷槽用土石进行回填。 • 为了通过移栽复原，先铺上蒲包并使用间伐木或是锚定销固定，在其上再挖坑种植。挖坑时使用了凿岩机。扦插使用的苗木是在山麓设置的插条苗圃培育后进行移栽。移栽采用了当地出产的新风轮菜和一叶艾，分株后栽植。完成后播撒肥料。 • 该项目大部分是由志愿者通过有组织性的活动进行的。

――引用文献――

1) 石塚和雄・齋藤員郎・橘ヒサ子（1975）：月山および葉山の植生「出羽三山（月山・羽黒山・湯殿山）・葉山」別刷, 山形県総合学術調査会, p.59-124.
2) 松本　清（2000）：よみがえれ池塘よ草原よ, 山と渓谷社.
3) 栗田和弥・麻生　恵（1995）：多雪山岳地における雪田植生の復元方法に関する研究, 日本緑化工学会誌 20(4), 223-233.
4) 原田幸史（2004）：雪田植生復元を目的とした光合成細菌資材による土壌環境改良効果の検討, 東京農業大学地域環境科学部森林総合科学科卒業論文.
5) 中里太一（2004）：マサ土斜面におけるストーンマルチ効果の実験的検討, 東京農業大学地域環境科学部森林総合科学科卒業論文.
6) 木村江里（1999）：雪田植生復元の回復プロセスに関する研究, 東京農業大学地域環境科学部造園科学科卒業論文.
7) 高山植生保全セミナー実行委員会（1996）：植生回復の技術と事例.
8) 東京電力株式会社（1998）：アヤメ平湿原回復のあゆみ.
9) 立山黒部観光株式会社（1974～1997）：中部山岳国立公園立山ルート緑化研究報告書, 第1報～第3報.
10) 財団法人国立公園協会（1997）：立山の植生復元施設, 国立公園No. 553.
11) 大山の頂上を保護する会（1996）：大山の頂上保護活動10年のあゆみ.

8. 自 然 林
—以神奈川县丹泽山地为例—

8-1 自然林的新问题

自然林中一直以来主要面临由于采伐和林道开发等造成的改变而带来的问题,但是近年来,由于梅花鹿（Cervus nippon Temminck；下文简称鹿）的采食压力和踩踏等影响造成了植被退化则成为新问题之一[1-9]。例如,上述问题造成乔木由于树皮被剥落而妨碍更新,以及森林地表植被的退化和稀有植物的减少等。

这种问题的发生与很多因素有关其中包括：明治时代以后的一百余年之间原本以平原地带为栖息地的鹿被关进了山地上部的自然林中,森林采伐导致鹿的饵料植物增加[10],暖冬使得可以越冬的地域扩大[5,11]以及伴随于此的死亡率的下降[5]、捕猎者的减少、例如明治时代以后日本狼灭绝等[2],狩猎压力的降低[13],人类活动进入低潮使得鹿的生活范围扩大与偷猎母鹿行为的减少的增效作用[14]等。这些因素大多是人为造成的。

在日本国内,神奈川县丹泽山地和枥木县日光、奈良县大台原均属于比较早出现梅花鹿问题的地区。在此,笔者将以神奈川县丹泽山地为例,就目前已实施的植被恢复工作和今后的课题进行论述。

8-2 生态系统的概况

丹泽山地位于神奈川县西北部、东西40km、南北20km的山群。周围与小佛山地、道志山地、富士山、箱根山地相连,不过由于被大河流和国道环绕,因此孤立成为岛状。最高峰是位于山地中央部分的蛭岳,海拔1673m。

丹泽山地的地形由于位于欧亚大陆板块和菲律宾海板块的交界处、所以地震较多,容易发生山崩,另外还有山腹地形反映出冰河时代受到过较为严重的侵蚀、陡坡较多,不过,在侵蚀前线没有到达的海拔1300m以上的山脊和山顶部分呈现出了缓坡等。关于山顶缓坡,有研究指出其有可能是化石周冰河斜面[15]。1923（大正12）年的关东大地震造成山腹有多处发生山崩,土石掩埋峡谷,有些地方形成了乱石滩状（砾石和岩石四处滚落）的河滩。

丹泽山地中栖息和繁育着多种生物,迄今有记录的维管束植物约为1550种,哺乳类约30种,鸟类约160种[16]。栖息地还有大型哺乳类如黑熊、羚羊。

植被以海拔700~800m为界可划分为亚热带林和亚寒带林。亚热带林中柳杉、丝柏林较多,

照片-1 在山崩地带生长的富士蓟

照片-2 在溪流岩壁上生长的相模上月膦杜鹃草

照片-3 在树干上附生的箱根景天

部分地区还残存有米槠、橡树类常绿阔叶树自然林。亚寒带林中山毛榉和枫树类落叶阔叶树自然林较多，沿山谷一带白蜡树、水胡桃林和领春木林较为发达。

另外，在丹泽山地东部的大山的札挂地区的还生长有属于温带林的冷杉林。在海拔较高的地方虽然生长有日本铁杉和岳桦等亚高山性树木，但是却不存在亚高山针叶树林。亚寒带的林地植被广泛分布生长着筱竹，而在高海拔的山顶缓坡上则是日本乌头、野绀菊、毛叶藜芦等高茎草本植物取代了筱竹，在山谷沿路也生长着天人草、印度车前草、镜泊蟹甲草、珠芽艾麻等草本植物。有些乔木不发达的斜坡上变成了山白竹草原。

从植物地理学上来看，在亚寒带林能看到中央大地沟带要素、北方要素、袭速纪要素（译注：指具有九州、四国和纪伊半岛特点的植物）混合的植物，在山麓的人工林则有南方系植物，特别是成为蕨类植物分布的北限和东限的种类。在这些植物中，中央大地沟带特征植物是丹泽山地特有的植物，有很多种类都适应了特殊的繁育环境，即山崩地带、溪流的岩壁和树干等。

综上所述，由于具有较高的景观和生物多样性，1965年丹泽山地的大部分被纳入丹泽大山国定公园，并且因为距离东京和横滨等大城市较近，每年都会吸引100多万游客到访。

8-3 进行自然林再生的背景和原因

在距离大城市较近却拥有丰富自然环境的丹泽山地中，于20世纪80年代以后也开始出现了森林构造的显著变化，即开始出现上层树木的立枯和林地植被的衰退，主要有山棱线上山毛榉的立枯（照片-4）和筱竹等林地植被的衰退（照片-5）。

当时由于变化原因不明，因此于1993年起花费3年时间对丹泽大山自然环境的实际情况进行了综合调查。调查结果指出，山毛榉等乔木枯死的主要因素有臭氧、土壤干燥化、山毛榉叶蜂等综合原因。另外还指出，林地植被的退化是由于梅花鹿的累积性采食影响造成的。林地植被退化的表现有轮叶百合、大车前草等多年生高茎阔叶草本植物的减少[17]、筱竹的减少[18]、后继树木的减少[19]等，另一方面则是出现鹿的不嗜好植物[20]和一年生草本植物的增加[21]等。另外，还明确了日光冷杉和小蜡树等的枯死与梅花鹿啃食树皮有着直接的关系。

8. 自 然 林

照片-4　山毛榉等树木的立枯

照片-5　在筱竹的退化过程中，枯死茎干开始变得显眼。

除此以外，研究还指出近年来土壤流失造成了水源涵养机能以及生物多样性保护机能的下降。而且，在鸟兽保护区内梅花鹿个体群也出现了低素质化也即营养状态恶化的现象。因此，比起植物和梅花鹿的问题，最重要的还是将生态系统作为整体来看待。

这样，人们逐渐认识到，在丹泽山地的生态系统保护和再生中，优先事项就是实施基础物种梅花鹿的保护管理。与此同时，作为紧急对策，建议在林地植被退化较为显著的丹泽大山国定公园内的特别保护地区设置植被保护栅。

8-4　自然林再生的目标设定思路

针对山毛榉等的立枯、梅花鹿啃食树皮造成的日光冷杉的枯死、筱竹等林地植被退化等问题，神奈川县接受了丹泽大山自然环境综合对策的结论，于1999年制定了《丹泽大山保护规划》[22]。规划中提出了"保护和再生丹泽大山的生物多样性"的目标。这是符合1993年签订的生物多样性条约的。为了实现目标，提出了4个方向：①山毛榉林和林地植被的保护，②梅花鹿等大型动物个体群的保护，③珍稀动植物的保护，④过度利用对策。另外，在实施之际，还提出了以下3个基本方针：①自然环境的科学管理，②基于生物多样性保护原则的管理，③神奈川县居民与行政单位之间的合作。

2003年制定的《神奈川县梅花鹿保护管理规划》，其中也设定了"保护和再生生物多样性"的目标，另外还和维持当地个体群、减轻农林业损失综合在一起，共同作为梅花鹿保护管理的目标。该规划依据地形和植被的分布，将丹泽山地划分为56个管理单位，根据各个单位的自然环境信息、梅花鹿个体群的信息和农林业的受害情况，将丹泽山地划分为"自然植被恢复地域"、"栖息环境管理地域"和"危害防止对策地域"等三个地域（图-1）。"自然植被恢复地域"主要是以位于丹泽山地高海拔地域的丹泽大山国定公园特别保护地区为对象，现状如上文所述，该地域自然林的林地植被由于梅花鹿的采食影响而正在退化。"栖息环境管理地域"被定位为保护、维护梅花鹿栖息环境的地域。主要是以中海拔地域为对象，在防止梅花鹿危害的同时，

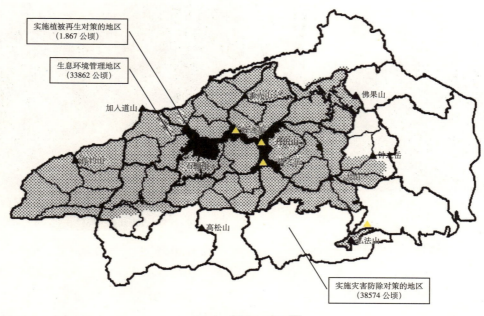

图-1 划分区域图[23]

通过人工林的建设恢复丰富的林地植被,并建成梅花鹿越冬地。"危害防止对策地域"主要以低海拔地域为对象,是以防止梅花鹿的危害的对策为主要目标的地域。

在自然林中植被恢复的具体目标,从短期来说,可以参照20世纪60年代的自然林状态,或者是目前梅花鹿的采食影响尚不显著的丹泽山地西部的自然林的状态。1960年代尽管也栖息着梅花鹿,但是当时筱竹等林地植被尚且旺盛,而且有报告还称当时还生长着目前已经成为神奈川县濒临灭绝种的草本植物[24]。长期的目标则是,将人为手段的利用保持在最低限度,使得自然林的生态系统能够自我维持,并使其中的生物能够栖息、繁育而不会灭绝。

8-5 自然林再生所采用的具体手法

恢复由于梅花鹿采食压力造成退化的植被的手法,大致可分为两种。第一种是采用植被保护栅或是防止啃食树皮网等,在物理上防止梅花鹿采食的方法,第二种是通过捕获梅花鹿实施个体数量管理的方法。

尽管日本全国很多地方在梅花鹿问题频频发生的区域积极实施了个体数量管理,但是丹泽山地仍采取了在人工林设置防鹿栅、在自然林设置植被保护栅的防止梅花鹿的措施。这些措施是在1960年代后期幼龄人工林受到了破坏后,于1970年开始进行设置的。

之后,从1980年代起鸟兽保护区中自然林的林地植被开始衰退,在丹泽大山自然环境综合调查中了解到梅花鹿是林地植被退化的主要因素,因此参考防鹿栅的经验,于1997年开始设置了植被保护栅(照片-6)和防止啃食树皮网(照片-7)。采取该措施不仅仅是因为由于是

8. 自 然 林

照片-6　植被保护栅

照片-7　防止啃食树皮网

在鸟兽保护区所以无法进行个体数量管理，还因为不具备实施个体数量管理的体制以及关于在鸟兽保护区中捕猎梅花鹿的问题与神奈川县居民之间意见没有达成一致。丹泽大山综合调查的结论提出设立丹泽自然环境管理中心[25]，2000年五个机关合并成立了自然环境保护中心，自此梅花鹿的保护管理体制得以完善。同时，在《神奈川县梅花鹿保护管理规划》[23]的制定过程中，关于在鸟兽保护区内捕猎梅花鹿方面意见达成了一致，于2003年开始在自然林衰退较为显著的地域开始实施捕猎管理。

该规则是以神奈川县独有的自然环境管理系统为基础实施的。该系统有以下三个特征，即：超越了单个项目和行政界线的"综合型管理"、以科学监测为基础的"顺应型管理"及行政单位与居民之间的联动和协作进行的"合作伙伴型管理"组成的。

各个对策的实施状况如下所述。

1）植被保护栅

植被保护栅是以保护林地植被为目的设置的，目标是通过防止梅花鹿的采食从整个生命周期来保护木本和草本类植物从而保护整个种群。1997年起以林地植被衰退显著的丹泽大山国定公园特别保护地区为中心，开始作为神奈川县的公共事业进行设置的。截止2003年3月，已经取得了总长度18km，总面积15公顷，设置栅栏数量达到170座的成绩。最初，是以相当于丹泽山地特别保护区1,867公顷的约三成即620公顷为范围的，后来考虑到梅花鹿的迁徙路径和饵料场等，逐渐将植被保护栅设置的目标值定为了约三成左右的175公顷[22]。截止目前为止进展程度虽然还不到一成，但是从了解现场的笔者来看，基本上可以设置的缓和斜坡地带已经基本设置完毕，而可以新设置的场所则感觉略少。

植被保护栅的大小是以单边40m的正方形为标准，在同一地域设置多个。这是考虑到地形的起伏、回避破损而导致的全面退化，以及动物的迁徙路径而设定的。植被保护栅的大小是为了配合实地的微地形和树木的成长状况，小栅栏可以为单边 10m，而大型栅栏单边则可达到 50m。另外，考虑到景观，栅栏的颜色被刷成了茶色。

2）防止啃食树皮网

防止啃食树皮网事以保护日光冷杉等树皮容易遭到啃食的从大到小的各种树木为目的而设置的。目标是通过防止啃食树皮来维持森林的阶层构造，并确保种子的供给来源。

在丹泽山地的自然林中，可以确认的树皮会遭到梅花鹿啃食的树种从乔木到灌木共计 22 科 39 种。其中，会被梅花鹿频繁啃食树皮的树木有日光冷杉、灯台树、髭脉桤叶树和小蜡树等。特别是日光冷杉，从 20 世纪 90 年代开始，胸高直径在 1m 以上的大树由于环状剥皮而枯死的个体开始大量出现，从 1997 年起在神奈川县居民志愿者的帮助下卷上了防止啃食树皮网。目前为止，已经为以日光冷杉为中心的约 1,000 棵树木卷上了防止啃食树皮网。

3）个体数量管理

个体数量管理是通过在猎区进行的狩猎和在鸟兽保护区进行的管理捕猎来实施的。在自然林的林地植被衰退较为显著的地域，为进行植被的恢复，把目标设定为将梅花鹿的栖息密度降至现状的五成或者是八成。管理活动开始于 2003 年，最初以 100 头为捕猎目标，在猎友会的协助下进行实施。

8-6　对策实施后的评价和现状

1）植被保护栅

植被恢复的评价方法是从梅花鹿对自然植被造成的影响的五个方面来进行的，即：珍稀植物的减少、筱竹的退化、后继树木的减少、不嗜好植物的增加及一年生草本植物的增加，根据各个项目的变化来评价恢复的程度较为妥当。下文就设置植被保护栅之后各个指标的变化进行了概述。在没有植被保护栅设置前的数据的情况下，从设置后栅栏内外的差异来进行评价。调查的部分结果还包含对 1993 年和 1994 年试验性小规模植被保护栅（单边 2m、高 1.5m）的评价。

（1）珍稀植物

在设置有约 30 座植被保护栅的区域，设置后第 4~5 年对珍稀种的繁育状况进行了调查，确认了该县珍稀的草本植物[26]。详细清单包括《神奈川县红色数据生物调查报告书》[26]中提到的灭绝种 3 种、濒危灭绝种 3 种、减少种 4 种、少产种 2 种、县新产种 2 种。其中濒危灭绝种有轮叶百合、鹿药、大车前草 3 种与减少种日本四叶重楼 1 种，其减少原因被认为是梅花鹿的采食。

在与以往该地域的植物目录[28,29]和群落调查结果[24,30]相比较时会发现，14 种之中有 4 种在梅花鹿的采食影响还没有发生的 20 世纪 80 年代为止都是有记录的，都是之后到了采食影响变得强烈的 20 世纪 90 年代就没有了记录，少产种的 2 种一直都有记录，剩下的 8 种是在该地域的本次调查中新发现的种。14 种之中，在栅栏外也能确认的繁育的仅有少产种 2 种。

从受梅花鹿啃食影响强烈的 20 世纪 90 年代起公认已经消失的珍稀种中出现了 4 种，分析原因可能是因为这 4 种都是多年生草本植物，以地上部分矮小化的状态繁育或者是在土中残留根茎或鳞茎等地下部分的贮藏器官的可能性较大。调查中 4 种植物都是同时确认开花和结果的，该结果确认通过设置植被保护栅消除采食压力对延续生命周期发挥了作用。

设置植被保护栅之后确认到包括灭绝种在内的珍稀种，显示了植被保护栅的效果。但是，植被保护栅内的珍稀种个体数量较少的种也就是 1 个个体，较多的种也不过是 10^2 的数量级，恐怕会因为与其他种之间的竞争、环境的变动或是近亲繁殖劣势造成灭绝，形势不容乐观。

（2）筱竹

根据植被保护栅设置后第 3 年和第 7 年时栅栏内外的筱竹杆长调查结果，在第 3 年栅栏内的平均杆长为 15.5~17.6m，而与之相对的，栅栏外的平均杆长在 10cm 上下[31]。第 7 年栅栏内平均杆长约为 70cm，而栅栏外平均杆长仍为 10cm 上下而且叶片也较小。由此可见，栅栏内外的现存量差别变得显著。综上所述，可以认为栅栏内的筱竹在切实的恢复。不过，筱竹的杆长一般都会长到 1.5~2.0m 左右[32]，要恢复到这样的长度，还需要更长的时间。

（3）后继树木

以在亚寒带自然林中自生的 16 种乔木性木本植物为对象，对设置植被保护栅时和设置后经过 5 年时幼树的树高变化进行了调查[21]。结果是，每个树种的树高都有了显著的提高。而栅栏之外却没有显示出显著成长的树种。并且，在栅栏外，有 4 个树种的树高在经过 5 年之后反而明显的降低了。

设置植被保护栅之后树高之所以会变高，除了消除了梅花鹿的采食压力之外，筱竹的退化也被认为是原因之一。由于筱竹等细竹类是树木更新的阻碍要素[33]，因此在梅花鹿采食压力较低的时期筱竹密生的地域上幼树无法成活的可能性较高。之后，随着梅花鹿采食压力的提高，筱竹开始退化，林地的光环境得以改善，实生苗变得能够扎根成活。

根据筱竹与幼树之间的竞争关系，今后至少会有两种发展方向。第一是恢复筱竹密生的林地方向，第二是形成后继树群的方向。至于会朝着哪个方向变化，则有待于今后的继续观察。

（4）不嗜好植物

在丹泽山地的梅花鹿不嗜好植物的种类，在亚寒带林有齿叶囊吾、毛叶藜芦、及己、日本松风草、天南星属植物等，而在亚热带林则有泽漆、龙珠、长叶薮苎麻、紫苏属植物、天南星属植物等。

在亚寒带自然林中设置植被保护栅时和设置 5 年后不嗜好植物的出现频率进行了比较[21]，在栅栏内没有观察到变化，而在栅栏外及己和齿叶囊吾的数量有所增加。这说明，对采食压力具有耐受性的种一旦形成，即便是去除了采食压力之后还是会长时间保留在林地上。

（5）一年生草本植物

在丹泽山地中梅花鹿采食影响较强的地域能够看到的一年生草本植物有荨麻科的荫地冷水

花、山冷水花、蓼科的深山头状蓼、花蓼、尼泊尔蓼，禾本科的邹马鞍菌、日本莠竹等。

在植物保护栅设置前后或是设置后栅栏内外的调查结果显示出，这些植物种类在林地植被繁茂时会不断的减少，而在梅花鹿影响持续的地域则有增加以及维持的倾向[21]。

从以上结果可以看出，植被保护栅会使由于梅花鹿的影响而易于减少的种群恢复，另一方面又会阻止因为梅花鹿的影响而增加的种群、有些情况下甚至还具有使其减少的效果。不过，栅栏内的珍稀种和后继树木根据今后林地植被的繁茂程度也具有减少的可能性。为此，今后还需要持续性的跟踪调查。

2）防止啃食树皮网

防止啃食树皮网在设置 7 年后，仍然在完成着防止由于环状剥皮而造成的枯死的目的。但是，另一方面，又产生了新的问题。那就是，此前没有被啃食树皮的树种开始遭到了啃食。而且，即便是设置了防止啃食树皮网，还是出现了由于强风造成树干折断而枯死的个体。这种枯死个体在设置网之前树皮的一部分已经遭到剥皮，据推测是腐朽菌从剥皮部分侵入，使得树木长势变差从而导致了树干折断。

3）个体数量管理

个体数量管理由于是在鸟兽保护区实施的，考虑到对其他动物产生的影响而没有使用猎犬，而是采取了人工驱赶捕捉梅花鹿的手段，以及用干草料等饵料引诱捕获的手段。捕获的头数，2003 年度的目标为 100 头，但是仅仅捕获了 45 头。其原因是，实施捕获的地域以往没有捕猎的经验，而且捕获地点有很多都是陡峭的斜坡，限制了辅助捕猎人员的行动。今后，在考虑到安全方面的同时，有必要探讨考虑使用陷阱、猎犬、高位方式等。

8-7　自然林保护・再生的课题与展望

植被保护栅的设置等以自然林的保护和再生为目的而实施的项目虽然实施的期间较短，还是取得了一定的效果。但是，要实现长期目标还有许多技术性和制度性的课题有待解决。作为技术性课题的例子，如栅栏的大小、个数、配置等设置方法，而且，在进行个体数量管理的情况下，还要探讨行之有效的梅花鹿捕获手法。制度性的课题则是如何使神奈川县的自然环境管理步入正轨并继续实施等。另外，丹泽山地的自然林问题不仅止于此，还是通过水和大气等物质循环与平原地区的都市相关的问题。因此，有学者指出，必须要有不仅限于丹泽山地、而是关注流域整体的项目[34]。

从 2004 年起至 2006 年为止的 3 年间，实施了新丹泽大山综合调查。这次调查是以水与生物以及经济的循环再生、保护和再生的具体目标的明确化、在市民中展开的调查三点为基本角度的[35]。以这些基本观点为基础，以描绘丹泽的保护和再生愿景为目标，制定了新的丹泽大山

8. 自 然 林

保护规划。该调查不像以往的综合调查那样以制作生物目录为主要目的，而是以面向解决问题的跨领域的调查为其特征。因此，除了以生物多样性的保护和再生为目标的"生物再生小组"之外，还有以土地、水、大气的健全循环为目标的"水与土再生小组"，以创建灵活运用资源的循环型地域社会为目标的"地域再生小组"，以及以丹泽大山保护再生的基础的信息的积累和共享为目标的"信息整理小组"等四支小组组成。另外，在四支小组之外还组建了政策探讨工作组，不光是将调查结果写入报告书就算完事，而是探讨实现保护和再生愿景的制度，还会探讨资金的引进方法。

人们期待着，能够在这次新的综合调查中，开辟出今后丹泽山地迈向自然与再生的道路来。

（田村　淳）

―― 引用文献 ――

1) 井上　健（2003）：シカ植食防止要望書について．日本植物分類学会ニュースレター 9, 10-11.
2) 梶　光一（2003）：エゾシカと被害：共生のあり方を探る．森林科学 39, 28-34.
3) Takatsuki S. and Gorai T. (1994) : Effects of Sika deer on the regeneration of a Fagus crenata forest on Kinkazan Island, Northern Japan. *Ecological Research* 9, 115-120.
4) Takatsuki S. and Hirabuki Y. (1998) : Effects of Sika deer browsing on the structure and regeneration of the Abies firma forest on Kinkazan Island, Northern Japan. *J. Sustainable Forestry* 6, 203-221.
5) 小金沢正昭（1998）：県境を越えるシカの保護管理と尾瀬の生態系保全．林業技術 680, 19-22.
6) Nomiya H., Suzuki W., Kanazashi T., Shibata M., Tanaka H. and Nakashizuka T. (2003) : The response of forest floor vegetation and tree regeneration to deer exclusion and disturbance in a riparian deciduous forest, central Japan. *Plant Ecology* 164, 263-276.
7) 櫻井裕夫（2003）：栃木県におけるシカの保護管理について．森林科学 39, 41-45.
8) 長谷川順一（2000）：ニホンジカの食害による日光白根山の植生の変化．植物地理・分類 48, 47-57.
9) Akashi N. and Nakashizuka T. (1999) : Effects of bark-stripping by Sika deer (*Cervus nippon*) on population dynamics of a mixed forest in Japan. *Forest Ecology and Management* 113, 75-82.
10) 古林賢恒ほか（1997）：ニホンジカの生態と保全生物学的研究．丹沢大山自然環境総合調査報告書, 319-421.
11) 山根正伸（1999）：丹沢山地におけるニホンジカ個体群の栄養生態学的研究．神奈川県森林研究所研究報告, 26, 1-50.
12) 古林賢恒（2003）：特集の総括にかえて ― 野生動物との共存を探る ―．森林科学 39, 46-51.
13) 三浦慎悟（2003）：獣害特集によせて ― 生態系の管理と試行錯誤．森林科学 39, 2-3.
14) 古田公人（2002）：ニホンジカ個体数増加の背景と原因．林業技術 724, 2-6.
15) 棚瀬充史（1997）：丹沢山地のマスムーブメント．丹沢大山自然環境総合調査報告書, 64-73, 神奈川県環境部.
16) (財)神奈川県公園協会・丹沢大山自然環境総合調査団企画委員会（1997）：丹沢大山総合調査報告書　丹沢山地動植物目録. 389pp., 神奈川県環境部.
17) 勝山輝男・高橋秀男・城川四郎・秋山　守・田中徳久（1997）：植物相とその特色 I　種子植物・シダ植物．丹沢大山自然環境総合調査報告書, 543-558, 神奈川県環境部.
18) 古林賢恒・山根正伸（1997）：丹沢山地長尾根での森林伐採後のニホンジカとスズタケの変動．野生生物保護 2, 195-204.
19) 星　直斗・山本詠子・吉川菊葉・川村美岐・持田幸良・遠山三樹夫（1997）：丹沢山地の自然林．丹沢大山自然環境総合調査報告書, 175-257, 神奈川県環境部.
20) 村上雄秀・中村幸人（1997）：丹沢山地における動的・土地的植生について．丹沢大山自然環境総合調査報告書, 122-167, 神奈川県環境部.
21) 田村　淳・山根正伸（2002）：丹沢山地ブナ帯のニホンジカ生息地におけるフェンス設置後5年間の林床植生の変化．神奈川県自然環境保全センター研究報告 29, 1-6.
22) 神奈川県（1999）：丹沢大山保全計画 ― 丹沢大山の豊かな自然環境の保全と再生を目指して ―．138pp + 1app.,

神奈川県環境部自然保護課.
23) 神奈川県（2003）：神奈川県ニホンジカ保護管理計画．35pp.，神奈川県環境農政部緑政課．
24) 宮脇　昭・大場達之・村瀬信義（1964）：丹沢山隗の植生．丹沢大山学術調査報告書，54-102，神奈川県．
25) ㈶神奈川県公園協会・丹沢大山総合調査団企画委員会（1997）：丹沢大山自然環境総合調査報告書，635pp.，神奈川県環境部．
26) 田村　淳・入野彰夫・山根正伸・勝山輝男（印刷中）：丹沢山地における植生保護柵による希少植物のシカ採食からの保護効果．保全生態学研究．
27) 神奈川県レッドデータ生物調査団（1995）：神奈川県レッドデータ生物調査報告書．257pp.，神奈川県立生命の星・地球博物館．
28) 神奈川県植物誌調査会（1998）：神奈川県植物誌1988．1442pp.，神奈川県立博物館．
29) 神奈川県植物誌調査会（2001）：神奈川県植物誌2001．1580pp.，神奈川県立生命の星・地球博物館．
30) 大野啓一・尾関哲史（1978）：丹沢山地の植生（特にブナクラス域の植生について）．丹沢大山総合調査報告書，103-121，神奈川県環境部．
31) 田村　淳・入野彰夫（2001）：丹沢山地の特別保護地区に設置された植生保護フェンス内の植生 ― 2000年の調査結果 ―．神奈川県自然環境保全センター研究報告 28，19-27．
32) 鈴木貞夫（1978）：日本タケ科植物総目録．384pp.，学習研究社．
33) Nakashizuka T. and Numata M. (1982): Regeneration process of climax beech forests Ⅰ. Structure of a beech forest with the undergrowth of Sasa. *Jap. J. Ecol.* **32**, 57-67.
34) 羽山伸一（2003）：神奈川県丹沢山地における自然環境問題と保全・再生．自然再生事業，p.250-277，築地書館．
35) 丹沢大山総合調査実行委員会（2004）：丹沢大山総合調査調査計画書．

9. 半自然草原

9-1 生态系统的概况与特征

在适宜植物繁育、气候条件温暖多雨的日本列岛，一般来说，会形成作为顶级的森林植被。而作为顶级的草原植被的形成，则是被局限于高山地带、海洋风冲地区和湿地草原等植物的繁育条件极为严酷的地方，这些草原被称为自然草原。

而本书的对象是以芒草草原（照片-1）和结缕草草原为代表的半自然草原，与在自然条件下形成的自然草原不同，是在顶级的森林植被形成的地方，附加了收割和放牧以及烧荒等人为条件而形成的草原植被。日本的代表性半自然草原有阿苏九重国立公园（熊本县、大分县）的结缕草草原和铺地竹草原、芒草草原，三瓶山（岛根县）的结缕草草原，雾峰高原（照片-2）和车山高原（长野县）的芒草草原等，这些草原即使是位于山区地带，也是通过长年来与人类之间的关系而得以形成和维持的。

现在，生活在都市里的我们日常所接触的草地植被绝大部分都是都市公园、高尔夫球场的草坪以及河滩和堤防上的草地。除过河滩，这些草地基本上都是在工程建设之后作为绿化材料播种或是种植园艺品种或外来牧草而形成的人工草地，与半自然草原不同。

半自然草原曾经是作为采草地或放牧地等生产性目的被人们利用并得到维持管理的。在1960年代以前，采草地是用来生产农田的肥料和家畜的饲料以及修葺房顶的材料的，而放牧地则是用来作为家畜的培育场和饵料场的。但是，在日本步入经济高速成长期之后，这些功能迅速消失，目前，这些地方很少再作为半自然草原被利用和维持管理了。许多半自然草原转换

照片-1　芒草草原（大阪府岩涌山）

照片-2　从八岛原湿地草原眺望雾峰高原

土地利用功能变成了人造林地、人工草地、住宅区和工厂等，或者是遭到弃置变成了荒地或是森林，产生了不同的植被变化[1]。另外，1991年起开始实施的牛肉进口自由化对日本的畜牧业造成了巨大打击，作为放牧地使用的半自然草原在经济状况上日趋严峻。残留至今的半自然草原数量较少，而且每个面积规模都有逐年缩小的倾向。拥有半自然草原的地域，把失去生产机能的半自然草原的景观作为观光资源加以利用，希望从草原中开发出经济价值，但是面临着维持管理成本的收支平衡和管理技术不成熟的问题。

半自然草原与次生林相同，是在人为影响下形成的次生植被，不过这些群落是由原有的草原性植物构成的，是包括动物区系在内的许多草原性生物的栖息地，作为日本的草原生态系统的核心发挥了重要功能。作为形成日本植物区系的重要种群要素有，以大陆的温带草原（照片-3）为起源的朝鲜白头翁和东方堇菜，以及作为秋季七草而被人们所熟知的黄花龙芽（照片-4）等被称为朝鲜半岛要素的草原性植物种群，这些主要是以九州北部、本州西部（包括冈山、广岛、山口、鸟取和岛根五县）到中部地方的半自然草原为繁育地[2]。

朝鲜半岛要素种群被认为是在最终冰期经由作为陆桥的朝鲜半岛，从大陆传播到日本列岛，并在火山活动剧烈、易于维持草原环境的阿苏九重的火山灰台地等地域扎根的[3]。之后，朝鲜半岛要素植物在受到人类活动影响而产生的半自然草原和次生林的林地等草原环境中缓缓扩展其繁育地，在真正的农耕开始之前的绳文时代前期，就已经通过烧山和烧荒等创造出了草原环境，这些因素被认为是长期以来培育了以朝鲜半岛要素植物为代表的草原性植物。再往后，从弥生时代开始的水田稻作农耕是通过草原环境提供的绿肥得以支持的，并且这种草原利用的模式一直持续到数十年前，拥有漫长的历史。

但是，由于上文所述的原因所造成的半自然草原的变质和减少，许多草原性植物现在甚至都面临着濒临灭绝的危险。

在动物区系中，有研究者指出，作为与植物中朝鲜半岛要素相当的起源于大陆的温带草

照片-3　中国内蒙古自治区的温带草原

照片-4　黄花龙芽
（大阪府岩涌山）

原的蝶类的栖息地，半自然草原的存在具有重要性[4,5]。被环境省指定为濒临灭绝种的蟾福蛱蝶（蛱蝶科）截止 1960 年代为止在日本各地尚能随处可见，但是由于其幼虫的食草，即堇菜中的一种如结缕草和芒草占据优势的半自然草原减少，使得蟾福蛱蝶的数量急剧减少，目前仅仅在西日本的山地草原中残留有少量的栖息地。同样被指定为濒临灭绝种的蓝紫灰蝶（灰蝶科）在本州已经基本灭绝，是目前仅在阿苏地区的半自然草原栖息的草原性蝶类。蓝紫灰蝶灭绝的原因，则认为是由于其幼虫的食草即苦参生长的半自然草原减少[6]。草原性草本植物苦参是以通过适度的采草来控制迁移的草原环境为繁育地的。但是，由于草原不再得到利用、遭到弃置不管而促进了迁移，使得苦参种灭绝了[6]。有报告称，以温带草原为起源的其他蝶类中，河伯锷弄蝶（弄蝶科）和黑豹弄蝶（弄蝶科）、突角小粉蝶（粉蝶科）等由于栖息地半自然草原减少而逐渐减少[7]。灰蝶科的黑灰蝶虽然与草原性植物之间没有直接的联系，但是该种的幼虫是由只能在草原环境中栖息的蚜虫和日本弓背蚁来提供饵料的，正是由于具有这种特殊而紧密的种间关系，黑灰蝶同样面临着濒临灭绝的危险[5]。从这种蝶类的例子我们也能够看出，半自然草原不仅仅是草原性植物的繁育地，其作为与草原密切联系的动物的栖息地也是十分重要的。

除了昆虫类之外，还有以草原为栖息地的鸟类和哺乳类啮齿目的减少。由于对于半自然草原的生物学价值进行评价的时日尚早，现阶段关于各种分类群进行的群落现状解析尚不充分，因此为了避免草原以及栖息于此的生物进一步灭绝，应该尽早着手对此进行研究。

9-2　半自然草原的再生

1）再生规划前的注意要点

如同上文所说的，由于半自然草原失去了以往的生产机能，所以其面积规模逐渐减小。以半自然草原为栖息地的生物的减少和灭绝成为问题，因此有必要对草原生态系统进行复原。而在着手草原生态系统的复原时，作为生态系统基础的初级生产即半自然草原的再生就成为了第一目标。

然而，必须要避免为了使得半自然草原植被再生，而故意建成人工裸露地面并在其上播种并非本地来源的植物种子或者是引进并非本地来源的植株。在目前为止进行的自然再生事业当中，有些地方把重型机械开进残存的珍贵半自然草原中，制造大规模的裸露地面，并在其中引进园艺种（就算种名是原有种，但是有些情况下会引进明显是园艺品种的种子）或是其他地域来源的种子，其结果反倒是破坏了自然。项目负责人必须理解，这种项目是背离了自然再生的理念的。制造新的裸露地面或是干扰土壤，会易于成为外来植物入侵和扎根的原因。具有成员驯服和优势驯服的可能性的外来植物一旦在某地域扎根，要驱逐就会十分困难，之后会造成遗留植被管理的问题。另外，裸露地面的造成和土壤的干扰会成为外来植物入侵并扎根于现存的半自然草原的原因，会对原有生态系统造成巨大的影响。而且，在自然再生事业中使用的绿化材料的植物不应该使用园艺品种或是来源于其他地域产地的品种，而是应该采用以对象地域为产地的种子、植株和个体。但是，由于这些植物材料的筹措非常的困难，因此往往具有交给施工单位负责的倾向，应该注意不要无序的随便从附近的山野里采集自生种的种子或是植株等。还有，用于自然再生事业的植物材料，要设定并对应长期在苗圃进行植物材料培育的时期。另外，在进展过程中还必须细心注意，不要由于从自生地采集植物而对剩下的自然产生破坏性的影响。近来经营园艺产品的家用建材中心开始销售能够在家庭中轻松制造群落生境的水生植物，以及用山野草本植物的名称销售园艺品种的泽兰和黄花龙芽等植物材料，这些植物材料应该作为园艺品种来对待，原则上不应用来作为自然再生的材料，并且应该尽量不流出到野外。

综上所述，项目负责人关于自然再生事业是否会南辕北辙招致破坏自然的结果，必须要以专家的意见为参考，慎重的探讨规划。在自然性较高的地域或者是容易遭受人为影响的地域，例如自然公园内和山岳地区、岛屿等地，这一点尤其需要得到重视。

草原植被与森林植被相比，往往容易被理解为在较短时期内可以从裸露地表得到恢复的植被。模仿以往的半自然草原、把芒草、黄花龙芽和桔梗等象征性植物种类栽培在花坛等地方的状态，并非是真正意义上的自然再生。为了使草原植被作为生态系统发挥机能，就必须花费长时间使得再生后的植被与微生物以及动物区系之间的相互关系得到修复。

因此，以曾经是半自然草原的地方为据点进行再生事业是行之有效的方法。曾经是草原的地方的土壤中，保存有草原植被的构成种的掩埋种子和微生物区系的可能性较高，通过恢复光环境等环境条件，不仅易于复原植被，还易于复原这些生物之间的相互关系。

2）再生的目标设定和方法

再生规划的探讨，要从收集对象地域中曾经存在的半自然草原的相关资料并加以分析开始。如果能找到过去的气象数据、草原植被的植物区系和群落景观植被图以及与群落构造相关的学术性资料，就能够以这些为参考，探讨在对象地域中应该作为能够再生的目标的草原植被及其地点。但是，作为目标的草原植被，不应该是过去的植被，而必须是在现有的立地条件下能够形成的植被。

在复原草原生态系统之际，收集与动物区系等相关的学术性资料也非常重要。不过，值得参考的学术性资料和环境调查资料如果以往没有专家进行调查，收集起来就十分困难。在对象地域没有相关资料的情况下，就可以采用周边地域在同样环境条件（气候条件和海拔、土壤条件等）下形成的半自然草原的资料为参考。

另一方面，收集并分析古文献和古地图等乡土资料、地形图、航拍照片等，进而通过进行采访调查等了解以往半自然草原的分布范围和面积、作为采草地和放牧地以及火烧田等生产地的用途、管理方法和惯例，以及所有者和所有形态的沿革也很重要。即便以往曾经是半自然草原的地方由于弃置而变成了灌木丛，只要经过的年份尚短，就可以通过采伐成为草原性草本植物的竞争种的木本植物种以及去除细竹类和蔓性植物等收割管理等方法，逆向迁移从而使其再次变成草原。如同上文所述，寻找过去曾经是草原的地方、回避高强度的人为干扰并灵活运用保存在土壤中的生物区系从而使草原植被得以复原，才是最为行之有效的方法。在这种情况下，要判断过去曾经是草原的灌木丛是否有可能复原为草原植被，就需要由专家进行调查以掌握现存植被和群落的现状，设定小面积的草原化实验区，并以此结果为基础进行探讨。即便是在根据实验结果判断草原化可行的情况下，如果短期内大面积的砍伐灌木丛，或者是在其过程中产生了不必要的土壤干扰、从而促进了外来植物的入侵和扎根的话，就会提高导致自然破坏的可能性。在实际中，复原草原的工程会对周围的生态系统造成什么样的影响会根据项目的不同而异，较难预测。因此，在实施项目之际要监测对周边产生的影响，同时还必须要花上较长时间，小面积的逐步推进。

　　了解对象地域草原过去的用途和管理方法，会成为了解当时草原植被的线索。由于半自然草原是在植被迁移的中间区系形成的，因此维持时就需要通过人为的管理来控制迁移的进行和偏向。在生产机能已经丧失或是作为目标的植被不同的情况下，是无法原封不动的照搬以往的管理方法的。但是，一般来说，以往的管理方法会成为探讨新的管理方法之际的参考。另外，了解草原过去的用途和管理方法，对于掌握地域中半自然草原的文化定位也是很重要的。以往，有将整个群落作为绿肥用途、修葺房屋用途以及家畜的饲料用途的采草地和放牧地等很多种类的半自然草原，这些草原是通过与人类、耕地以及周边的次生林建立关系而形成的。地域中包括半自然草原在内的土地利用和生产活动、生活的变迁过程，同时也是地域文化形成的过程。半自然草原的再生不单单是的自然再生，同时也是重新审视人类与自然的关系即自然共生文化的过程。

　　在仍然保留有半自然草原的地域，对过去的资料进行收集和分析同样重要。另外，为了掌握植被和管理的现状，还必须要进行植被调查和采访调查。必须要探讨残留的草原植被是否为应该设定为目标的植被。通过考察现有草原植被与目前以及过去的管理之间的关系，就可以设定能够在对象地域的立地条件中形成的目标植被，并探讨与之相适应的管理方法。

　　在以自然再生为目的的规划项目中，必须要尽可能的保留并有效利用对象地域现存的自然。不过，在实际的规划中，有些情况下不得不破坏自然，这是个重大的问题。例如，有些规划为了在存在半自然草原的地方修建建筑物，就会破坏草原造成裸露地面，接着在其他的地替代地点使半自然草原再生。这样的规划最好尽可能的回避，但是如果是在不得不短期内破坏自然的情况下，为了收集能够在替代地点再生的资材，就必须要通过专家进行调查，以掌握原本的自然状况（植被、植物区系、动物区系和立地环境等）。而保存了掩埋种子等的当地表层土壤（表土）需要临时进行保存、并通过在替代地点进行表土播撒的方法进行植被再生等，必须花费长时间来探讨灵活运用了现存生物资源的规划。另一方面，尽管目前表土播撒法已经成为了植被再生之际的常用方法，但是保存过程中掩埋种子的生存条件不同，而且并非是所有的植物种类都能够再生，因此必须认识到，该方法并不是万能的。

　　在周边已经完全没有残留能够利用的自然植被或是填海造地的地方等进行自然再生项目，

既有可能违背自然再生的理念，也容易成为引发新问题的诱因。想要在迄今为止没有形成半自然草原的地方，例如在填海造地的地点建立样本园式的半自然草原时，如果随便采集距离该地点相当远的自生地繁育的植物种（尤其是对于濒临灭绝危险种等珍稀种来说是个大问题）的种子和植株、并作为植物材料使用的话，就有可能导致自然破坏。在这种情况下，应该尽可能的将目标植被设定为以能够从周边地区筹措到植物材料的普通种为中心的草原植被。在周边地区附近，如果有由于开发而遭到破坏的半自然草原的话，就可以探讨通过上文所述的在替代地点进行表土播撒的方法进行植被的再生。但是，说到底，都必须是能够在对象地域的本地环境条件下形成的植被。

3）可持续性植被管理与监测调查

在再生属于植被迁移中间区系的半自然草原的项目中，可持续性的植被管理是必不可少的。为了抑制并去除被认为会推进半自然草原的迁移或者使之偏向的木本类植物等竞争种，就必须进行收割或者放牧以及火烧等植被管理[8]。至于要如何设定作为草原性植物来维持和保护的种，以及作为竞争种来抑制的种，要根据目标植被进行判断[8]。并且，目前进行的指标管理是否要继续，还要以定期的监测调查为基础进行探讨。

在失去草原的生产性机能的情况下，要筹措管理费和监测调查的费用是比较困难的，市民们应该要有从自然再生事业中发现其环境保护价值的新认识。

9-3 半自然草原的再生案例

1）阿苏的半自然草原

熊本县不仅把阿苏的半自然草原，还把森林和耕地作为绿色储备，定位为广大国民共享的生命资产。通过农村与都市居民以及行政之间的相互协作，以将该绿色储备传递给后代为目的，设立财团负责草原的维护和管理事宜。为了维护管理半自然草原，有志愿者负责实施被称为烧荒的烧地和被称为割圈地的防火带割草工作。在保留了与畜牧业相关的草原机能的地域，实现自然再生与生产的相互促进。当地还进行了以提高志愿者工作安全性为目的的研修等。

2）三瓶山的半自然草原

岛根县三瓶山山麓的结缕草型草原曾经是通过放牧维持的在生物学上也十分珍贵的半自然草原，但因失去了作为生产地的机能之后遭到弃置，逐渐荒废或是变成了森林。不过，从1996年开始，畜产农家与市民团体以及研究机构合作进行了草原保护活动，一部分地区作为放牧地得以复活[9]。以市民团体为中心志愿参加烧荒、通过放牛制造防火带，并通过研究机构对植被和珍稀植物的动态进行监测[9]，自然再生的进展水平较高。

照片-5 芒草草原的收割作业（大阪府岩涌山）　　照片-6 收割后的芒草草原（大阪府岩涌山）

3）岩湧山的茅山

茅山是以获取修葺房屋的材料为目的的半自然草原。位于大阪府南部的岩涌山的山顶原本有当地村落作为茅山利用的半自然草原，但是20世纪60年代由于失去了生产性机能而遭到弃置，逐渐灌木丛化[8]。不过，进入20世纪80年代，当地村落提出要恢复已经荒废的茅山、使其恢复原来的状态，以当地居民和森林工会、电车公司以及观光协会为中心成立了岩涌山茅山保护协议会，实施收割管理（照片-5,6），成功实现了草原的再生[8]。收割后的芒草由文化厅收购，作为重要文化遗产的屋顶修葺材料。山顶上设置了远足路线，防止对草原进行踩踏以及植物采集对草原植被产生的影响。

4）雾峰高原中外来植物的去除

在长野县的雾峰高原，外来植物的入侵和扎根成为了问题。尤其是一年蓬类的问题较为严重。为此，一部分当地自治体为了保护观光资源，在市民们的帮助下进行了拔草作业[10]。但是，并没有看到除草的效果[10]，推测原因是拔草之后形成的裸露地面又成为外来植物新种子发芽的避风港而造成的。近年来，横跨地域的观光道路维纳斯线开始免收通行费，今后随着利用者的增加，还会面临新的外来植物的入侵和扎根以及草原的过度利用等问题。

5）千叶县立中央博物馆生态园的芒草草原

位于千叶县立中央博物馆的生态园，是以再现和展示千叶县的代表性植物群落为目的建立的野外展示设施。除了芒草草原之外，还展示了由米槠和红楠构成的常绿阔叶林、昌化鹅耳枥和枹栎等的落叶阔叶林以及海岸植被等植物群落。芒草草原是通过在人工建成的土地上栽植芒草植株的方法培育的。详细的经过，可以参考生态园的记录《在都市中创造自然》[11]。

（大洼久美子）

——引用文献——

1）大窪久美子・土田勝義（1998）：第Ⅱ編7 半自然草原の自然保護，自然保護ハンドブック，p.432-476, 朝倉書店．
2）村田　源（1988）：日本の植物相—その成り立ちを考える17, 大陸要素の分布と植物帯．日本の生物，p.2-6, p.21-25.
3）我が国における保護上重要な植物種および植物群落の研究委員会植物分科会編（1989）：我が国における保護上重要な植物種の現状，320pp., 日本自然保護協会・世界自然保護基金日本委員会．
4）日浦　勇（1978）：現生生物の分布パターンとウルム氷期，第四紀（第四紀総合研究連絡誌），p.7-25.
5）柴谷篤弘（1989）：日本のチョウの衰亡と保護，やどりが特別号日本産蝶類の衰亡と保護第1集（浜　栄一・石井　実・柴谷篤弘編），p.1-15, 日本鱗翅学会．
6）室谷洋司（1989）：青森県におけるオオルリシジミの衰亡，やどりが特別号日本産蝶類の衰亡と保護第1集（浜　栄一・石井　実・柴谷篤弘編），p.90-97, 日本鱗翅学会．
7）清　邦彦（1988）富士山にすめなかった蝶たち，p.180, 築地書館．
8）大窪久美子（2001）：刈り取り等による半自然草原の維持管理，生態学からみた身近な植物群落の保護（大澤雅彦監修・日本自然保護協会編），p.132-139, p.142-145, 講談社サイエンティフィク．
9）高橋佳孝（2001）：島根県三瓶山の放牧草原の維持・回復，生態学からみた身近な植物群落の保護（大澤雅彦監修・日本自然保護協会編），p.140-141, 講談社サイエンティフィク．
10）土田勝義（2001）：長野県霧ヶ峰高原の半自然草原の維持・管理，生態学からみた身近な植物群落の保護（大澤雅彦監修・日本自然保護協会編），p.146-147, 講談社サイエンティフィク．
11）大窪久美子（1996）：自然草地の復元—ススキ植栽群落の初期の変化と今後の課題—，都市につくる自然—生態園の自然復元と管理運営—（沼田眞監修・中村俊彦・長谷川雅美編），p.65-71, 信山社．

10. 贮 水 池
—以新潟县中鱼沼郡"义洼池"修建项目为例—

10-1 贮水池自然再生的目的与对策

贮水池是为了在农田中稳定引水而人工建成的水域，可以大致分为在谷地修建土堤的"谷池"和在平原地区筑堤储积雨水或是农业用水的"皿池"。日本全国有数量庞大的贮水池，仅在大阪府和兵库县境内面积在1公顷以上的贮水池就超过了55000个。

竣工后经历较长年份之后，贮水池的土堤、溪水流入的部分和沿岸上往往会稀有的动植物定居。这些动植物定居之后，贮水池本身就会成为继承生物多样性的据点群落生境，对流入的小溪流和引水的农田来说则是动植物的供给源。

贮水池的土堤，经过长时间之后接缝尾部和暗渠的缝隙等处会开始漏水，在搁置状态下难以稳定蓄水，对沿岸的水生生物和水生植物的扎根也会造成影响。因此，通常土地改良协会等农业经营者组织和都道府县的耕地事务所以及市町村等常常会为了消除漏水现象而实施土堤改建工程。

但是，以往的土堤改建工程会忽视在贮水池中扎根的稀有动植物等，在大多数改建后的贮水池中，濒危物种等多样的水生动植物都消失了。今天的农业基本法和土地改良法也都修改增加了重视"环境"的内容。为了真正保护地域的自然环境，希望预定改建"漏水贮水池"的各个单位务必能够以本文所述的案例为参考。考虑贮水池的动植物问题而并不单单是"漏水贮水池"的情况，包括为了增加储水容量而提高坝体或是清除过度堆积的枯枝落叶和泥沙等各种问题。不论是何种情况，都应该寻求适当的对策。

10-2 考虑到水生动植物的"贮水池"坝体改建工程

作为考虑到栖息其中的动植物的漏水土堤改建案例，本文选取了新潟县中鱼沼郡津南町的国营苗圃建设项目"义洼池"坝体改建工程（北陆农政局）。地点位于苗场山北部山麓，海拔约460m，年平均气温11~12℃，年降水量可达2500mm，属于山毛榉带。附近有已经建成的用来生产鱼沼产越光（译注：大米品种）的广阔水田。

1）事前调查
首先重要的是在改建前对稀有种等生态系统进行实地调查，以其结果为基础结合专家意见，拟定实施计划，然后付诸实施。不进行实地调查的话，就无法拟定方针和保护规划。实施的时期为春夏秋冬四季，而动植物活动最为活跃的春季至初夏的实地调查如果有可能的话最好能够进行多次。在积雪较多的地方也可以省略冬季调查。

2）施工时期

在对动植物的考虑中，改建的施工时期调整也很重要。春季至盛夏期间对贮水池进行暴晒，会对处于活动最旺盛时期的动植物造成巨大的打击。为此，通常来说，从动植物活动变得迟缓、开始进入冬眠期的秋季至山赤蛙和云斑小鳏等开始集中产卵之前的冬季，是施工的最佳时期。因此，要提前做出对策，例如西日本地区应该在开始产卵前的2月份结束施工等。

不过，津南地区是日本屈指可数的暴雪地带，每年从11月份开始下的雪往往会残留到翌年的4月份，即便是在平原部分积雪量最大也可达到2~3m。为此，在施工期间长达数月的建设工程中，施工时期又不能错过动植物尚在活跃的初夏到秋季这段时期。由于当地的土堤改建不得已将工期设置在了7月份到11月份，因此采取了针对水生动植物的度夏措施。

3）监测调查与补充施工以及培育管理

在施工之后，以实施了对策的动植物为中心，对其定居状况进行监测调查。以其结果为基础，探讨补充工程和培育管理的内容、规划。

各地的贮水池通常会定期进行坝体和沿岸的除草工作，并清除堆积在水底的淤泥（淘干）。这种培育管理对于水生动植物来说，也发挥着调节植被的变迁、更新维护栖息环境的重要作用。在濒临灭绝危机种等稀有动植物已经定居的情况下，则必须要探讨考虑到个体群存续的培育管理施工方法。

10-3　考虑到动植物的工程

在"义洼池"的土堤改建中，在施工之前，对贮水池及其周边的生态系统实施了调查。结果是，在贮水池中，除了雅罗鱼、泥鳅和银鲫鱼等鱼类之外，还发现了黑斑蛙和蝾螈等两栖爬虫类，以及龙虱、琉璃蜓、日本红娘华等很多昆虫类。其中，黑斑蛙和龙虱、日本红娘华是新潟县的濒临灭绝危机种。植物类也发现了新潟县指定的濒临灭绝危机种睡菜、睡莲和长柱金丝桃。为了不使这些濒临灭绝危机种等多种动植物灭绝，在土堤改建时，实施了水生生物临时避难和水生植物的实地保护措施。

1）对鱼类和水生生物采取的对策

水生生物的临时避难流程如图-1所示。

10. 贮水池

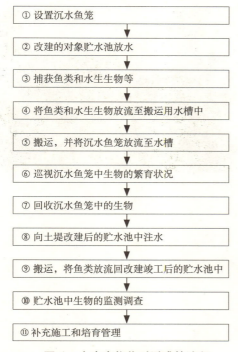

① 设置沉水鱼笼
② 改建的对象贮水池放水
③ 捕获鱼类和水生生物等
④ 将鱼类和水生生物放流至搬运用水槽中
⑤ 搬运,并将沉水鱼笼放流至水槽
⑥ 巡视沉水鱼笼中生物的繁育状况
⑦ 回收沉水鱼笼中的生物
⑧ 向土堤改建后的贮水池中注水
⑨ 搬运,将鱼类放流回改建竣工后的贮水池中
⑩ 贮水池中生物的监测调查
⑪ 补充施工和培育管理

图-1 水生生物临时避难的流程

照片-1 水生生物临时避难用的沉水鱼笼

(1) 设置沉水鱼笼

采用聚乙烯管制作框架,在框架上固定网眼 2~3mm 的渔网,并在聚乙烯框架上安装浮漂(照片-1)。将该沉水鱼笼固定到别的贮水池的岸边,在放流回原来的贮水池之前用于鱼类等的避难。

单个沉水鱼笼的大小和深度及设置的水深,根据水生生物的种类和大小不同而不同。照片-1中的沉水鱼笼是以成鱼为中心的,因此面积为 $5m^2$,深为 80cm。网眼太大的话,小鱼会从网眼中逃走,而且在栖息有大口鲈鱼等肉食性归化生物的贮水池中,这些肉食性生物还会侵入到沉水鱼笼中捕食临时避难的水生生物。沉水鱼笼的设置数量要为多个,以控制体型不同的鱼类和肉食性水生生物之间的同类相残以及相互捕食。

(2) 贮水池放水

为了防止底栖生物和鱼类的流失,贮水池中的水不能打开导水管一次性排放,而是应该按照从上到下的顺序,逐天放水。另外,在贮水池的淤泥中,除了水生植物的掩埋种子之外,还包含有水生生物的卵以及幼虫,因此在土堤改建时如果全部排放掉的话,会导致资源的大幅度减少。在土堤改建之前,由于将这些生物全部捕获基本上是不现实的,所以采取了仅仅排放上层水的方法。

(3) 改建贮水池中鱼类和水生生物的捕获

使用垂进水底的水下水泵抽取池水,在水位下降的同时,利用拦网或是小船驱赶鱼类,并从

照片-2　从小船或是岸边捕获水生生物　　照片-3　捕获到的鲤鱼由于捕食压力较大，不再放回贮水池中

小船上或是岸边利用水网捞取水生生物（照片-2）。由于潜入泥中而无法采集的个体数量较多，因此如同下一项将要叙述的那样，在放水后的贮水池中，采取不使底土干燥的对策也很重要。

在从岸边利用手网等捕获水生生物的情况下，由于池底堆积有泥沙和淤泥，应该穿着胶皮连脚裤和胶皮长靴。注意不要过于深入，以免陷入淤泥无法动弹。另外，这种捕获的鱼类当中，由于鲤鱼的肉食性较强，会将蜻蜓和龙虱的幼虫等底栖的水生生物蚕食殆尽，对贮水池的生态系统造成较大的负荷，因此不再放流回去。再者，贮水池中的鲤鱼和鲫鱼曾经是蛋白质来源，在贮水池清扫之际，还曾被用于食用（照片-3）。

（4）鱼类和水生生物的搬运到临时避难，以及改建后的再次放流

捕获到的水生生物按照体型大小和种类分别转移至注入了1/3左右水的水箱中，然后再转移到设置了沉水鱼笼的其他贮水池中去。此时，为了防止鱼类争斗，对于龙虱和蜻蜓的幼虫等肉食性水生生物要投入草杆，以形成可作为隐蔽场所大小的空间。另外，与搬运时相同，在沉水鱼笼中也要投入草杆，以形成小鱼和水生生物的隐蔽场所，使得鹭鸶和翠鸟等难以捕食，提高临时避难的效果。

从6月中旬起到土堤改建完成之后注水的11月上旬为止，要让水生生物在该沉水鱼笼中临时避难，为了确认是否出现异常，要每隔10天左右，进行一次巡视。在放流至改建后的贮水池之际，要捞起沉水鱼笼，使用水桶等将网中的鱼类和水生生物转移至水箱中然后搬运（照片-4）。银鲫鱼和雅罗鱼等的成鱼在土堤附近的开放水面放流也不成问题。但是将缺乏移动能力的龙虱和蜻蜓幼虫以及幼鱼放流到土堤附近的开放水面时，由于移动到适应的栖息环境需要时间，因此捕食压力和水温低下有可能会造成移动困难。为此，要选择原本的栖息环境即散布着挺水植物等的群落交错带进行放流。

（5）改建后的监测调查

如果不让鱼类临时避难就排干池水的话，由于没有鱼道，就没有让鱼类返回贮水池的保障。如果不进行引进的话，改建的贮水池可能会没有鱼类栖息。在沉水鱼笼中也存在死亡或是遭到捕食的个体。但是，在适宜的管理之下，不会出现全部个体都灭绝的现象。

10. 贮水池

照片-4　使用水箱进行转移鱼类的搬运

照片-5　监测调查中水生生物的定居和繁殖状况

在水生生物中，由于龙虱是濒临灭绝危机种，因此重要的是不要对地域个体群造成负担。琉璃蜓和闪蓝丽大蜓的幼虫，从卵发育到成虫需要2~3年的时间。这些生物如果由于贮水池排水时排放的过于彻底、因为底土的干燥而死亡的话，改建后1~2年生的幼虫会减少，第二年有可能出现没有成虫的现象。另外，在临时避难过程中，发现了羽化为成虫的蜻蜓。在基本没有水位的状态下从6月到10月5个月处于干燥状态的贮水池中，幼虫的发育是较为困难的。沉水鱼笼中的羽化，起到临时避难的效果。

"义洼池"在土堤改建第二年的初夏、夏季和秋季对水生生物实施了监测调查。结果确认到了数量较大的没有翅膀且欠缺移动能力的蝾螈和黑斑蛙的幼体，以及泥鳅、银鲫鱼和河川虾虎鱼的幼鱼等（照片-5）。这些幼体和幼鱼被认为是临时避难的亲本或是在得到维持而没有干涸的底土、贮水池的水道中存活的亲本所产的卵发育而来的个体。此外，濒临灭绝危机种的龙虱幼虫和成虫等改建前的水生生物的所有种类也基本上都得到了确认。这样一来，就验证了个体的临时避难和防止贮水池底土干燥的措施，在贮水池改建时作为水生生物的保护措施是行之有效的。

10-4　水生植物的对策

在该贮水池改建之前的调查中，发现了被指定为濒临灭绝危机种水生植物的睡菜、睡莲和长柱金丝桃等的自生植株。如上文所述，在津南地区，每年11月份开始下的雪在平原部分积雪厚度最大也可达到2~3m，并且会残留到第二年的4月底，因此冬季的改建工程较为困难。土堤改建工程的放水期间为6月~10月。贮水池的底土的土壤湿度如果极端干燥的话，水生植物的根茎枯损的可能性就很高。对于水生植物的实地保护流程如图-2所示。

在该实践案例中，针对自生于沿岸干燥地点的睡莲，在截止注入的期间，为了保护其不会干燥，在叶片上覆盖了秸秆蒲包，为了防止秸秆蒲包被风吹散刮走，又在其上铺了混凝土砖块或是当地挖掘的土壤作为镇石（照片-6）。由于这些考虑，光线可以通过秸秆的空隙照射到睡莲叶片上，从而可能进行少量的光合作用。

```
① 土堤改建施工范围，确认工程、排水系统
        ↓
② 探讨通过来自源头部分的既有流入水和来自左右
   岸的浸出泉水来维持排水时底土土壤湿度条件
        ↓
③ 通过在水生植物繁育地覆盖秸秆蒲包抑制蒸发
        ↓
④ 设置镇石防止铺好的秸秆蒲包被吹散
        ↓
⑤ 巡视确认水生植物的繁育状况
        ↓
⑥ 监测调查 确认水位恢复期间水生植物繁育状况
        ↓
⑦ 补充工程和培育管理
```

图-2 水生植物实地保护的流程

照片-6 暴晒时通过铺设秸秆蒲包防止底土的干燥

照片-7 通过铺设秸秆蒲包保护水生植物

照片-8 通过扩展泉水的水路保护水生植物

另外，由于控制了底土的干燥程度，即便是没有铺上秸秆的地方水生植物不干枯而存活下来的可能性也提高了（照片-7）。在源头部分或是泉水经过的部分，水分布的范围较广、拓展了水路，防止了底土的干燥。照片-8是排水后第二个月即8月中旬的状况。睡莲的茎叶没有枯萎，仍然存活着。

另外，来自源头部分和泉水眼的水一直流到土堤的施工地点之前，避免了池底的干燥。暗渠改建的地点围上了铁制板桩以防止水的流入，采取了水泵排水的对策（照片-9）。此外，还可以考虑在施工前挖掘出水生植物，在适当的管理条件下临时保育，施工后再次移栽的方法。但是，在这种情况下，就会产生移栽地的用地和管理，以及再次移栽时所需要的时间和精力等问题。

施工的第二年，对自生于水滨的濒临灭绝危机实施了监测调查。结果，沿岸的群落交错带中的植被带基本上恢复原状，长柱金丝桃群落、睡菜群落基本上处于与改建前相同的状态（照片-10）。另外，睡莲在水面上展开了叶片（照片-11）。这样，通过多种方法在夏季防止底土的干燥，对稀有水生植物的实地保存方面是行之有效的。

10. 贮水池

照片-9　暗渠改建工地的取水地

照片-10　暗渠改建后睡菜群落的再生状况

照片-11　暗渠改建1年后睡莲群落的再生状况

照片-12　保留了土堤植被的暗渠改建

再者，注意不让底土干燥，除了对水生植物之外，还对残留在泥中的水生生物的保护作出了贡献，具有多重效果。因此，即便是采取了移栽水生植物并再次移栽的方法，为了对水生生物进行实地保护，该方法的实施也是必不可少的。

10-5　土堤植物的对策

通过改建前的事先调查，确认到了在土堤上，簇生的白茅和芒草的植株之间混生有红珠树、夏枯草、百脉根、一枝黄花和野原蓟等野生花草。芒草和白茅在土层表层展开根茎，具有防止土堤崩溃和漏水的机能。

这些草种占据优势的植被，是长期以来，通过每年 2~3 次的收割和烧荒培育而成的。混生的野生花草是与在如此农业活动中形成的芒草和白茅群落共生扎根的种群。另外，在土堤的表土中，保存有长期以来积累的掩埋种子，栖息着多种土壤生物。

全面改建土堤并丢弃掉当地的表土的话，这些野生花草的繁育基础和掩埋种子就会遭到毁灭性破坏。在该实践案例中，将土堤的改建面积控制在了最小范围之内，仅限于修建新水道的必要部分和漏水的部分，在施工时保留了原本土堤植被的一半以上（照片-12）。照片-13，是

照片-13 暗渠改建后第一年时的土堤植被　　照片-14 剥取作为植被基础的土堤表土的例子

图-3 通过土堤表土块的采集和粘贴进行的植被的恢复模式

改建竣工后第一年时植被的状况。改建部分的植被，逐渐随着来自两侧既有植被的地下茎的扩展和种子的飞散而逐步发达。

通常，对于这种人工造成的裸露地面，为了防止表层土的侵蚀，往往会播撒草地早熟禾等牧草或者花草以及灰毛紫穗槐等外来种的种子。但是这种行为，会推迟原有土堤植被的扎根，并流出该地域干扰既有的植被。因此，原则上不采用外来种进行绿化。

在会发生侵蚀的广阔面积上出现裸露地面的情况下，必须要探讨考虑到既有植被的施工方法，例如事先要在不破坏土壤构造的条件下从旧土堤坝体上剥取表土（照片-14），在施工结束前修整坝体形状时用与采用市松式手法种植草坪时相同的窍门粘贴到土堤上去（图-3）。

(养父志乃夫)

——引用文献——

1）養父志乃夫（2002）：自然生態修復工学入門，p.97-122，農文協．
2）養父志乃夫（2003）：ホームビオトープ入門，p.146-161，農文協．
3）養父志乃夫（2005）：田んぼビオトープ入門，p.6-20，農文協．

11. 泉涌地

　　本文所述的泉涌地，是指泉水本身以及支撑其形成的生物学意义上的自然环境。泉涌地，是以地理学意义的自然环境为基础形成的，一旦遭到破坏就很难再生，是最重要的保护对象。然而，随着各地泉水的枯竭，泉涌地特有的物种和寒带性物种濒临着地域性的灭绝危机，泉涌地的自然再生是当务之急。

　　泉涌地的自然再生，包含了再生泉水本身，再生附属于泉涌地的生物学自然环境，以及通过模拟泉水以图再生生物学自然环境等。

11-1　泉涌地的自然环境特征

　　泉涌地从地形上的形成条件来看，可以分为以下四种类型。第一种是扇状地形，河水一时潜入地下之后再次涌出地上的地点，即存在于扇状地形边缘附近的类型。例如，长野县安昙野的泉水群位于梓川、穗高川的扇状地边缘，而东京都多摩地区被称为羽毛的崖线的泉水群位于多摩川的扇状地边缘。第二种是火山山麓型，由于火山的山体是火山渣和熔岩等渗透性较高的地质，降水会迅速渗透至地下，是在地质转变为渗透性更低的山麓变成泉水喷涌而出的类型。常见于富士山麓、阿苏山麓等多处火山山麓。第三种是石灰岩地型，是渗透到石灰岩的缝隙和空洞中的雨水喷出的类型。第四种是沙丘型，是渗透到沙丘中的降水从沙丘列的底部涌出的类型。这种类型仅仅见于规模相对较大的沙丘，如鸟取沙丘、东海阿字浦沙丘等，日本的数量较少。

　　泉水最大的共同特征就是，水文和水质较为稳定。即，泉水的水温年同比仅为几摄氏度，接近该地区的年平均气温。另外，水量也较为稳定，流况系数与河流相比格外的小。pH值除了石灰岩地区的泉水之外，大致都在7~6之间，属于中性至弱酸性。并且，泉水一般都是贫营养的，营养盐类较少，透明度较高。泉水的上述这些性质，与水量变化显著、水温与外部气温同步大幅度变动、水质具有明显的季节性变化、一般富营养化较为突出的河水是相对应的。

　　由于具有上述水文和水质特征，泉水为生物提供了温和而稳定的栖息环境，在泉涌地中存在有特殊的生物种群。鱼类中的刺鱼类强烈地依赖并栖息在泉涌地[1]，蜻蜓类的白扇蟌也是泉涌地的特有种。对这些种来说，水温和水量的稳定性被认为是栖息环境条件的关键。

　　矛斑蟌、睡菜和梅花藻等广泛分布于寒冷地区，但是在日本中部到日本西南部的暖温带则仅在泉涌地分散分布，与周围相比温度较低的环境使得其可以长年生存，被认为是冰河期残留至今的种。

除此之外，尽管算不上是泉涌地的特有种，但是在泉涌地显示出良好发育的种有斑北鳅、云斑小鳂和蝾螈等。这些种原本在只要具有一定的水量并且水质良好的水域就可以广泛栖息，但是由于都市区域和农村区域中这样的场所显著减少因此常常只能残存在泉涌地及其周边。

11-2 泉涌地的改变

经济高度成长期之后，日本全国的泉涌地都出现了显著的变化。泉涌地的改变，主要有以下几种类型。

第一，是对泉涌地的填埋，这是最为直接的破坏。泉涌地经过土木建筑工程转变为城市型土地利用，涌出的泉水通过暗渠排放。这种类型在经济高度成长期较为常见，但是近年来由于市民们对泉水的认识提高而逐渐减少。

第二，是泉水的枯竭。是由于周围的环境改变泉水涌出量逐渐减少，不久便告枯竭的类型，常见于都市区域。主要的原因有铺设道路的面积增加导致渗透到地下的雨水量减少，地下建筑物的建设阻碍了地下水的流动，以及汲取浅层地下水造成了地下水位的降低等，很多情况下泉水的枯竭都是这些因素综合起来造成的[2]。作为都市区域水收支平衡的例子，东京都的水收支如图-1所示[3]。作为对策，设置了雨水渗透斗，并制定了汲取地下水的规定。其具有代表性的例子是东京野川流域的雨水渗透斗设置工程，目前已经设置了80,000座以上，每座每年可渗透约60t，共计可向地下渗透约5,000,000t，一部分泉水已经显示出了恢复的倾向[4]。

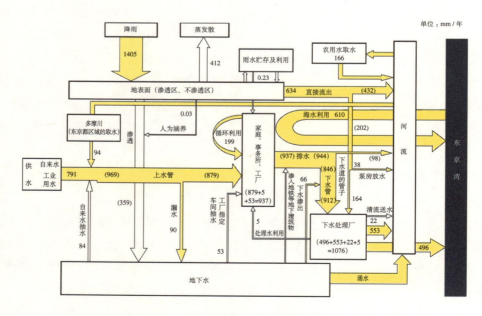

图-1 东京都的水收支

地表和地下管道的流出量较大，而地下渗透量较小。由于泉水是依赖于地下渗透水的，因此为了保护和再生泉水，必须增加地下渗透量。雨水渗透斗等人工的地下水涵养量目前还比较少。（出处：东京都水环境保护规划，1998）

第三，是泉水的水质污染。尤为严重的问题，是用于清洗金属零件的三氯乙烷等有机盐化合物造成的化学污染。这类污染是由于工厂废水渗透至地下或者掩埋的废弃物中的有害物质溶解等造成的。不过，1990年代后期开始，实施了强有力的规定，目前化学式水质污染暂时得到了缓解。

第四，泉涌地点及其附近下游水滨环境的改变。在所谓的名泉地、都市公园和神社寺庙境内的泉涌地中，由于建设了亲水设施和汲水设施、放流鲤鱼等，常常会造成原本存在于泉涌地的生物学自然消失。把泉水单纯作为水景或是以饮用为中心的"名泉"来看待的风气根深蒂固的存在，该风气被认为是这种类型改变的根本原因[5]。

11-3 泉涌地的再生

上述改变，随着全社会环境意识的提高总体上在逐步减少。但是，由于已经完全消失的泉涌地和变化激烈的泉涌地有很多，因此良好的泉涌地数量大幅度下降，可以说是处于所谓的止跌状态。1985年通过环境厅举办的百佳名泉评选以及由此引发的名泉热潮，提高了人们对于泉水本身的认识，但是保护泉涌地的生物学自然的动向还称不上充分。为了避免泉涌地特有生物群落的灭绝和恢复市民们与泉水生物的接触，在保护残留的泉涌地的同时，还必须设法再生已经消失的泉涌地。

泉涌地再生的第一步，是收集以往泉涌地位于何处以及各处泉涌地曾经处于何种状态等信息。可作为资料的有旧版地图、区市町村志以及各个地区的自然环境调查等文献类和景观照片等。另外，对老年人等进行采访调查也是行之有效的手段。从收集到的资料中，设法弄清楚泉涌地的位置、水量、水质、水滨构造、水利用、生物区系等，制作泉涌地点分布图和各个泉涌地的数据库。此时，即便不清楚详细状态，最低限度的也要在地图上标注泉涌地点。由于泉涌地是随着开发的进行而减少的，因此如果能够追踪每个时期的变化更佳。另外，根据旧版地图和航拍照片制作每个时代的土地利用图并推测地表透水性的工作也是设法再生泉水本身之际的必要工作。

接着，要比较过去和现在的状态。在能够取得泉涌地最新的调查资料的情况下，就直接利用该资料与过去的状态进行比较。而在无法取得该资料的情况下，则要通过实地调查，首先掌握了泉涌地的现状之后再进行比较。

通过这样的比较，弄清楚改变的程度、时期和原因等。设置①地形改变，②泉水的枯竭和泉涌量的减少，③水质恶化，④水滨构造的改变，⑤水滨植被的改变和栽植，⑥水生动物中外来种等的入侵和放流，⑦水利用和儿童的戏水等与人类之间的关联等等项目，尽可能详细地记录改变的内容和程度。

第三点，要根据上述比较，制定区域泉涌地再生的目标。应该制定的目标内容包括①泉水的量与质，②水滨的构造，③泉涌地的生物相，④与人类之间的关系等。

在泉水本身枯竭或是水量显著减少的情况下，其再生非常的困难，至今为止采取的方法有①促进泉水涵养区域的雨水渗透，②汲取并供给地下水，③通过汲取地下水以外的替代水源供水等。①是标本兼治的对策，从长期来看是最佳的方法，但是如上文所述，通过该方法再生泉水的例子目前还较少。不论是雨水渗透斗还是透水性道路铺设，在地下水涵养区域如果不大规模建设的话就无法取得有效的成果，今后必须脚踏实地的推进。②是都市公园等常常会采用的方法，可能会进一步招致地下水的枯竭，同时目前地下水的汲取规定十分严格，大量作为水源利用十分困难。因此，虽然不能否认该方法只能治标，但是在为了保护稀有的水生生物而不可缺少地下水的情况下，就不得不采用该方法。③在近年来有若干案例，在地下建筑物等中利用了喷出的地下水或是经过了高度处理的下水道水。其中，由于富余的地下水就是泉水本身，因此可以获得水质和水温都接近预期的水，而经过高度处理的下水道水尽管不少都具有良好的水质，但是由于水温会随着外部气温变化，性质与泉水不同，因此难以作为形成泉涌地特有生物栖息环境的资源。

人工泉涌地点的构造如何定位，在很大程度上受到水生生物栖息环境的左右。再生之后的泉涌地由于水量一般较少，水温会很快上升，从而变成不适宜泉水依赖型生物栖息的环境。因此，要极力控制水温的上升。要点是创造树荫、使得阳光不会直接照射到水面上，以及在泉涌地点不建设会大量储水的水池。

泉涌地生物的优先顺序是①刺鱼等对泉水依赖性较强的生物，②斑北鳅等偏好贫营养水的生物，③日本源氏萤等普通的流水性生物，④鲤鱼等在富营养水中也能栖息的生物，根据该顺序，在距离泉涌地点较近的地方，设置栖息场所。由于鲤鱼等在富营养的静水区域也能栖息的鱼类如果在泉涌地点附近的水域直接放流的话，会排挤泉水依赖型生物的栖息，因此最好避免。将这些鱼类配置于下游，并在向上游一侧水中设置网等障碍物，使其难以移动到上游。另外由于清流＝鲤鱼的错误印象根深蒂固，因此还要在当地树立告示牌等，以解释为什么要做出如此安排。

11-4 泉涌地再生的相关案例

1）三宝寺池

在东京都练马区的都立石神井公园内，有一片作为三宝寺池沼泽植物群落被指定为国家保护区的湿地（照片-1）。该地区在1935年（昭和10年）得到划定之际，特产种南方狸藻等水草类、武藏多刺鱼、雷氏七鳃鳗、斑北鳅等偏好泉水的淡水鱼类，以及被认为是冰河期遗留种的睡菜等，据推测每天有30000t的丰富泉水支持其栖息的环境。然而，昭和30年代（1955年～1964年）以后，由于周围急速转变为住宅地，地下水的涵养量锐减，进入昭和40年代（1965年～1974年），泉水完全枯竭。东京都不得已挖掘了两口井，在每天供给三宝寺池共计约2,000t水的同时，还通过人为的植被管理等维持睡菜等几种水草类。但是，随着原本泉水的枯竭，

11. 泉涌地

照片-1　1930年代的三宝寺池
照片下方是国家保护的沼泽植物群落，从其附近涌出了泉水。

表-1　都立石神井公园的自然再生目标[7]

		种子供给潜能 大 ← → 小		
立地潜能 大 ↓ 小	草地	田鸦，云雀，亮灰蝶	蛇眼蝶，斑缘豆粉蝶	
	疏林地	紫背椋鸟	大红蛱蝶，美姝凤蝶，小环蛱蝶	
	林地	杜鹃，交嘴雀，红腹灰雀	电蛱蝶，朱蛱蝶，日本翠蛱蝶	
	开放水面	被绿鹭	大黄赤蜓，三叶黄丝蟌，短尾黄蟌	
	湿地	扇尾沙锥，大鹬，晏蜓，白尾灰蜓，焰红蜻蜓	短脚赤蛙，土蛙	
	流水	巨圆臀大蜓，春蜓，施春蜓	桃花鱼	矛鳎，琵琶湖鳅
	泉涌地		白扇蟌	武藏多刺鱼，斑北鳅，雷氏七鳃鳗

根据立地潜能和种子的供给潜能评价自然再生的可能性，并作为阶段性目标表示。环境潜能越高再生就越容易。种名是从过去石神井公园周边栖息的种里选取了适合的作为例子。从左上到右下，再生的难度增加。右下角的泉水性生物最难以再生。空白表示该地区没有适合的种。（出处：日置等，2000）

南方狸藻和武藏多刺鱼都已经灭绝了[6]。而且，目前已经掌握了过去的环境和生物相，提出了阶段性的自然再生方案（表-1）[7]，但是由于周围的城市化进程显著，实际上着手进行正式的再生较为困难，不得不继续采用长期以来使用的治标不治本的方法。

2) 国分寺姿见池

姿见池（东京都国分寺市）是位于多摩川的支流野川最上游部分的泉涌地，在昭和30年代泉水枯竭，遭到了填埋。不过，由于与姿见池旧址相邻的地方残留有杂树林和耕地，1993年[5]一起被划定为东京都的绿地保护地区。以往，绿地保护地区的划定必要条件都是"现状良好的自然地"，然而这次划定从一开始就有意识地进行某种程度的自然再生，就这一点来说，称得上是划时代性的。姿见池流传着镰仓时代的武将畠山重忠和青楼女子凤妻太夫的爱情悲剧，这层文化背景也成为了该泉涌地再生的动机之一。姿见池的水源采用了JR武藏线支线隧道的涌出水，是第一次正式利用地下建筑物富余水的案例[7]。该项目是国分寺市在JR东日本的协助下施工的，于2001年度竣工。泉水首先通过地下导水管被引导至姿见池附近，然后流经仿造以往的恋洼水渠形象复原的水渠，在下游流入姿见池（图-2，图-3，照片-2，照片-3）。从姿见池到下游，通过暗渠引导至野川源流，为野川的水量增加也作出了贡献。该项目作为利用替代水源再生泉水环境的事例，值得大书特书。

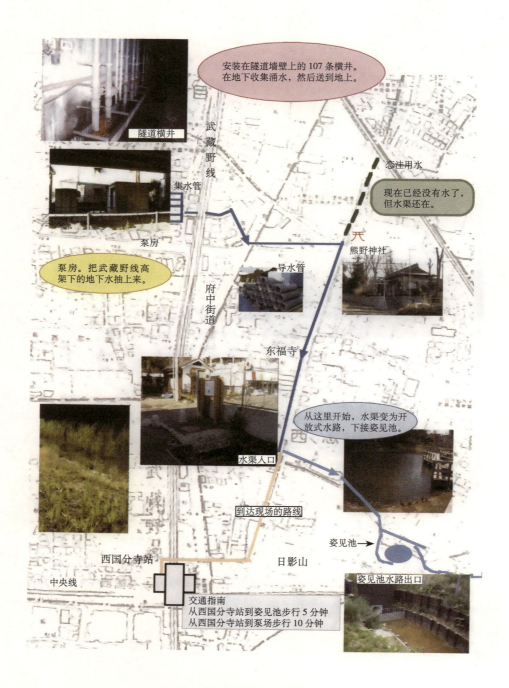

图-2 姿见池的引水和排水概念图

从JR武藏野线支线内的水平井汲取的地下水通过导水管引导至经过复原的水渠起点。地下水流经水渠后流入姿见池，再从排水口经暗渠被引导至野川的源流。规划水量为每天最大3000m³（t），平均1400m³（t）。实际测量水量为2003年10月约2500m³，2004年1月约1000m³（规划水量出自国分寺市的资料，实际测量水量出自东京都的资料）。（出处：国分寺市发行的手册《野川最源流姿见池》）

11. 泉涌地

图-3 姿见池的再生规划平面图

从西北一侧朝着东南方向修建了模仿以往的恋洼水渠的水渠。姿见池得到复原的地方，是块小洼地，是昭和30年代之前姿见池的所在地。南侧的林地是原有的杂树林。北侧的林地则是人工栽植形成的。（出处：国分寺市《姿见池周边建设基本规划 杂树林的保护复原与水滨的再生》）

照片-2 通往国分寺姿见池的水渠

照片-3 得到再生的姿见池

芦苇、宽叶香蒲等湿性植物生长繁茂，黑鸭等逐渐栖息其中。

3）泽田泉涌地

泽田泉涌地（茨城县日立那珂市）是从国营日立公园涌出，流经全长不足 1km 的泽田川注入阿字浦的典型沙丘型泉涌地。这里存在着被沙丘列间丰富泉水滋润的湿地，栖息并繁育着原本在寒冷地带栖息的矛斑蟌以及斑北鳅，蝾螈等水生动物和许多水生、湿生植物[8]。

然而，截止1990年代初期每天尚有2500t左右的泉水，由于附近港湾工程挖掘的影响，开始逐年减少，并且，地下水位的降低非常明显。这样，湿地干燥化，招致了泉涌池的枯竭和陆地植物的入侵。尤其是矛斑蟌栖息所不可或缺的泉水池干涸，使得矛斑蟌于1999年陷入了灭绝的危机。

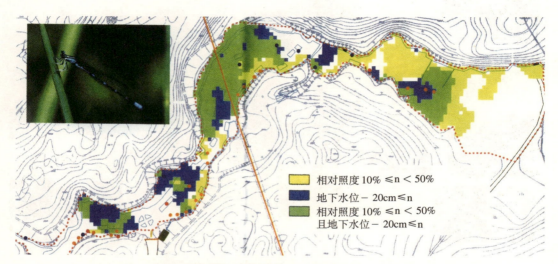

A 矛斑蟌繁殖用池的潜在适宜地（出处：日置等，2003）

地下水位要高于20cm，相对照度为10%~50%、具有树荫的地点适宜建设用池。地下水位较高可以将伴随着建设工程的土地施工量控制在最小限度，因此很重要。

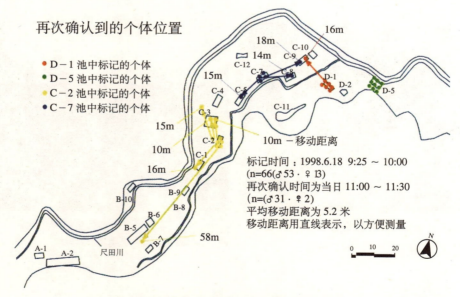

B 矛斑蟌的移动（出处：里户等，未发表）

通过捕获和再次捕获的方法掌握矛斑蟌在池间的移动实际状态。移动个体的平均移动距离为19.1m，最大移动距离为58m。根据调查结果，在该湿地栖息的矛斑蟌在所有水池之间相互飞来飞去的可能性较高，因此在建设新的用池之际，如果将用池之间的距离控制在20m以下，就有充分的移入可能性。

11. 泉涌地

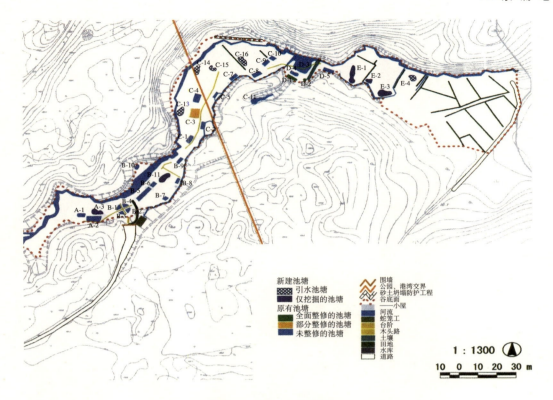

C 用池的建设地点（出处：日置等，2003）
在A图中被评价为用池潜在建设适宜地的地点，选取10处挖掘了矛斑蟌繁殖用池。

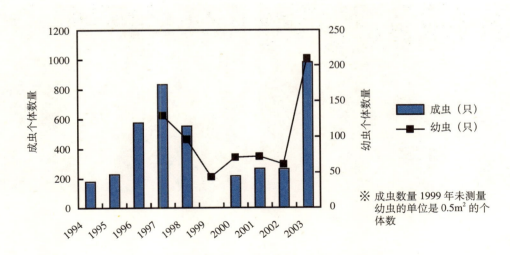

※ 成虫数量1999年未测量
幼虫的单位是0.5m²的个体数

D. 矛斑蟌的个体数量变动（出处：里户等，未发表）
2002年4月在C图所示的位置上建成的新用池使得个体数量戏剧性地增加，超过了原来的水平。

图-4 根据适宜建设用地的规划和移动距离决定了矛斑蟌繁殖池的位置

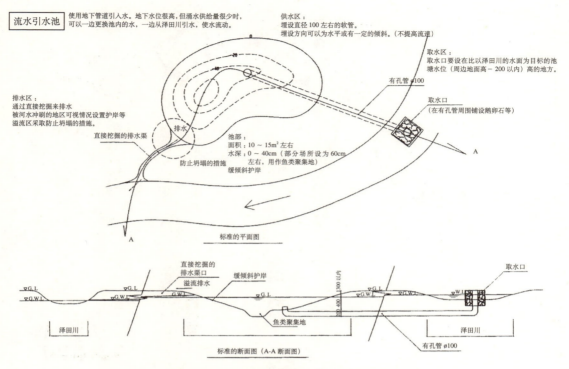

图-5 流水引水池的构造图（原图：河野 胜）

使用地下管道从泉水起源的泽田川引水，使其从池底喷涌而出。由于用池的构造在下暴雨时也不会流入泥沙，因此可以长期确保用池的寿命。这种类型的用池即使是在盛夏，其表面水温也能保持在21℃以下，对于适宜繁殖环境为23℃以下的矛斑蟋来说是适宜的用池。

照片-4 在地下水位较高的地点挖掘而成的繁殖用池（日置等，2003）
该池在建成后的两个半月时间里（2002年4~7月），确认到了17只雄性成虫，1只雌性成虫。

作为紧急措施，决定修建可以成为矛斑蟋繁殖场所的水池，根据环境潜能的评价，在挖掘水池（图-4）的同时，利用地下管道从泉水起源的泽田川引水，建成了模拟的泉水池（图-5，照片-4），以使个体数量得到恢复。这种措施，取得了相当大的成果，矛斑蟋的个体数量得到了戏剧性的恢复。但是，涌水量本身仍在不断减少，期待能有更加治本的对策出现[9]。

11. 泉涌地

　　最大的问题是港湾工程造成的地下水的流失，必须要探讨设置地下水坝，或者是将富余流出的地下水引导至泉涌地点等对策。另外，沙丘型泉涌地的水源涵养面积尽管相对狭小，但是由于是沙地其雨水渗透能较高，因此涵养区域内渗透性的维持非常重要。因此，采取了在国营公园的停车场内设置雨水的地下渗透装置，或是将园内水井汲取地下水的位置由浅层转换为深层等措施。今后，在国营公园之外的设施也有必要设置雨水渗透装置。另外，还有必要探讨树冠造成的雨水遮挡效果。自然再生的根本就是从治标转向治本。

（日置佳之）

————引用文献————

1）森　誠一（1997）：トゲウオのいる川，中公新書．
2）水みち研究会（1998）：井戸と水みち，北斗出版．
3）東京都（1998）：東京都水環境保全計画 — 人と水環境のかかわりの再構築を目指して —
4）高村弘毅（2003）：多摩の湧水散策，水と緑のひろば33号，5-9, ㈶東京都公園協会．
5）日本地下水学会（1994）：名水を科学する，技報堂出版．
6）日置佳之・須田真一・百瀬　浩・田中　隆・松村健一・裏戸秀幸・中野隆雄・宮畑貴之（2000）：ランドスケープの変化が種多様性に及ぼす影響に関する研究 — 東京都立石神井公園周辺を事例として —．保全生態学研究5, 43-89．
7）日置佳之（2000）：都市公園における生物相復元の可能性，都市緑化技術No. 38, 24-29．
8）日置佳之・須田真一・裏戸秀幸・宮畑貴之・星野-今給黎順子・松林健一・大原正之・箕輪隆一・小俣信一郎・村井英紀・川上寛人・長田光世・越水麻子（1998）：環境ユニットモデルを用いた谷戸ミティゲーション計画 — 国営ひたち海浜公園・常陸那珂港沢田湧水地における生物多様性保全の試み，保全生態学研究3, 9-35．
9）日置佳之・半田真理子・岡島桂一郎・裏戸秀幸（2003）：継続的なモニタリングによるオゼイトトンボの個体群の絶滅危機回避，造園技術報告集2003, 日本造園学会．

12. 大河流

12-1 河流生态系统的特性

1）作为生态网络的河流走廊

河流具有各种各样的规模，本文将列举在地形上源流位于山地的大河流。

河流以水为媒介，常常会受到流域的影响。河流与湖沼相比，流量的变动较大，与之相伴的水质和流砂的变化幅度也较大。其变动的模式，具有与季节相对应的规律性。

河流形态细长并且具有连接周边自然地的自然廊道的机能，因此常被作为廊道来对待。Forman 与 Godron[1] 提出了河流廊道（图 -1）的看法。河流廊道被认为是近年来在城市规划中逐步得到重视的生态网络的重要构成要素。

并且，从 1990 年起建设省开始进行多自然型河流建设。以人类之外的生物为主体的自然环境保护和复原事业逐渐实施，河流技术人员的认识产生了大幅变化，与生态学之间的联系增多，也成立了应用生态工程学研究会。

2）区段

区段（segment）是指坡度以及受到河床材料支配的河道形态类似的区间。许多情况下，是从上游开始向下，按照溪谷部分、扇形地部分、自然堤防地带和入海口区域的顺序变迁的。

河流的重要生境如图 -2[2] 所示。在溪谷部分有浅滩、深潭、倒伏树群和溪畔林等。在扇形地部分，有多条水路、浅滩、深潭、河滩、柳树林、背后水域（湾处和水潭）、泉水等。自然堤防地带有浅滩、深潭、河中沙洲、旧河道等的背后水域、背后湿地和柳树林等。入海口区域则有芦苇滩、含盐湿地和海涂等。由于这些生境处于形成和消失的动态平衡之中，因此河流的动态很重要。

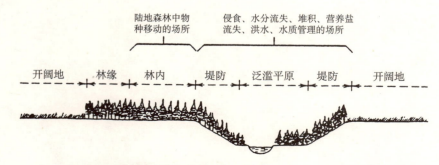

图-1 河流走廊的构造和机能（改编自Forman and Godron[1]）

① 溪谷部分：浅滩、深潭、倒伏树、溪畔林等

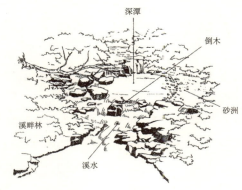

② 扇形地：多条水路、浅滩、深潭、河滩、柳树林、背后水域（湾处和水潭）、泉水等

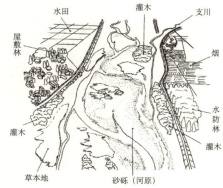

③ 自然堤防地带：浅滩、深潭、河中沙洲、旧河道等的背后水域、背后湿地、柳树林等

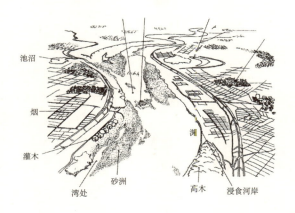

④ 入海口区域：芦苇滩、含盐湿地、海涂等

图-2 河流的重要生境[2]

（转载自岛谷幸宏（2000）：河流环境的保护与复原——生态多样型河流建设的实际状况，p17-18）

3）流域

流域（basin）是通过水来搬运的物质循环的单位，形成了连接陆地和水域的系统[3]。因此，河流的水量和水质以及流砂受到流域土地利用的强烈影响。如此一来，在进行河流的自然复原时，原本应该是以流域为单位推进的。然而，由于日本的流域人口稠密，改变流域的土地利用较为困难，因此自然再生事业倾向于仅在河流内部进行、而非在流域内进行。在这种情况下，在河流中就必须要有补充流域变化的自然再生事业。

有没有人问过你，"你是哪条河流流域的人？"我们基本上都是在某条河的流域中生活的。市民们意识到自己居住的地点是哪条河的流域，对该条河的自然抱有责任并拥有意识，对于日本的河流再生来说是必不可少的。

4）作为系统的大河流

河流生态系统是开放的系统。砂土、营养盐和有机物会随着水从上游一起流下。并且还会使其中一部分接着流向下游。这些能源和物质，往往是由河流周围的河滨林等流域供给的。对于这种从上游向下游移动的方向性，鲑鱼的逆流而上将海洋乃至从上游流到下游的物质和能量又重新返回河流的上游。

如果从古典的生态系统的看法即构造和机能来看河流生态系统的话，作为构造的有微地形和河流植被，作为功能的有水量、搬运堆积物和营养盐以及能源的水流、生物群落，以上因素综合起来，就能够对生境有整体全面的认识。微地形在对河滨植被的生长地产生直接影响的同时，还会左右流速和水深，并对堆积物的堆积和侵蚀状况产生影响。河滨植被在通过堆积状况对微地形产生影响的同时，还支撑着动物群落。结果明确了，随着更大型植物的入侵，堆积会进一步发展[4]。水在搬运砂土、有机物和营养盐的同时，还会通过侵蚀、搬运和堆积作用形成微地形。生境可以按若干个不同的规模来把握，表示为以某生物为主体的环境复合空间。

5）对于冲击的响应

在自然再生中，必须要事先掌握冲击-响应的关系。

作为上游流域冲击的例子有治山事业、防沙事业、堤坝事业、道路事业、森林采伐等[2]。森林采伐造成冲击有提供给河流的能源减少、增加表面流失、流入砂土等。这样，会导致河流的生物群落和流量变动模式产生变化。

中游流域的冲击有挖沙、护岸的建设、流域的城市化、苗圃建设等。作为响应有河床降低、河道的固定化、泉水的减少和依赖泉水的生物的减少，以及河滩减少与依赖河滩的生物的减少等。

下游流域的冲击有城市化、工业开发、港湾开发、入海口堤堰的建设等。响应有含盐湿地和海涂的减少、幼鱼的栖息地和产卵场的减少等。

另外，河滩境内操场等的利用的冲击，会分割河流廊道。

12-2　河流再生的目标设定与评价意见展望

1）目标设定

日置[5]等认为生态工程学上的目标设定是指制定调节生态系统与人工系统的关系之际的具体标准，调节的手法又分为，将中心放在保护现存生态系统上的保护型调节和恢复消失的生态系统的复原型调节。保护型调节由于存在作为对象的生物和空间，因此目标的设定较为容易。而复原型调节的目标设定方法有模板型和潜力型两种（详细内容请参照总论2.自然再生的方法论）。大河流中模板型调节的目标设定方法有以附近人为影响较少的其他河流为目标，以同一条河流的上下游人为影响较少的地方为目标，以及以河流以前的状态为目标等。更加具体的还可分为以生物乃至生物群落为目标的情况，以生境为目标的情况，以及以使得生境机能成立

12. 大 河 流

的环境为目标的情况。

2）机制与手法

要实现河流自然生态系统再生的目标，必须要恢复河流生态系统的动态过程和功能。在其动力学恢复中，生境的多样性和复杂性、河流生态系统的系统连续性以及干扰变化特征的复活很重要。

近年来，河流的生物区系发生较大变化，外来种的影响增大。这种情况不是单单通过使河流的动态过程和机能恢复就能应对的，但是置之不管的话又会对河流的动态过程和机能造成影响。尽管在开放系统的河流中进行生物管理较为困难，但这又是无法回避的。

3）评价与展望

河流与流域是一个整体，要推动其自然再生就必须要有流域的自然再生。由于大河流的流域面积很大而且人口众多，要大幅度改变流域环境并非易事。

在河滩中改变地形和流量变动模式的工作才刚刚进入正轨，今后要积累案例经验，推进技术的系统化。

12-3 具体的河流再生程序与案例

1）多摩川永田地区的自然再生
（1）背景

多摩川永田地区正在进行河流生态学术研究会的综合调查研究。为了确保健康的水和物质循环，并把握生物易于栖息和繁育的河流状态，从1996年起开始了将河流工程学和生态学相结合的新型综合研究。2000年以"多摩川综合研究"为主题进行了第一次总结[6]。该过程中明确了由于永田地区的大规模挖沙和上游砂土供给的减少，造成扇形地特有的平坦河流转变成了水路与陆地之间具有大幅度落差的多截面河道，与此同时，出现了河滩与河滩植物共同减少，而洋槐和三裂叶豚草等增加的变化。

在由京滨工程事务所（当时名称，现已改称京滨河流事务所）主办，由河流生态学术研究会的研究人员、沿岸自治体（秋留野市和福生市）以及市民团体代表组成的永田地区植被管理方针研讨会上，对永田地区在治水方面适宜的河流形态、植被以及河滩特有的固有生物的保护复原等问题进行了探讨。

永田地区位于距离多摩川入海口52km处、总长1,600m的区间。附近上游有羽村取水堰，流水的大部分被取水至玉川自来水道，除了洪水时之外，通常向下游的放流量为$2m^3/s$。

如下所示。针对由于河床下降、水路固定造成的多摩川永田地区的治水和环境方面的现状和问题。

A．治水方面

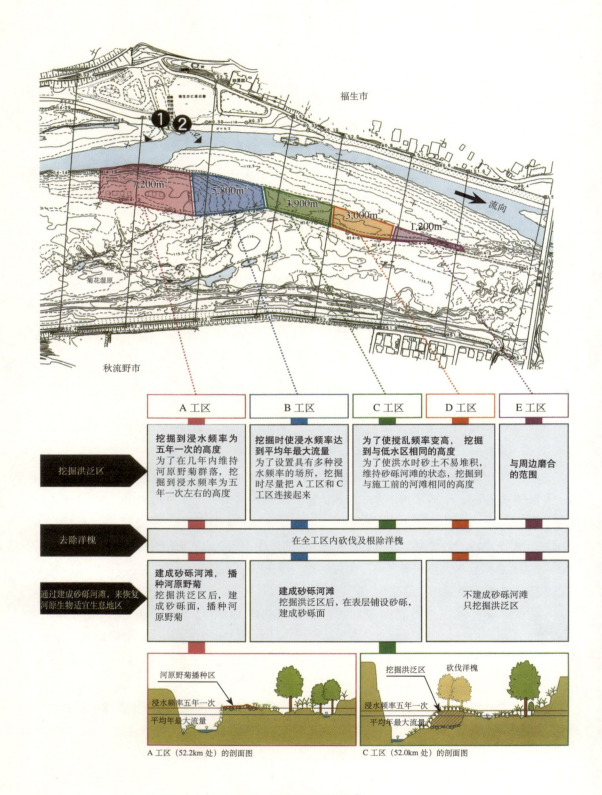

图-3 砂砾河滩的再生[7)]

12. 大 河 流

①左岸河岸的冲刷

②河道内的树林化

B．环境方面

①满潮护岸的固化

②河滩的减少

③河滩固有生物的减少

据此，在整理了治水方面和环境方面的现状认识以及课题的基础上，确立了挖掘满潮护岸、复原砂砾河滩和采伐树林的基本方针，探讨了河道修复规划（图-3）[7]。项目于2001~2002年期间进行了施工，其设定的环境目标如下。

目标1　河滩紫菀等河滩固有生物的保护

目标2　与扇形地河流相符合的多样性的保护

（2）永田地区的自然再生规划

永田地区自然再生的推动方式，提出了与市民协作的基本方针，预定在官民合作下实施综合措施。

①步骤Ⅰ

再生砂砾河滩、复原河滩固有种的栖息和繁育适宜地，清除树林（砍伐并拔除洋槐），清除堆积的砂土（照片-1）。具体的实施内容如下所示。

• 洋槐等树木的砍伐和拔除

由于洋槐生长较快且会从根及茎增殖，因此进行了挖掘以及包括通过剥开表土清除根部在内的拔根。

• 清除堆积的砂土

从小规模的洪水不会造成浸水的高度（五年一遇左右）到每年会浸水二三次的高度，建成了具有各式各样浸水频率的河滩。

照片-1　为了再生砂砾河滩的共同作业

- 砂砾河滩的建成

用网眼 10cm×15cm 的戽斗将来自当地的砂土过筛，平整铺上一层形成砂砾河滩。进行砂砾河滩施工，是事先在 5 种类型的砂砾河滩上进行了河滩紫菀实生出现状况的实验，探讨了适宜河滩紫菀发育的砂砾河滩的结果。

- 河滩紫菀的播种

在建成的砂砾河滩上播种河滩紫菀的种子，以图保护河滩紫菀。2004 年秋季，有超过 100,000 株开花。

② 监测的实施与规划

永田地区的工作还有许多未知的部分，为了确实掌握其影响，从 2002 年起根据各个研究人员的专业领域进行了分工监测。

③ 步骤 II

实施了缓解河床下降、建设符合扇形地河流的多样性较高的河流形态，拓宽低潮水路等提高河床的对策。

2）荒川太郎右卫门地区的自然再生

（1）对象

将荒川中游流域保留有良好湿地环境的太郎右卫门桥下游约 4km 的区间作为自然再生的对象区间，称为太郎右卫门自然再生地（图-4）[8]。

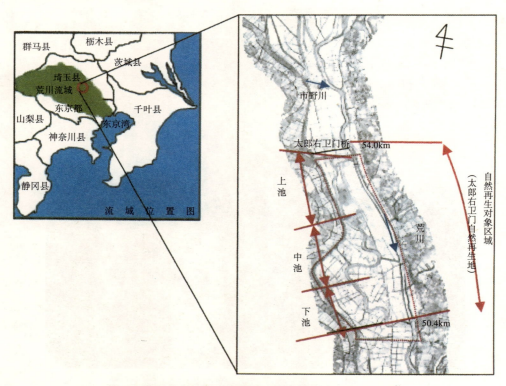

图-4 荒川太郎右卫门自然再生地的对象区域的位置图[8]

12. 大 河 流

旧水路是 70 年前河流改建工程建设的，为了提高泄洪效果，通过横堤分割成了三个泄洪池（上池、中池、下池），形成了目前的状态。

（2）面临的问题

①干燥化

上池和中池的开放水面面积减少显著，正在干燥化。另外，由于河床降低，满潮时向泄洪池供水的频率降低。从长期来看进入泄洪池的砂土较多。上池中旧水路的泉水减少。

②赤杨林的乔木化

生长在弃置水田的赤杨林由于受到流水的干扰减少，幼龄树也减少了。

（3）自然再生的目标

自然再生的目标如下所示。

①保护多样的固有生物，并保护其能够栖息和繁育的湿地环境。

②目标是再生以往确认到的多样固有生物能够栖息的环境。

③定位为包括周边地区在内的生态网络的核心区域。

④在保护并再生湿地环境之际，要利用荒川本身的河水、雨水和泉水等自然水，扩大多样水深的开放水面。

⑤荒川旧水路在约 70 年前形成的弯曲河道状态保留至今，具有珍贵的历史价值，要加以保护并传承给后世。

⑥成为将来对于治水方面也会产生有益影响的自然再生事业。

具体来说，①是直接对应课题的。②列举了秧鸡、彩鹬、日本林蛙、背角无齿蚌、穗花狐尾藻和樱草等预期能够再生的生物种群，目的是再生在湿地栖息和繁育的种群。③的目的是使得荒川群落生境和三又沼群落生境等与作为自然据点和核心的太郎右卫门自然再生地的湿地之间形成生态网络（图 -5）。④是生态交错区的再生，在确保水源之际，采用了满潮时的河水、雨水以及泉水等自然水。

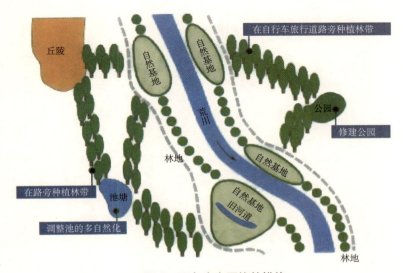

图-5 面向生态网络的措施

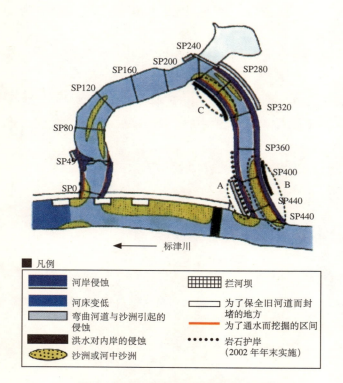

图-6 标津川的复原弯曲河道的影响[9]

上述几条并不是同时进行的，而是按照顺序，在监测的同时实施的。

3）标津川的多样自然环境的再生

北海道的标津川在确保治水安全度的同时，以渔业和农业能够共存互利的河流环境为目标，推进了自然再生事业[9]。

此处进行了直线化和单纯化的河流再生，产生了以下问题。

①直线化造成缓和流域等生境减少

②河流改造造成了泛滥河滩的丧失以及柳树单层林的出现

③森林和湿地草原的开发造成保水性下降、水质恶化和沙土流失的增加

④直线化等造成了河床的下降以及河岸的决堤

在此设置了弯曲河道复原试验地（图-6），就河道和生物的栖息状况进行了调查。结果证实复原河流在水深和流速方面形成了比直线河流更加多样的环境，鱼类的种数较多，水生昆虫的现存量也较多。另外，关于标津川，请参考河口和中村等[10] 刊登在应用生态工程学第7卷2号上的《标津川再生事业概要与复原弯曲河道实验的评价》。

――引用文献――

1) Forman R.T.T. and Godron M. (1986)：Landscape Ecology, 619pp., John Wiley & Sons.
2) 島谷幸宏（2000）：河川環境の保全と復元―多自然型川づくりの実際，198pp., 鹿島出版会.
3) 倉本 宣（1987）：河川緑地の植生管理，高橋理喜男・亀山 章編，緑の景観と植生管理，p.16-141，ソフトサイエンス社.
4) 山本晃一・藤田光一・望月達也・塚原隆夫・李 参照・渡辺 敏（2002）：立地条件と植生繁茂との関係，河川生態学術研究会多摩川研究グループ，多摩川の総合研究，p.640-666.
5) 日置佳之（2002）：目標設定，亀山 章編，生態工学，p.121-123，朝倉書店.
6) 吉田成人（2003）：多摩川の自然再生への試み―多摩川永田地区の事例紹介―，多摩川リバーフロント43，p.14-17.
7) 河川生態学術研究会（2004）：多摩川永田地区における自然再生，国土交通省関東地方整備局京浜河川事務所，11pp.
8) 荒川太郎右衛門地区自然再生協議会（2004）：荒川太郎右衛門地区自然再生事業自然再生全体構想，http://www.ktr.milt.go.jp/arajo/saisei/05.html
9) 剱持浩高（2003）：標津川の多様な自然環境の再生，リバーフロント43, p.20. または http://www.ks.hkd.mlit.go.jp/kasen/sibetucon/report/6tec.htmlを参照.
10) 河口洋一・中村太士ら（2005）：標津川再生事業の概要と再蛇行化実験の評価，応用生態工学7(2), 139-200.

13. 中小河流
—以东京都立川市立川公园根川绿道为例—

以往生活在日本山村里的人们，在与自然保持了适度联系的同时，在不降低自然所具备的能力的条件下，最大限度的开发了自然的能力。水旱田、杂树林和小河交织的风景，均是人与自然协作的产物。

因《春天的小河》以及《鳉鱼学校》的歌词而为人们所熟知的小学歌曲，描绘了在山间潺潺流淌的小河的情景。装点了小河与庄稼地的酸模和石蒜、水杨等，再加上群聚在浅水滩里的鳉鱼和蝌蚪、钻进泥底的泥鳅，水面上的豉母虫和水黾，还有在岸边草丛里休憩的黑色蟋和豆娘等，是多种动植物栖息的滨水风景，是充满了野生生物气息的自然庭园。

然而，这种人工与自然结合的恰到好处的多彩的日本山村风景却在急速消失。其中，尤其是在脆弱的水滨空间，由于高效率的土地利用的推动，人工建筑物的引进与机械并且单一的土木工程，给滨水自然环境造成持续的改变，多样的水滨生态系统支离破碎，依赖自然的水滨环境的许多动植物正在面临濒临灭绝的危机。

在本章中，将以东京都立川市的"立川公园根川绿道"为例，介绍能够"保持流经山村和都市区域的小河与小水渠作为水路的功能，提高其作为野生动植物的栖息环境的质量，并建设接近自然的水路景观"的近自然型河流建设手法。

13-1 近自然型河流建设的意义

近自然型河流建设，并不是考虑单纯将河流作为"水流经过的水路"而是通过取得生态平衡而持续性的发挥原本自然河流就具备的水质净化、营养盐类的搬运、水滨和水生动植物的栖息环境以及河滨的风景所产生的愉悦心情等作用，并享受自然系统整体带来的恩惠。

1）河流的功能

如果用人体来打比方的话，河流就是负责生存所必不可少的循环功能的"血管"。考虑到地球上的生物是通过覆盖在表面上的植物而得以生生不息的话，那么河流就是负责收集生物不可或缺的雨水并在大范围内进行配送，在人类的生存中发挥着极为重要的作用。

捷克民谣《绿色大牧场》的歌词写道，"冰消雪融化成河，奔流下山谷，跨越原野滋润田地，呼唤着我"，是歌唱被树林茂密的群山所涵养的水一点一点聚集、化成河流，滋润着田地一路流下的情景。含有矿物质等营养成分的河水不久注入大海，喂养了沿岸的小鱼。接着，来自海洋的水蒸气再次化作雨水回归山野。这样一来，河流的意义除了水循环之外，还必须从物质循环和生态系统的角度来进行综合把握。位于水陆交界处的水滨被称为是"生命的摇篮"，从包含了动植物多样性的方面来说，水滨在生态学上也具有极为重要的意义。

人类同样可以通过水滨和湿地的风景舒缓情绪。在身边设置瀑布、水路和水池等，与人类的生物本能不无关系，我们不应忘记水滨风景对人类精神健康做出的贡献。

2）生物栖息环境的多样化要点

近自然型河流建设的目的尽管是提高生物的多样性，但该建设的前提是在不打扰河流治水的范围内进行改变。为此，首先要掌握对象河流的安全机能，将目标设定在其条件范围内进行生态多样型建设。

野生动物采食、休憩、繁殖或是避难等利用的领域称为生境。河滨环境是由从水中到陆地的不同植被连续组成的，包含了许多野生动物的生境。在此，要从以这些栖息环境为主的河流形态方面进行验证，尽可能形成多种多样的生境。

13-2　近自然型小河流的复原规划—从立川公园根川绿道的案例谈起—

在以生态系统的保护为重点的河流建设中，根据其现状和目标，大致设定了以下三种类型。
保护型：为了持续维持并提高河流自然环境的现状，采取包括一部分改建在内的保护措施。
复原型：对于显著改变、自然环境单一化的河流，对其一部分或是整体进行改建，使其恢复到原本的状态。
创造型：在原本没有河流的地方，创造出新的河流生态系统。
以上三种类型都是概念性质的，要根据其程度和部位进行多种类型的组合等，不能划分清楚的界限，不过在进行河流建设之际，首先认识到要从何种现状开始动工是很重要的。

作为规划的案例提到的"立川公园根川绿道"是将人为改变的绿道还原为曾经的自然河流的"复原型"例子，但是从保存了现有的崖线树林和水路沿线的樱花行道树这一点来看，可以说"保护"是其基本要点。

1）立川公园根川绿道建设概要

立川公园根川绿道作为国土交通省的"碧水公园样板事业"的一环，接受了国家和东京都的补助金，是以恢复根川水滨环境中的清澈水流和自然性、同时通过改善清澈水流周围的绿地空间为市民提供良好的生活环境和休憩场所为目的而进行的"复原型河流建设"。

对象地区位于东京都西郊，在 JR 立川站南约 1km 处。由于位于立川崖线和多摩川之间的旧河道被填埋，而以混凝土小水路为中心建设了平均宽度 30m、长度约 1.4km 的绿道改造地点。规划是以来自锦町下水处理厂的高度处理水的经常性供给为契机，利用自然的土壤、砾石和植

13. 中小河流

照片-1 立川公园根川绿道的建设前（左）与建设后（右）
建设前：常绿树覆盖着混凝土小水路，染井吉野樱花仅看树干就非常显眼。
建设后：去除了常绿树，对染井吉野樱花进行了修景间伐，恢复了粘土和卵石质地的自然水路。
（设计：爱植物设计事务所，施工：1992~1996年）

物重新构成小水路，使得水滨和水生生物的繁育环境具有多样性，对密度过大的水路沿线的樱花树和其他常绿乔木类进行间伐，让阳光照进林地植被和水流中从而使植被多样化，使以往的樱花名胜地与清澈的水流景观一起复原（照片-1）。

2）基本方针

①节约用水、并将其回归自然的系统的再生方法。

以都市水环境和水循环的再生为基本，重新审视水资源的珍稀性，将高度处理水融入到自然的水循环中。

②创造具有武藏野特色的水与绿色的风景。

创造将表现武藏野特色的羽毛下的水流和水滨沿岸的杂树林等融为一体的景色。

③复原樱花的名胜地，创造让人心情舒畅的散步路。

恢复以往的樱花名胜地，连接多摩川沿岸的绿地和散步路，担负起大范围散步路网络的一环。

④创造野生生物能够栖息的水滨环境。

通过具有自然水循环和持续性的水滨绿地构筑水滨生态系统，并持续性的进行培育管理。

⑤创造能够享受与水接触的乐趣的亲水空间。

该空间可以观察水滨的生物、欣赏四季不同的风景，还可以戏水，是与水具有多样联系的地点。

⑥围绕根川绿道的维护和管理，扩大市民参与的范围。

通过市民与行政机关的合作，探讨并实践能够可持续性维护丰富的水滨空间的结构和方法。

以上是根川绿道整体的基本方针，各个区域的建设方针如图-1所示[1]。

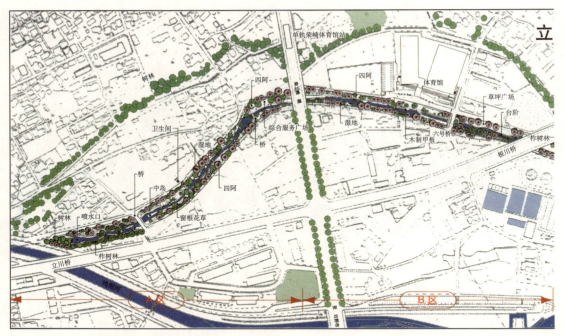

A区域：即为接近崖线树林和残堀川的河流源头部分。
建设方针：作为高度处理水涌出的河流的最上游部分，被树林环绕、从日本萍蓬草繁茂的涌水池流出的清水形成了石菖蒲繁茂的卵石底的湍急细流。

B区域：即为根川绿道的中央部分，距离单轨列车站最近。邻接柴崎体育馆，聚集了很多人。
建设方针：作为绿道的中心部分，并兼用作体育馆的前庭广场，确保了铺设道路的空间。

图-1　立川公园绿道平面图

3）设计监理

会对生物的栖息环境产生较大影响的微地形变化和植物的配置，光靠图纸上的表达毕竟有其限度。为了正确表达设计的意图、切实的进行施工，设计者和施工者就必须在施工现场密切协作。

在本项目中，由于要进行野生水生动物的生境复原和现有树林的间伐等，施工时要求在现场进行判断的事项较多，因此设计监理在现场下达了护岸与河道等细节的规格、间伐树木的标记和整枝等指示，并进行了水草的移栽和杞柳的扦插以及从昭和水渠引进鱼类等，为恢复生物多样性而在施工现场进行了细致的细节调整。

13-3　近自然型河流建设的要点

河流空间是由"自然作用"造成的砂土侵蚀、搬运、堆积等与"人为作用"造成的河流形态改变等组合在一起，形成基本形态的。植物适应其布局而形成了各式各样的生境。如果从生

13. 中小河流

川公园根川绿道平面图

C区域：北侧有崖线树林，南侧有处理厂的樱花行道树，宽度较广，存在空间明亮且流经崖线脚下的现有小水路，洼地的大型花柏给人留下了深刻印象。
建设方针：作为建设区间的最下游部分，以崖线树林为背景，建设鲫鱼和鳉鱼能够栖息的宽阔深水池。灵活运用开阔的空间，使用上水，设置仅在夏季使用的戏水设施。连接了西侧的新奥多摩街道和东侧的甲州街道，作为缓冲的绿地建成了武藏野的柞树林。

D区域：即为建设区间更加靠近下游的部分，是根川的最下游部分，末端连接着多摩川。残留着以往的河道和土堤上的樱花树，保留了根川原有的风景。
建设方针：虽然不在绿道建设的区间之内，但是以维持并提高河流景观现状为目标的管理是与A~C区域作为整体推进的。通过改变土堤上割草的频率增加四季河滨风景的看点。

物发育环境的多样化方面来看河流空间的话，"河流形态的多样化"就是基本要点。在此，将河流空间的部位分为①不断有水流过的"水域"②受到浸水等影响的湿润的"水滨线"③日常中不会受到水的影响的"陆地"三种空间，结合立川公园根川绿道（以下简称"根川"）的具体事例来解释各个项目应该注意的要点。

1) 水域

不断有水流过的"水路"是水生动物栖息区域的核心。鱼类和虾，蜻蜓和萤火虫的幼虫，鳉鱼、龙虱、水黾、豉母虫等昆虫类，蝾螈、鲵、青蛙等两栖类，蚬贝、田螺和放逸短沟蜷等贝类等栖息在河底的底栖生物的生活史基本上全都依赖于水域内。

另外，必须认识到，河流从山区延续到海洋，在其漫长的流域中，通过与来自周围的支流和水田水渠等汇合、纵横相连，形成了依赖于水的生物的动态生态系统网络。如果通过堤坝、堰堤和暗渠等将河流断断续续的孤立起来，就无法恢复河流特有的生态系统。

这样，河流的规划首要要确认河流纵横方向上水的联系的实际状况，在此基础上进入探讨

213

对象地河流的阶段。此时，左右与水相关的生物的繁育环境的主要项目，就是"水量"、"水质"与"河流形态"。

（1）水量的确保

流过长距离的河流的水面蒸发、通过毛细管现象被岸边的泥土吸收的水量超出想象。在水源依靠自来水或是井水、通过循环水制造水流的人工水流中，如果不能经常性的补给蒸发掉的水，水流就会迅速干涸。即便是在依靠自然水源的小河中，如果水量季节性减少的话，水生动物的栖息种类和数量就会减少，在冬季会排干水的田地里，栖息的种类数量会急剧减少。

在维持水滨生态系统多样性方面，"全年稳定的水量供给"具有重要的意义。

"根川"以作为水源的废水处理厂平常可以每分钟供给1.73t（2700t/天，24h流水）水为前提，设定了"水流缓和的自然小河的风景"，流速为每秒10~35cm，水深为5~40cm（水池部分水深为10~100cm），水路宽幅为1.0~3.0m。这样，水路的宽幅、水深和流速等根据供给的水量不同，会决定自己的选择幅度，但是在决定具体数值之际，以作为目标的类似河流为参考是不会出错的。这一点在自然河流改建的情况下也是同样的（照片-2）。

照片-2 水源
日本萍蓬草茂盛的涌水口与背景的崖线树林

（2）水质的确认

表-1将"水质等级与指标生物的范围"分为（Ⅰ）干净的水、（Ⅱ）稍微有些污浊的水、（Ⅲ）污浊的水和（Ⅳ）非常污浊的水4个等级表示。另外，表-2是在水质之外又加入了底质、流速、水深、饵料量和隐蔽场所等要素而制成的"淡水鱼类区分的自然度指数"。通过将这两张表与表-3的腐水性造成的河流水质等级相比较，可以大致估计在该河流中可以栖息的水生生物的种类。

"根川"中高度处理水的水质就是河流的水质。从该数值中，特别选取会对有机物分解产生较大影响的BOD（生化需氧量）平均2.8mL/L和DO（溶解氧含量）平均10mg/L与表-3对照的话，可发现水质相当于从河流上部到山间溪流之间的"贫~β中腐水性水域"的"干净的水"的水质。

（3）纵横截面的关联

鲑鱼、鳗鱼和香鱼为了产卵从入海口逆流而上，鲶鱼、鲫鱼和鳗鱼则从大河中回到较小的水路或是较浅的水田中。如今，这种鱼类综合利用了河流的多样形态在自然河流中繁殖的现象，

13. 中小河流

表-1 水质等级与指标生物的范围（环境厅水质保护局，1985）

号码	指标生物	I 干净的水	II 稍微有些污浊的水	III 污浊的水	IV 非常污浊的水	
1	涡虫类	──				⎫
2	汉氏泽蟹	──				⎪ 干净的水的指标生物
3	蚋类	──				⎪
4	积翅目石蝇类	──				⎪
5	舌石蛾科	──				⎪
6	扁蜉蝣	──				⎭
7	黄石蛉	──	──			⎫
8	除了5以外的毛翅目		──			⎬ 稍微有些污浊的水的指标生物
9	除了6和11以外的蜉蝣目		──			⎪
10	日本扁泥虫		── ──			⎭
11	佐保小蜉蝣			── ──		⎫
12	蛭纲			──		⎬ 污浊的水的指标生物
13	划蝽科			──		⎭
14	尖膀胱贝			──	──	⎫
15	日本蚊				── ──	⎬ 非常污浊的水的指标生物
16	线蚯蚓				── ──	⎭

表-2 淡水鱼类区分的自然度指数（（财团法人）日本自然保护协会，1996）

指数A	指数B	指数C	指数D
非常好的环境	良好的环境	较好的环境	需要注意的环境
红点鲑 真鳟 香鱼 刺鱼类 杜父鱼	斑北鳅 长吻似鮈 鳉鱼类（淡水双壳贝） 雅罗鱼 淡氏鲈鱼，鳗鱼	琵琶湖鳅 斯氏莫罗鱼 虾虎鱼类 （真吻虾虎鱼，条尾裸头虾虎鱼，暗缩虾虎鱼） 桃花鱼，鲶鱼，鳟鱼	鲫鱼类 食蚊鱼 泥鳅 罗汉鱼

表-3 腐水性[1]造成的河流水质等级（秋山等，1986）

污浊水质等级	溶解氧含量		BOD[2] (mg/L)	河流的状况	污浊的进展
	含量（mg/L）	饱和度（%）			
贫腐水性水域	8.45~8.84	95~100	0.0~0.5	山间的溪流	
贫~β中腐水性水域	7.50~8.45	85~95	0.5~2.0	河流的上游部分	
β中腐水性水域	6.20~7.50	70~85	2.0~4.0	村落地带河流	
β~α中腐水性水域	4.40~6.20	50~70	4.0~7.0	住宅区的河流	
α中腐水性水域	2.20~6.40	25~50	7.0~13.0	都市内的河流	
α中~强腐水性水域	0.90~2.20	10~25	13.0~22.0	废水量较大的都市内河流	
强腐水性水域	0~0.90	<10	>22	具有恶臭的都市内河流	较高

*1 腐水性（Saprobitata）：测量水中的有机物通过细菌分解的程度，以此作为水中的污浊物。

*2 BOD（生化需氧量）：细菌分解有机物时消耗的水中溶解氧的数量。是有机物（污浊物）的指标。

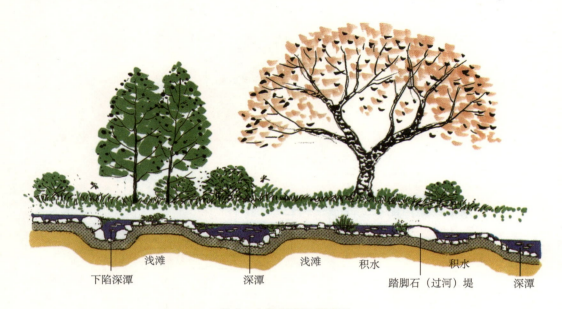

图-2 水路标准纵截面图

正由于人为河流改建造成的生态系统的断裂而面临危机。

在对象河流中，首先要将水源地与涵养水源的地形和植被之间的关联、河流中下游区间与其周边水系、地形和植被之间的关联以及下游与流入地水系之间的关联等，与规划地邻接部分的水系尽可能平稳的连接起来。

在"根川"，已经建有现成的河道，尽管无法改造隔断了与多摩川汇合的末端和建设区域之间的混凝土堤坝和暗渠等，但是在建设区间内的流域中，纵截面是允许鱼类自由来往的（图-2）。

（4）河流形态的多样化

将河流作为排水路，为了使水能够迅速的流下而推动河道直线化和定型式的截面化的情况是无法避免的。然而，如果简单划一的进行该建设的话，就会否定生态系统的多样性。多自然型河流的形态必须根据实地的状况合理将安全性和多样性结合在一起。

如果将河道的截面建成单一的矩形或是梯形的话，水深和流速就会固定，从而变成没有"浅滩"和"深潭"等的单一水流，必需浅滩或是深潭的动物就不可能定居和栖息，生态系统也会变得单调。为了尽可能使河道形态接近自然河流，就不能固定河床和河岸，通过自然水流形成浅滩和深潭最为理想，不过在距离人类居住地较近的河流中，出于安全性和土地利用的限制，会尽可能的模仿自然河流、人为的建设稳定的形态。

在自然河流中，水流冲击到靠近山的岸边冲掘出来的"深潭"会变成淤水处而水流缓慢，这里就会变成鱼类聚集于此寻求饵料的场所。另外，水温在冬季也较为稳定的"深水区"作为鱼类的栖息场所具有重要的意义。而水深较浅、流速较快的"浅滩"也是喜好流水的水生昆虫和鱼类的聚集场所。除此以外，水中倾斜地形的"上升处"和"架"，水流落差造成的"下降处"，

13. 中小河流

照片-4 下降处
水流从变窄的飞石缝隙之间下降

照片-3 浮石
浮石的阴影成为了鱼类和水生昆虫的隐蔽场所。

照片-5 鱼类的放流

河岸深入陆地形成的"湾处"以及水流缓慢滞留的"静水场"等可以垂钓点表现自然河流形态，尽可能的创造这些地方，也可以说是生态多样型河流建设的要点。

"根川"河道的线条包括占地幅度2.5m的散步路在内整个绿道的平均宽度约为30m、较为狭窄而且地形平坦，因此整体上建成缓和的蜿蜒曲线，通过为微地形赋予变化而提高水流和水深的多样性。河道的"基本构造"为了防止由于河底的漏水和吸水减少"受到限制的水量"，而在卵石、砂砾和粘土等河底材料下面铺设了防水膜。

将水生动物的栖息据点"浅滩和深潭"作为缓和水流形成的细微变化点与流域结合起来，并为了进一步使河床具有变化，而将大小的溪石作为"浮石"（照片-3）分散点缀在河流中，使水流和空隙具有变化。另外，还下了工夫，建成了利用横跨河流的飞石的堰塞效果的"下降处"（照片-4），并在河流末端的宽阔水池最内部建成了水深1m左右的"深水区"（图-3）。

(5) 地域原有水生动物的保护与繁殖

现存的原有生物携带有该地区固有的基因，在生物多样性的保护上具有重要的意义。尤其是在位于河流自然度较高的地域的情况下，即便是同一种，也要避免随便从其他地域引进。

"根川"是对现有的人工水路进行改建，而且周边也都已经城市化，因此自然恢复的目标被设定为改建竣工后也能够可持续性的维持各个种的个体群，从现有水路中栖息的动物中选取

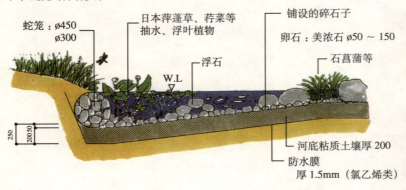

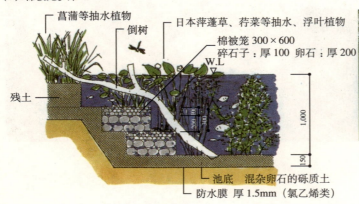

图-3 水路护岸的主要标准横截面图

了蚬、放逸短沟蜷和泥鳅作为保护对象，在建设施工阶段就连同河底的泥土一起采集，竣工后再放回河道。另外，从邻接的昭和水渠捕获了栖息并繁育其中的桃花鱼、长颌须鮈和银鲫鱼等泥鳅之外的鱼类，并放流入根川中（照片-5）。

2）水滨线

水滨线是水域和陆地的交界线，通过水流和波浪等表现了多样的形态，根据各个地点的不同，会混进水生和陆生植物，形成了水滨线特有的植被。这里作为水生和陆生两种野生动物采食、繁殖和避难等时使用的"野生动物栖息领域（生境）"，是极为重要的场所。不过，由水与陆地之间的微妙关系形成的"水滨线"又是受到水位变动的程度左右的，可以说分布条件十分脆弱。

水位变动较少的话，通常会和陆地区域以相同的条件得到水分供给，会形成有木本类及多年生草本植物组成的稳定的水滨线植被，而在频繁的反复浸水和陆地化的河滩和堤坝点等地，植被不稳定，容易形成裸露地面较多的一年生草本植物群落。为此，在能够人工控制水位的情况下，要尽可能的减少水位变动，恢复稳定的水滨线植被。

"根川"是以不断能够得到稳定水量供给的高度处理水为水源的，而且还有来自周边的流入水，因此易于确保稳定的植被。

（1）考虑到生态的护岸

在建设自然的水滨线之际，通过自然水流形成自由变化的柔软结构较为理想，但是在地理位置和周边的土地利用受到限制的河流中，则必须建设变动较少且形态稳定的"护岸"。保护岸边不会受到降水和水流造成的巨大侵蚀、并可以作为生物隐蔽场所的"护岸"的材料，多孔质的砾石和板桩以及柴垛等自然材料是首选，不过从恢复河流特有的生态系统以及与景观的融合等方面来看，选择河流的所在地基础和周边的素材也较为理想。

"根川"的河滩曾经是卵石河滩，采用了与河床相同的"卵石"，不过从确保岸边的稳定和水深方面出发，除了卵石之外，还使用了卵石壁、蛇笼和棉被笼固定水滨线（参照图-3）。

（2）河畔植被的保护与复原

河畔的植被用枝叶接收降水、用根系固定土壤、调节来自河流周边的流入水量，并净化水质。在浸水频率较低的河畔，柳树、赤杨和白蜡树等木本类植物形成了河畔林。有木本植物和草本类植物立体构成的河畔林成为哺乳类、鸟类和昆虫等的移动路径（廊道），也会成为生境。倒映在水面的树影可以作为"诱鱼林"成为鱼类休憩和避难的场所，而水滨植物的枝叶和根部会成为蜻蜓和萤火虫羽化和休憩的场所，而栖息在其中的小动物则会成为鱼类、青蛙、蝾螈和螃蟹等的饵料，这些地方作为水生动物的栖息环境具有重要的作用。不过另一方面，如果水滨的树木过于茂盛、使得阳光无法照射进水中的话，反而会破坏水中生态系统的多样性，因此，最好能在湿地草地和落叶树的疏林中加入少量的常绿树，适度的加以组合。

"根川"在建设绿道时栽植的常绿性乔木和灌木类生长旺盛，阳光基本上照射不到水路，环境阴暗而单调。在改建河道和散步路的同时，砍伐了常绿阔叶树和灌木性园艺种的大部分以及外来的落叶阔叶树和压制河道的大树，补栽了赤杨、杞柳等木本植物，引进了石菖蒲、日本千屈草等湿生植物、日本萍蓬草、菖蒲、蒲（照片-6）等挺水植物、荇菜等浮叶植物作为水滨植被的基本种。引进之际，从邻接的昭和水渠移栽了繁育在

照片-6 在岸边扎根的蒲

那里的菖蒲、菹草和狐尾藻。

3）陆地区域

接收雨水成为河流水源的凹陷地形成了"集水域"，该陆地区域的地形、土壤和植被等会对流入河流的水量和水质、砂土的流入以及生物的栖息产生较大的影响。这里所说的陆地区域是指浸水的频率较低、表土稳定、生长有陆生植物的区域。

（1）陆地区域的形态不可划一

河流侵蚀造成的 V 字谷上的斜坡林、与缓和的河滨相望的丘陵地带的杂树林和平地林等，是河流与周边的地形通过相互作用形成了河滨固有的环境。作为目标的河滨陆地区域的形态，尽可能的保护和复原现有的地形即可。不过，都市近郊的河流因对安全性的重视和邻接土地利用的限制较多，无法回避人工构造物和建筑物的使用与引进。尤其是"河流绿道"等要求河流具有戏水和观赏等"亲水性"的情况下，散步路、桥和栈桥等的引进造成的制约就会增加。

"根川"除了在水源部分建成了门球场、利用填土建成了斜坡林之外，为了保留染井吉野樱花等现有树木，在大部分陆地区域的地形中才采用了使河道配合原有地形的规划。

（2）灵活运用现有的大树和植被

在河流中，极少有包括陆地在内全部重新建设的情况，在河道的周边繁衍着的现有植物不在少数。如果现有植物为大树，而且是传承地区的历史的一座树林的话，其成为该地区自生的野生动物栖息据点的可能性就较高。现有植被和树木的保护关系到表土的保护，具有单靠个体的移栽无法实现的生态系统保护的意义。

由于"根川"建设的前提之一是要"恢复与根川一起被人们所熟知的染井吉野樱花名胜地"，因此首先砍伐了与染井吉野樱花竞争的树木以及遮蔽了阳光的常绿阔叶树，接着设定了"树冠直冲云霄"的风景，将在景观上和生理上都过于密集的染井吉野樱花进行了"景观修复间伐"，间伐掉了将近一半。另外，崖线树林的构成种朴树和榉树的大树作为根川的标志，得到了优先保留。

13-4 顺其自然式的管理

自然的河流由于气象变化和植物的发育状况等的不同，一刻也不可能处于同样的状态。尤其是河流周围的植物的繁盛，会对野生动物的栖息环境造成巨大的影响。另一方面，野生动物中很多种类的生活史也不固定。即，必须要理解，在自然中存在着许多无法了解的事实的"不可知性"、随着时间不断改变形式的"不定性"和无法确定对象范围的"开放性"的特性。其管理也理所当然的必须以此为前提。《新·生物多样性国家战略（2003 年 3 月内阁会议决定）》和《自然再生推动法（2003 年 1 月实施）》之中，也借鉴了在观察管理对象地的自然变化和生物动向的同时，灵活改变管理内容的"顺其自然式管理"的观点。为了进行多自然型绿地建设，以这样的"顺其自然式管理"为前提是很重要的（照片 -7）。

13. 中小河流

照片-7　水流末端池
水滨植物管理的前提是掌握了繁育状况的同时进行管理的顺其自然式管理。

照片-8　背阴处与向阳处的反差
岸边植物生长状况形成的背阴处与向阳处的反差,会增加生物的发育和栖息环境的多样性。

在河流特有的多样生境中,从水中刀水滨线之际繁育的水生和湿生植物群形成了多彩的空间。

从湿润的陆地区域到水滨线,繁育着芦苇、宽叶香蒲、茭白、石菖蒲、蓑衣草类、灯芯草、莎草和日本千屈菜等多样的湿生植物,在水深1m以上的区域,繁育着菹草、狐尾藻、黑藻和金鱼藻等沉水植物。而其中间区域日照较好的浅水区,则是荇菜、水鳖、丘角菱、睡莲、眼子菜等浮叶植物和日本萍蓬草、菖蒲等抽水植物易于适应的领域。不过,这些植物的生境区分未必会很明确。事实上,芦苇在水深1m以上的区域也可以生存,而且丘角菱和水鳖、菹草和金鱼藻等浮叶和沉水植物原本就喜好日照条件好的浅水区。为了避免对水滨植物弃之不管、使得生长旺盛的植物单独占据优势,就需要抑制侵略性繁殖的植物并使得受到压制的植物复活,此时根据情况进行的"有选择性的去除"就是必不可少的。这也是"顺其自然式管理"的思路不可缺少的原因。在盛行用假饵钩钓鱼的英国,为了维持适宜鱼类栖息的河流环境,有专门的"河流管理员"负责抑制水滨和水中茂盛的植物并维持鱼类的栖息区域,进行收割水草等管理。像这样持续维持具有从水滨到水中的多样形态的植物群落,是对栖息有多种水生动物的生态多样型自然河流建设管理的要点。

在"根川"占据了大半流域的水流较快的浅流中,其底质是难以扎根的砾石,水草没有对水面进行覆盖。另外,在水草繁育较为容易的泥底浅水区,在水滨的一部分,由于没有特意引进侵略性旺盛的芦苇和宽叶菖蒲等,对石菖蒲、日本千屈菜、菖蒲、荆三棱和荇菜等的一部分进行了适宜的间苗。另一方面,由于岸边的植物过于繁茂以至于覆盖了水面,因此为了使得阳光尽可能的照射到水面,集中对水滨线的大型植物持续进行了收割和修剪(照片-8)。

照片-9　良好的水生动物栖息环境
世代交替之后的桃花鱼和长颌须鮈聚集在水流中（左）；啄食饵料的黑鸭群（右）

13-5　监测调查在管理中的反映

尽管是"顺其自然式"的，但是如果管理没有计划性，那么随着管理负责人的调动，管理的内容也难免会发生变化。要提高与管理内容相应的效果，就必须要尽可能的掌握当地生物的兴衰和生物动向，为此，"监测调查"是必不可少的。

1996年，叶素惠对根川建设后水生动物栖息的变迁情况作了综合性的监测调查[2]。根据该调查，确认到了氮和磷等营养盐类浓度降低，引进的桃花鱼、长颌须鮈和鲫鱼等鱼类完成了世代交替，栖息着多种底栖生物，常常可以看到流水性的黑色鳋飞来等，对于水生动物来说，恢复了良好的栖息环境。另外，从黑鸭、翠鸟和小白鹭等频繁飞来的事实也可以确认，以水鸟为顶点的小河流生态系统正在形成（照片-9）。不过另一方面，也能看到荇菜和眼子菜等浮叶植物以及菹草和狐尾藻等沉水植物的减少甚至灭绝，由于其原因尚不明确，还需要通过今后的进一步观察，摸索确立"根川"独有的生态管理技术。

13-6　管理与人

同时受到水域和陆地区域双方影响的河流在竣工后继续管理的内容，很大程度上决定了生物栖息环境的适宜与否。另外，利用者与河流的关系，也会对生态系统造成较大的影响（照

13. 中小河流

照片-10　通过划分出人类可以接触并进入水域的区域，从而控制人类接及其他场所。
　　　　左：划分儿童可以戏水的区域。
　　　　右：体育馆正面广场前可以进入其中嬉戏的浅水流。

片-10)。

"根川"作为樱花名胜地，是以通过绿道的实现对河流的积极接近为前提的。与之相应的，人类造成的压力对于野生动物来说也是较大的。作为其对策有：

① 设定限制人类接近的区域并设置解说牌。
② 理解管理人员对自然的控制管理并具体贯彻。
③ 除去鲤鱼和金鱼等，设置禁止放生的告示牌并分发传单。
④ 举办活动加深对于维持野生动物栖息环境重要性的理解。

同时在生态多样型绿道的价值和定位方面，取得了竣工后组建的"根川绿道优化会"等组织的理解，并且在管理、宣传、集会和监控的活动方面，也得到了这些组织的协助。

（山本纪久）

——引用文献——

1) 山本紀久・中田研童（1994）：立川公園「根川緑道」の修景計画，JAPAN LANDSCAPE, No. 32, 28-31.
2) 葉　素惠（1997）：清流復活事業による都市河川の生物生息環境の回復—高度処理水を用いた根川清流復活事業における事例研究—，東京農工大学大学院農学研究科修士論文.
3) 山本紀久（1993）：水辺の生物，水辺のリハビリテーション—現代水辺デザイン論—，亀山　章・樋渡達也編，p.42-54, ソフトサイエンス社.

专栏

自然再生与外来种

近年来，在地方自治团体和民间团体的努力下，进行了生境池等水滨环境的建设，复原并创造了多样的水滨生态系统。

但是，会对该生态系统产生巨大影响的外来种，无论是来自国内还是海外的，其种类和分布地区都有逐年增加的趋势，闯入了各种各样的水域中。本文将就很少被意识到是外来种的克氏原螯虾和鲤鱼两种作为身边的事例加以介绍。

克氏原螯虾是广泛栖息在河流、池沼、水田、水渠的静水区以及流速缓和的水域的美国原产种，昭和初期进入日本以后，迅速在日本扩大了分布范围。其食性为杂食性，水生昆虫和水生植物等所有在水域中繁育和栖息的生物都是其捕食的对象。另外，其生命力旺盛，

即使是在湿地等浅水区区域或是贮水池淘干时形成的临时的泥淖里也能生存。事实上，尽管关于该种对水域生态系统造成影响的报告并不多，都是在生境池等小规模的水域中，以该种的进入时期为分界线，物种的多样性常常会降低。之所以克氏原螯虾的相关问题会变得复杂，除了用于教育的教材以外，还有其近乎得到了公民权似的社会风潮，使得人们对于克氏原螯虾是外来种的认识相对于其他物种来说较低。

鲤鱼分布于日本全国，被认为不属于外来种，但是在纪念活动等中建成的各式各样的水域里，常常会随意放流鲤鱼，因此，该种应该作为国内移入种来对待。该种会干扰水域生态系统的主要原因是其捕食方式。该方式被称为吸食捕食的方法，是将水、底泥和猎物一起吸入口中，仅过滤食物，其他东西会从鱼鳃排出。此时，就有吸食水底的水生植物或是从鱼鳃排出的水的势能会冲刷水生植物的根本并使之减少的可能性。水底是蜻蜓类的幼虫等水生昆虫的良好栖息场所，而且也是鳉鱼和鲫鱼、麦穗鱼等鱼类的产卵基础区域，在保护生物多样性方面是非常重要的环境。再者，鱼类和贝类等的栖息环境受到水源地限制，因此在封闭的水域中，如果这种干扰造成珍稀种灭绝的话，其复原和再生工作会非常困难。

像这样的湿地和小规模的封闭水域往往环境都比较脆弱，在外来种入侵的情况下，其影响一般会在早期就显现出来。

学校和公园等公共机构建设的生境池被定位为形成生境网络的重要据点，要求形成并维持健全的生态系统。如果该据点成为了外来种的巢穴，通过形成网络吸引的蜻蜓类即便在此产卵，其卵和幼虫也会遭到外来种的捕食，网络的形成就会从此中断。

（井上　刚）

14. 滩 涂

14-1 人工滩涂的形成过程

滩涂建成后，就会出现细菌和藻类等微生物以及贝类和多毛纲等底栖生物，随后不久就会看到鸟类[1-7]。这意味着构成滩涂生态系统的主要生物（生产者、分解者、初级消费者、次级消费者等）在新的生境中自然定居，形成了作为滩涂生态系统的结构。

一旦生物在建成地点扎根，定居的生物就会带来水质净化机能以及由赶海、鸟类观察等所代表的娱乐消遣机能[4,8,9]。不过，在初期阶段，滩涂的环境常常会突然发生变化，栖息生物的代谢活性和现存量也不稳定，因此有时会出现停滞。

然而，随着时间的推移，滩涂环境会变得稳定，不久栖息生物的现存量和活性会带着某种程度的变动幅度维持在平衡状态，生态系统的构造和机能会变得自律稳定。自律稳定的生态系统既可能显示出与自然的生态系统类似的构造和机能，也有可能表现出与自然完全不同的状态。

14-2 人工滩涂的地形变化微型底栖生物的应对—以三河湾为例—

1) 人工滩涂的显著地形变化

要使滩涂生态系统自律稳定，使其生态系统内"不出现会使个体群灭绝的极端环境条件变化"很重要。不过，在刚刚建成没多久的"不成熟"的人工滩涂中，由于与波浪和水流等的外力以及地形坡度和堆积物颗粒直径之间没有取得平衡，因此常常会出现较大的地形变化[10-12]。伴随着地形发生变化，堆积物的搅拌以及海拔的变化造成的低潮时露出时间的变化，底栖动物的密度预计会出现大幅变动。因此，地形变化被认为会对滩涂生态系统的自律稳定化产生巨大的影响。

本文将对在三河湾西浦地区人工滩涂中调查的，微型底栖生物群落对地形变化的反应加以介绍。

2) 三河湾的滩涂再生

为了有效利用位于三河湾湾口地区的中山水道航路疏浚后产生的砂土，国土交通省和爱知县于1998年起在三河湾各地推进了滩涂和浅滩的人工建设事业（图-1，照片-1）。截止到2002年，在32个地区（总面积约450公顷）建成了人工滩涂和浅滩。在这些人工建成的地区中，蒲郡市西浦地区的滩涂是利用疏浚砂（中央颗粒直径约0.18mm，淤泥粘土的含量约3%）于1999年7月建成的。

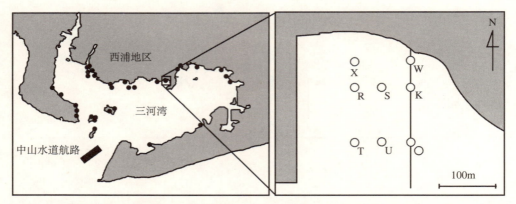

图-1 在三河湾进行的滩涂和浅滩的人工建设事业位置图（2002年度末）（左）与爱知县蒲郡市西浦地区人工滩涂的调查定点以及测线（右）

照片-1 西浦地区人工滩涂的航拍照片（2003年6月2日拍摄，由国土交通省中部地区建设局三河港湾事务所提供）。在滩涂内沙洲在东西方向上形成（白色的部分），其北侧是潟湖，西南侧则形成了平坦的部分。

3）地形变化的情况

滩涂建成时（0个月）的地形，从海岸到海面方向约200m的地方基本都是平坦的，海拔约为+0.8m D.L.(平均水位约为+1.3m D.L.)。之后，在滩涂内部开始形成沙洲。建成之后6个月，以距离海岸约120m的地点为中心形成的沙洲一边缓缓向海岸移动一边发育，18个月后移动至Stn.K所在的位置即距离海岸约75m的地点，沙洲的海拔最高部分变成+2.7m D.L.。

4）微型底栖生物的出现与增加

Stn.K的微型底栖生物密度以及海拔的时域变化如图-3所示。从滩涂建成后3个月开始，微型底栖生物开始定居，密度显著增加。双壳贝类的菲律宾蛤仔（*Ruditapes philippinarum*），方形马珂蛤（*Mactra veneriformis*），日本刺沙蚕类的伪才女虫（*Pseudopolydora sp.*）是主要的

14. 滩 涂

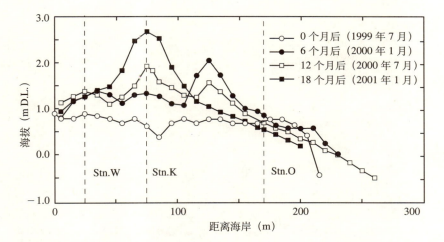

图-2 滩涂建成时（0个月）（○），6个月后（●），12个月后（□），以及18个月后（■）在侧线上（岸边海面方向）的海拔（m D.L.）的经时变化。
对桑江（2005）[13]做了部分改动。

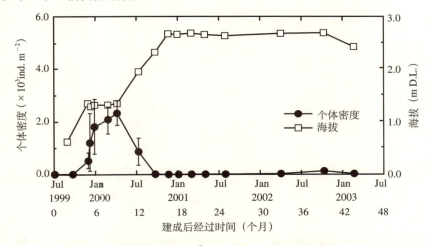

图-3 Stn.K的微型底栖生物密度（ind./m²）（●），以及海拔（m D.L.）（□）的经时变化。Error Bar为标准误差（n=3）。
对桑江（2005）[13]做了部分改动。

占据优势种。并且，建成9个月之后全部个体密度达到了约2,300ind./m²。

5）急剧的地形变化与微型底栖生物的减少

然而之后，Stn.K中沙洲的急速发达造成海拔开始升高，同时微型底栖生物密度减少，海拔达到+2.3m D.L.的2000年8月，微型底栖生物已经渐渐不能栖息了。

全部定点中海拔与微型底栖生物密度的关系如图-4所示。在Stn.T和Stn.U，海拔的变化尽管相对较小，但是在调查期间海拔还是变动了约0.8m。在沙洲的发达造成的海拔变化较大的Stn.K和Stn.X，调查期间海拔变动在2.0m以上。

在调查的海拔约-0.5m D.L.到约+3.0m D.L.的范围内，从约-0.3m D.L.到约+0.7m D.L.之

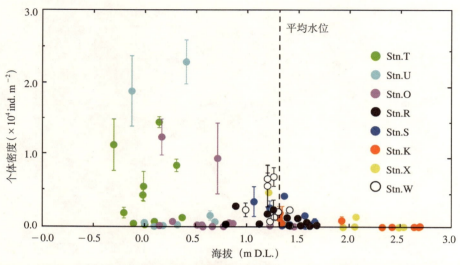

图-4 全部定点海拔（m D.L.）与微型底栖生物密度（ind./m²）之间的关系。Error Bar为标准误差（n=3）。虚线表示平均水位。
对桑江（2005）[13]做了部分改动。

间，存在能够观测到高密度微型底栖生物的地点。另一方面，海拔从+1.3 m D.L.（平均水位）升高的话，就会逐渐观测不到高密度的微型底栖生物。并且，如果海拔从约+2.0 m D.L.升高的话，微型底栖生物会基本无法栖息。

6）建设之际的注意点

当海拔由于地形变化升高时，会造成低潮露出时间变长而导致堆积物干燥或是温度和盐分剧烈变化等严酷的环境条件，因此一般来说底栖生物的密度和种类数量会减少。这意味着，伴随着较长的低潮露出时间，能够耐受严酷环境条件的底栖生物受到了限制。

在西浦地区，如果海拔超过平均水位的话，就会观测不到高密度的微型底栖生物。而且，如果海拔超过+2.3 m D.L.的话，由于即便是在满潮时刻堆积物表面也无法浸润到海水中，就会变成微型底栖生物基本无法栖息的环境。这种沙洲的发达等地形变化尤其是海拔的升高，会使得微型底栖生物显著减少，从而成为妨碍生态系统自律稳定的主要因素。

综上所述，在建设滩涂之际，必须要充分考虑到地点的选择和外力的制约，以防发生巨大的地形变化。

14-3 滩涂建成后的随时间推移的微型底栖生物群落的成熟化
—滩涂围隔实验—

1）自律稳定需要的时间

在人工滩涂中底栖生物现存量发生变化的主要因素除了上文提到的"环境条件的大幅度变

化"之外，还有"伴随着时间推移生态系统的成熟化"。而后者，是在自然滩涂中看不到的人工滩涂特有的要素。

由于在实地随着时间的推移环境条件通常会发生变化，因此弄清楚滩涂建成后时间推移与上文群落之间的关系是不可能的。不过，在环境条件保持一致的滩涂围隔实验（mescosm）中，就能够处理这个课题。

在这里，笔者将要介绍为了弄清楚生态系统建成后伴随着时间推移出现的微型底栖生物变化的特性而实施的利用滩涂围隔实验的实验结果的同时，还会尝试探讨生态系统自律稳定所需要的时间。

2）滩涂围隔实验的概要与实验方法

Mesocosm（围隔实验）是"中等规模的宇宙（空间）"的意思，在生态系统的实验中则是指模拟自然环境建成的某种程度上较大的地点。围隔实验的优点是，在接近自然的环境中，能够按照目的在调控生物和环境条件的同时，进行比较实验[14]。

滩涂围隔实验的内部情况如照片-2所示，实验水槽的平面图与实验海水的流程如图-5所示。采集自千叶县木更津市盘洲滩涂的堆积物投入到各个实验水槽中，堆积深度为50cm。该堆积物在投入水槽之前，在太阳下经过了为期20天干燥期，因此初期条件不包含底栖生物的成体。1994年12月向水槽中引入海水，制造潮汐，创造出了实验生态系统。按照每周1~3次的频率，将水槽中的海水换成用水泵从久里滨湾汲取的未经处理的海水。由于淡水会从平作川流入久里滨湾，因此在降雨时取水，供给滩涂水槽的就会是低盐分的海水。波浪和水流会对堆积物造成物理性干扰。由于存在罩棚，所以看不到气象干扰引起的滩涂地形和堆积物颗粒直径的变化。

照片-2　滩涂围隔实验的内部情况

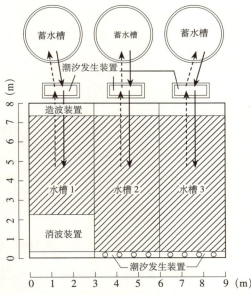

图-5　滩涂围隔实验的平面图与实验海水的流程
实线表示涨潮，虚线表示落潮。

在该实验期间，没有人为向实验水槽中投放任何生物。即进入到实验水槽中的所有生物，都是来自于久里滨湾的海水的（例如，卵、胞子、幼虫和种子等）。罩棚的存在使得鸟类不会飞来。为了保护水泵，在海水的取水口罩上了网，基本没有鱼类和微型底栖生物成体进入其中。

3）随时间推移的个体密度与种类数量的变动

在为期 6 年的实验过程中，在滩涂围隔实验中占据优势的微型底栖生物有甲壳类的螺蠃蜚（*Corophium sp.*）和日本大鳌蜚（*Grandidierella japonica*），日本刺沙蚕类的淡水小头虫（*Capitella sp.*）和褐色角沙蚕（*Ceratonereis erythraeensis*），腹足纲螺类的葡萄螺（*haa japonica*）等[15]。

在滩涂围隔实验的任何一个水槽中，都没有观察到生态系统创造出来之后时间推移与微型底栖生物个体密度之间的关联性（图-6）。另一方面，生态系统创造出之后时间推移与微型底栖生物种类数量之间，所有的水槽中都观察到了明确的关系。在图-6 近似于直线的斜度中，可以看出种类数量每年都会持续增加 1~2 种。

4）达到平衡状态所需要的时间

根据三重县英虞湾[3]、长崎县谏早湾[16]、大阪府阪南地区[17]、兵库县尼崎市[6] 等实地建成的人工滩涂的观测结果，微型底栖生物种类数量最长经过 2 年左右即可达到平衡状态的例子很多，然而滩涂围隔实验的水槽 2 即便是在经过了 6 年之后还是没有达到平衡状态，结果大相径庭。其原因被认为是，由于滩涂围隔实验与实地海域隔离，①幼体的供给效率较低，②幼体期分散性较低的种和卵胎生的种难以加入其中，再加上③海水的取水口覆盖有网，基本鱼类以及微型底栖生物的成体的进入等。

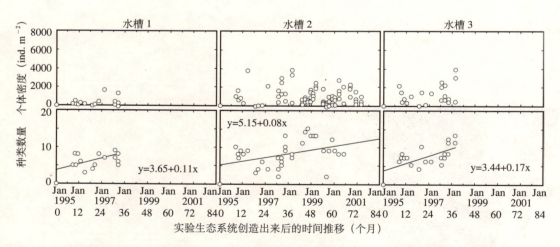

图-6 滩涂围隔实验的各个实验水槽中微型底栖生物的个体密度（上部）以及种类数量（下部）的经时变化
　　近似直线是为了统计上的方便。对桑江（2002）[15] 做了部分改动。

5）利用幼体供给和成体移入的人工滩涂促进方式

在实际的滩涂建设中，存在着人为促进建成后滩涂的发育，使其早日完善的要求。考虑到上文所述的滩涂围隔实验的结果，在促进人工滩涂发达之际，幼体的供给和成体的移入十分重要。因此，以这些为基础的具体的技术策略有以下几点：

- 为了进行高效率的微型底栖生物幼体供给和成体引进，选择距离现有滩涂较近的地点
- 考虑幼体的供给路径（通过水流进行幼体的输送），选择地点
- 通过从外部引进繁殖期的成体，增加受精卵和幼体接近该滩涂的机会（不过，由于从外部引进幼体和成体可能会引起对周边生态系统的干扰，因此必须加以注意）

这些技术策略对于促进滩涂的发达是否有效，还有待于今后的探讨。

6）长期的事后监测的必要性

在滩涂围隔实验中，尽管考虑到了幼体供给过程的局限性，但是经过 6 年时间其种类数量都没有达到平衡状态。而还是在滩涂围隔实验中，从实验开始经过 9 年之后，大型微型底栖生物长臂虾类（*Pakaemon* sp.）才开始出现其中[18]。这些结果说明，如果是在建成之后仅仅经过数年时间的滩涂中，关于种类数量和多样性过早做出最终评价的话，有可能会做出明显的过小评价。因此，哪怕是在对种类数量的相关项目进行评价之前，也必须实施为期足够长的事后监测。

另外，在人工生态系统中，考虑到在生态系统发达的初期阶段机会种占据优势的情况有时可能会持续数十年[19-21]，因此对人工滩涂进行长期的事后监测的必要性是很高的。

（桑江朝比吕）

——引用文献——

1) 今村　均・羽原浩史・福田和国（1993）：ミチゲーション技術としての人工干潟の造成 ― 生態系と生息環境の追跡調査 ―，海岸工学論文集 **40**, 1111-1115.
2) 上野成三・高橋正昭・原条誠也・高山百合子・国分秀樹（2001）：浚渫土を利用した資源循環型人工干潟の造成実験，海岸工学論文集 **48**, 1306-1310.
3) 上野成三・高橋正昭・高山百合子・国分秀樹・原条誠也（2002）：浚渫土を用いた干潟再生実験における浚渫土混合率と底生生物の関係について，海岸工学論文集 **49**, 1301-1305.
4) 木村賢史・市村　康・西村　修・本幡邦男・稲森悠平・須藤隆一（2002）：人工干潟における水質浄化機能に関する解析，海岸工学論文集 **49**, 1306-1310.
5) 西村大司・岡島正彦・加藤英紀・風間崇宏（2002）：浚渫土を用いた干潟造成による環境改善効果について，海洋開発論文集 **27**, 25-30.
6) 石垣　衛・大塚耕司・桑江朝比吕・中村由行・上月康則・上嶋英機（2003）：大阪湾奥の閉鎖性水域に造成した捨石堤で囲われた干潟の効果と課題，海岸工学論文集 **50**, 1236-1240.
7) 桑江朝比吕・河合尚男・赤石正廣・山口良永（2003）：三河湾の造成干潟および自然干潟に飛来する鳥類群集の観測とシギ・チドリ類が果たす役割，海岸工学論文集 **50**, 1256-1260.
8) 李　正奎・西嶋　涉・向井徹雄・滝本和人・清木　徹・平岡喜代典・岡田光正（1998）：自然および人工干潟の有機物浄化能の定量化と広島湾の浄化に果たす役割，水環境学会誌 **21**, 149-156.
9) 矢持　進・宮本宏隆・大西　徹（2003a）：浚渫土砂を活用した人工干潟における窒素収支 ― 大阪湾阪南 2 区人工干潟現地実験場について ―，土木学会論文集 No.741/Ⅶ-28, 13-21.

10) 古川恵太・藤野智亮・三好英一・桑江朝比呂・野村宗弘・萩元幸将・細川恭史（2000）：干潟の地形変化に関する現地観測 ─ 盤洲干潟と西浦造成干潟 ─，港湾技研資料 No. 965, 1-30.
11) 姜　閏求・高橋重雄・奥平敦彦・黒田豊和（2001）：自然および人工干潟における地盤の安定性に関する現地調査，海岸工学論文集 48, 1311-1315.
12) 岡本庄市・矢持　進・大西　徹・田口敬祐・小田一紀（2002）：大阪湾阪南2区人工干潟現地実験場の生物生息機能と水質浄化に関する研究 ─ 浚渫土砂を活用した人工干潟における地形変化と底生生物の出現特性 ─，海岸工学論文集 49, 1286-1290.
13) 桑江朝比呂（2005）：造成された干潟生態系の発達過程と自立安定性，土木学会論文集，印刷中．
14) 西條八束・坂本　充（1993）：メソコスム湖沼生態系の解析，名古屋大学出版会．
15) 桑江朝比呂・三好英一・小沼　晋・中村由行・細川恭史（2002）：干潟実験生態系における底生動物群集の6年間にわたる動態と環境変化に対する応答，海岸工学論文集 49, 1296-1300.
16) 川上佐知・羽原浩史・篠崎　孝・鳥井英三・古林純一・菊池泰二（2003）：人工的に生成した干潟の成熟性評価に関する研究，海岸工学論文集 50, 1231-1235.
17) 矢持　進・平井　研・藤原俊介（2003b）：富栄養浅海域における生態系の創出 ─ 人工干潟現地実験場での生物と窒素収支の変遷 ─，海岸工学論文集 50, 1246-1250.
18) 桑江朝比呂・三好英一・小沼　晋・井上徹教・中村由行（2004）：干潟再生の可能性と干潟生態系の環境変化に対する応答 ─ 干潟実験施設を用いた長期実験 ─，港湾空港技術研究所報告 43, 21-48.
19) Levin, L.A. (1984) : Life history and dispersal patterns in a dense infaunal polychaete assemblage: community structure and response to disturbance, *Ecology* 65, 1185-1200.
20) Moy, L.D., and L.A. Levin (1991) : Are *Spartina* marshes a replaceable? A functional approach to evaluation of marsh creation efforts, *Estuaries*, 14, 1-16.
21) Trueblood, D.D., E.D. Gallagher, and D.M. Gould (1994) : Three stages of seasonal succession on the Savin Hill Cove mudflat, Boston Harbor. *Limnology and Oceanography*, 39, 1440-1454.

> 专　栏

使人工滩涂成为鹬鸟和鸻鸟网络的注册地

　　鹬鸟和鸻鸟网络的正式全称为"东亚与澳大利亚地区鹬鸟鸻鸟类重要栖息地网络"。该活动的目的是，通过为鹬鸟和鸻鸟类的重要栖息地赋予国际认识这一附加价值、不拘泥于法律规定的有无、通过以信息交流和环境学习等为中心的普及启蒙，推动地区为主体的环境保护（http://www.chidori.jp/network/index.html）。截止2003年9月，共有来自东亚和澳大利亚等位于鹬鸟鸻鸟迁徙路径上的11个国家和33块湿地加入了网络，显示了其范围的扩大。日本国内有8处已经注册，其中，1989年对公众开放的东京港野鸟公园（东京都大田区）和1983年对公众开放的大阪南港野鸟园（大阪市住之江区）是通过当时先驱式的自然再生尝试创建出来的。

　　同样是人工建成且具备了能够注册到鹬鸟鸻鸟网络的必要条件的地点还有位于东京都江户川区的葛西海滨公园。该公园是在1970年开始动工的葛西冲土地区建设项目中通过填海建成的公园，面积为442.5公顷，其中水域面积为417.5公顷。与邻接的葛西临海公园合起来共有626.0公顷，是大规模的公园。公园的陆地部分由两个人工岛"东渚"和"西渚"组成，"东渚"是禁止人类入内的野鸟保护区，包括水域在内面积约为30公顷。根据最近5年来的调查数据，鹬鸟鸻鸟类的飞来数量满足网络的注册标准（参照表）。今后，要在地方自治体和非政府组织等的协作下敲开注册的大门。该公园不仅有鹬鸟鸻鸟类飞来，还有很多其他野鸟。包括葛西临海公园的部分在内，截止目前的记录到的鸟类据说有230种。其中还包括了黑脸琵鹭、黄嘴白鹭和黑嘴鸥等世界珍稀种。另外，在葛西临海公园内，对淡水池、苦咸水池、树林和草地等进行了复原，并同时设置了观察设施、建成了被称为"鸟类园"的面积约27公顷的野鸟保护区，在非营利性组织的协助下作为野鸟观察和环境学习的据点使用。

　　这样，即便是通过自然再生创造的人工滩涂和人工海滨，和现有的自然滩涂同样的有可能成为鹬鸟鸻鸟类的国际性重要栖息地。虽然必须小心不使"能够再生"成为破坏的免罪符，但是仍然可以作为再生已经失去的滩涂和海滨之际的目标。

（中村忠昌）

已经达到鹬鸟和鸻鸟网络加入标准的鹬鸟和鸻鸟类及其个体数量

2001年春　　中杓鹬　　200只

2001年秋　　长嘴剑鸻　73只

2002年春　　蛎鹬　　51只，中杓鹬　168只

2003年春　　蛎鹬　　27只

2004年春　　蛎鹬　　51只，中杓鹬　150只

*加入网络的标准条件之一是"鹬鸟鸻鸟类特定种（或是亚种）的推测个体数量的1%以上要定期利用该栖息地"。关于该标准，在春秋的迁徙季节中，估计有个体种群的替换，可适用标准值的1/4即0.25%。

15. 海岸沙丘
—以国营日立海滨公园内沙丘的再生为例—

根据1993年进行的自然环境变化基础调查，日本的海岸线总长度约为32,800km，其中海岸线上不存在人工建筑的自然海岸约为18100km（55.2%），约占总长的一半。该数据与1984年的调查结果相比减少了296km[1]。海岸沙丘的总长为1900km，占海岸线整体的7%，其面积约为2240000公顷[2]。

在沿岸地区的自然环境中，对于藻场、滩涂和珊瑚礁进行了全国性的现状调查，明确弄清了其性质和减少的实际情况。相对于此，关于在海岸沙丘上形成的沙滩植被，目前在全国范围内还没有明确与其自然性等性质相关的实际情况。关于这一点，根据在日本各地对海岸植被调查的经验，大场的研究认为"海岸的植物自然在近数十年来迅速失去多样性的实感很强烈。海岸的利用变形在滩涂中最为激烈，海滨次之，而岩岸（岩石海岸、海崖）尚大致保留着自然"状态[3]。另外，根据植物群落红色数据册，在被认定有进行新型保护的必要性和紧急性的"必须紧急处置"的复合群落中，砂滨植被是件数较多的复合群落类型之一[4]。对人类来说，砂滨是相对比较容易利用的地点，因此保留有自然性较高的砂滨植被的地点已经变得极为稀有。从这层意义上来说，作为进行自然再生的对象地，沙丘也是优先度最高的类型之一。

沙丘的自然再生的先进案例有鸟取沙丘。在这里，曾经为了确保耕地和保护村落的目的，大规模的栽植防风林以阻止沙的移动。因此沙的移动得到了控制，沙丘变成了草地，自然景观发生了变化。作为其对策，1955年沙丘的中心部分被指定为国家保护地区，并且在1963年，将沙丘整体指定为了国立公园，通过将沙丘作为保护的对象，逐渐的保护和再生的风潮高涨，促进沙丘草底化的保安林遭到了采伐。然而，由于并没有取得充分的成果，1990年开始进行了正式的保护和再生事业，并为了掌握现状和探讨对策，进行了为期3年的除草试验和监测调查。从1998年起正式开始了除草，目前已经逐步恢复了沙丘原本的面貌[5]。此处的特征是，由于草地化进展的面积较大，因此为了使其变成裸露地面而采用机械，进行了大规模的除草。

在本章中，笔者将以位于茨城县太平洋沿岸的日立那珂市的东海阿字浦沙丘的一部分即"国营日立海滨公园内的沙丘"中沙丘的再生工作为例，按照其自然再生的事业顺序进行具体的解说。该公园的沙丘与砂的移动等沙丘环境倾斜度相应的固有的砂滨植被配置以相当良好的形式得到了大规模的保留。因此，关于是否要像鸟取沙丘那样采用机械进行大规模的除草这一点还尚未得出结论，目前状态可以说还处于摸索的阶段。

15. 海岸沙丘

15-1 海岸沙丘的形成与环境

沙丘，是指被风搬运的沙（风成沙）堆积起来形成的略高的丘或是堤状的沙堆[2]，分为海岸沙丘、内陆沙丘、河畔沙丘和湖畔沙丘等。在日本，基本上都是海岸沙丘。东海阿字浦沙丘位于阿字浦和日立港之间，南北约12km，东西最长为3km，与鸟取沙丘相比也是毫不逊色的大规模沙丘。不过，现在被用作了各式各样的用途，保留了以往沙丘的自然风貌的地点数量有限。

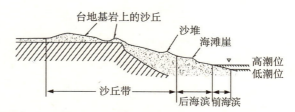

图-1 国营日立海滨公园附近的地形截面图[6]

国营日立海滨公园位于东海阿字浦沙丘的最南端，约350公顷的公园整体位于沙丘之上。除过已经得到建设的约1/3以外，内陆一侧为人工林和次生林起源的松树和落叶阔叶树的乔木林，海岸一侧约400~500m处则发育有自然性较高的海滨植被。该沙丘是由从久慈川等流出的沙成为飘沙堆积到海岸，然后这些沙又被来自东北的盛行风推至位于海岸边际的台地基岩上而形成的，海拔超过30m，变成裸露地面的部分从东北方向到西南方向以纵队状侵入到内陆一侧直到台地的内部（图-1，照片-1）。另外，这里的沙丘植被之所以能够以良好的状态维持至今，是由于1938年被旧日本陆军接收以后，一直到战后水户对地射击轰炸场返还为止的1973年，原则上都是禁止入内的，海滨部分基本没有人为干扰是最大的原因。

照片-1 国营日立海滨公园的沙丘状况

形成于沙丘上的砂滨植被从海岸线到自然裸地按照一年生草本植物群落、多年生草本植物群落、灌木群落、乔木群落的顺序连续变化，根据这些植物群落的组合，日本的砂滨植被可以区分为6种类型[6]（图-2）。在国营日立海滨公园内沙丘植被，相当于这些类型中分布于本州中西部与四国九州的砂钻台草-黑松型（山茶花群纲亚型）。大致沿着海岸线南北1km，东西纵深为300m，聚集了除了一年生草本植物群落以外的一系列群落类型（图-3）。另外，在多年生草本植物群落的宽度较广、砂钻台草占据优势的群落背后地中，栖息着结缕草和绢毛飘拂草等的植被带范围开阔，形成了自然性较高的群落。

235

以一年生草本植物为主的群落	以多年生草本植物为主的群落	灌木群落	乔木群落	邻接的内陆森林	植物群落形成的海岸群落		主要的分布地域
钠沙草群目	匍匐苦荬菜-卷轴草群落属	卷轴草-单叶蔓荆群落属	露兜树群落	山茶花群纲	1	卷轴草-露兜树型	琉球
	砂钻台草群落属	白茅-单叶蔓荆群落属	日本野漆树-黑松群落		2	砂钻台草-黑松型（山茶花群纲亚型）	本州南岸 四国、九州
			金边阔叶麦冬-黑松群落				本州中部
		玫瑰群落属	味瑞李-黑松群落	山毛榉群纲	3	砂钻台草-黑松型（山毛榉群纲亚型）	东北地区 日本海沿岸
			水栎-赤松群落		4	砂钻台草-赤松型	东北地区 太平洋沿岸
			狭叶当归-槲树群落		5	砂钻台草-槲树型	北海道 东北地区北岸
	筛草-柔软滨麦草群落属		狭叶当归-蒙古栎群落		6	筛草-蒙古栎型	北海道东部以及最北端

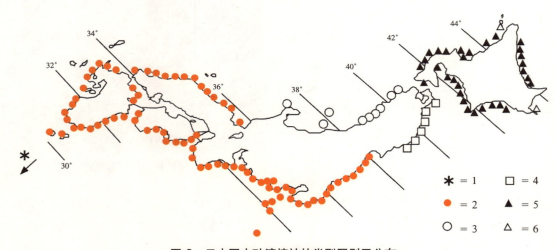

图-2 日本国内砂滨植被的类型区别于分布
（以文献6为基础，相当于事例中类型的地点用红字以及●表示）

图-3 国营日立海滨公园内沙丘植被的截面模式图

15-2　沙丘植被再生的背景与原因

如上文所述，在日本完整保留了自然性较高的地点是极为少有的，国营日立海滨公园内的沙丘植被即便从日本全国范围来看也是非常少见的。在沙丘植被中，栖息着许多在日本或是茨城县红皮书上记录在案的植物，例如属于日本国家红皮书濒临灭绝危机 IA 类的花旗竿以及细毛火烧兰、绒毛胡枝子、珊瑚菜等，而且作为同时栖息有以卤地菊为代表的南方系和以白蒿为代表的北方系海滨植物来说，也是比较有特点的。另外，作为太平洋沿岸的沙丘来说，不论是规模还是形状方面都是日本屈指可数的，其重要性是其他沙丘无可比拟的[7]。

然而，近年来原本栖息在内陆一侧的植物向海岸一侧推进、驯化植物等原本并非海滨种类的植物繁育地急速扩大，原有的海滨植被的存活正面临危机。这种情况出现的主要原因是港湾建设妨碍了久慈川等沙砾的流出、造成漂沙的供给减少，以及建设在海岸线边上的县道造成了盛行风从内陆一侧搬运而来的沙减少等。要消除这些原因较为困难，马上加以解决更是难上加难。即便是有可能解决，也要花费相当长的时间。但是如果就这样弃之不管的话植被又会迅速发生变化，就有固有植被发生变质的危险性。目前植被的变化发展得已经十分紧急，考虑到其珍稀性，可以说阻止其发展或是至少加以复原的自然再生必要性是相当高的。

15-3　目标的设定

1）目标设定的背景与方法

国营日立海滨公园内的沙丘上的砂滨植被，地点不同其状况也不同。

自然再生的对象沙丘，是整体上沙的移动量减少、内陆一侧的植物向着海岸一侧推进、导致驯化植物等的繁育地扩大等的地区。本章中作为自然再生对象的公园内的沙丘北侧，在盛行风吹来的上风口处是港湾的所在地，港湾所在地与公园的分界线上种植着黑松等，砂的供给和移动比南侧要少。因此，砂滨植被最前线的自然裸露地面和砂钻台草占据优势的群落较少，而和出现在多年生草本植物群落的后背部分的结缕草占据优势的群落以及灌木群落一起出现的白茅占据优势的群落则分布广泛。近年来，白茅的分布区域扩大，原本栖息在更靠近内陆一侧的黑松正在向海岸一侧推进。

因此，自然再生具体目标的设定，其重要的要点是掌握上述植被变化的过程及其主要原因，探讨该原因能消除到何种程度，并进而探讨有可能恢复到变化前植被的何种程度。

2）植被变化的过程及其主要原因

通过以往与目前的航拍照片（1984 年、1999 年、2003 年）的比较，掌握植被的变化过程及其主要原因，把该结论与港湾和道路的开发以及建设经过结合起来，设定变化原因的假说。

结果发现，对象地目前黑松数量相当多、甚至还发现了具有大型树冠的个体，而在 20 年前，仅仅零散分布有树冠较小的黑松。对象地黑松的最高树龄为 25 年左右，这也说明了过去黑松

照片-2 通过1984年与2003年的航拍照片进行的植被比较

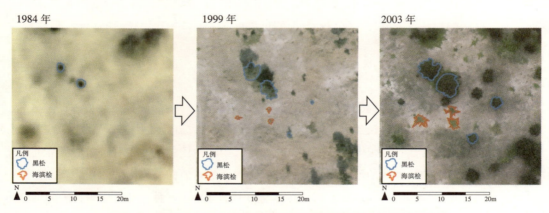

照片-3 1984年至2004年的黑松和海滨桧的相同个体的树冠比较

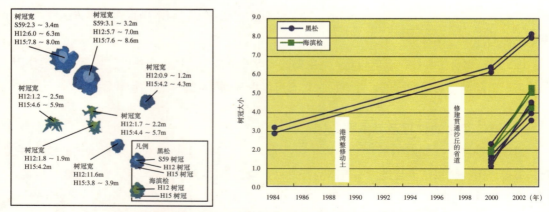

图-4 1984年至2004年的黑松和海滨桧的相同个体的树冠发育
（本图是根据照片-3的树冠测量制作的）

15. 海岸沙丘

图-5 黑松的发育和植被的变化

较少的事实（照片-2）。另外，现在基本上也看不到自然裸露地面了，但是在20年前，从航拍照片中尚能看到有相当大片的自然裸露地面。

实际中，在确认能够识别为相同个体的黑松的树冠大小变化的话，可以发现20年前直径约为3m的个体，目前直径已经增大到了约8m。其增加量在近期尤其大。关于灌木海滨桧，由于20年前的照片分辨率较低难以辨别，但是比较最近的照片的话，就会发现树冠增大的速度加快了（照片-3，图-4）。

仔细观察黑松的发育状况的话，就会发现随着黑松实生苗的扎根并长大，在枯枝落叶堆积的同时，盛行风后背部分的风力会变弱，沙的移动会减少，白茅等会易于繁育。并且随着黑松的继续成长，树冠下会出现海桐等灌木类植物，周围的黑松实生苗会增加，而白茅也会进一步扩大其分布，土壤里的有机物量也会增加（图-5）。

关于驯化植物，裂叶月见草、月见草、茜草和北美独行菜等向海岸一侧推进，逐步扩大其分布范围。

综上所述，整理植被变及其主要原因就会发现，由于港湾和道路建设等原因沙的移动量减少，造成乔木黑松、灌木海滨桧、草本植物白茅等原本并不栖息在海岸一侧或者是即便繁育其数量也较少的驯化植物数量增加，并导致出现沙的移动愈发减少的增效作用。今后，具有原本栖息在内陆一侧的植物数量加速增多的可能性。

3）目标植物

自然环境的再生目标是沙的供给和移动活跃进行的状态，如果黑松向海岸一侧推进是从约25年以前开始的话，那么目标就是恢复到25年以前的状态。然而，港湾和道路的存在是沙的移动量减少的根本原因，而目前对于这些的处理还很困难，因此人为补给砂砾或是人为清除进入到海岸一侧的内陆一侧的植物就是退而求其次的对策。

由此，当前的目标就是，在补给砂砾并积极促进其移动的同时，通过阻止向海岸一侧推进的内陆一侧植物如黑松、白茅和驯化植物等的增加或者是减少，进而扩大栖息在多年生草本植物群落背后地区的结缕草等占据优势的砂滨多年生草本植物群落等来恢复沙丘景观。

要一次性清除这些植物较为困难，因此必须要从力所能及的地方开始分阶段的见机行事。具体来说，就是先期进行黑松和驯化植物等的清除，白茅等的清除则先观察一段时间再进行。黑松的清除可以改善沙丘上的通风状况，完善使沙移动的条件。驯化植物等重点是要从分布范围迅速扩大的地方开始清除。关于白茅，由于其繁殖能力较强又是簇生型的，清除较为困难，因此必须要探讨有效的手法。

15-4　技术手法

为实现当前目标的主要对策有清除黑松、白茅、驯化植物等去除对象植物，以及沙的补给。此处，将就前者论述一下去除对象植物的设定以及其中先期进行的黑松与驯化植物的清除的技术手法。

1）去除对象植物的设定

在自然再生中，不仅仅要保护濒临灭绝危机的植物，还必须要清除压制濒临灭绝危机植物的栖息环境的外来植物，并防止其增殖。在这里，将保护植物的范畴分为9类[8]，并对地区内所有自生的植物做了诊断并进行了定位（表-1）。

其中，去除对象植物有F：一般植物、G：一般有害植物、H：重要有害植物等3个范畴（表-2）。在这些去除对象植物当中，F黑松和H驯化植物等的清除方法如下所述。

2）黑松的清除

黑松清除的目的，不仅仅是要减少植物体，还要恢复使沙能够更加活跃移动的条件。为此，

15. 海岸沙丘

要制定清除的方针，以此为基础选择要清除的树木及其优先顺序，调整采伐的棵数和地点，决定采伐的树木等。另外，选择不会对现有植被产生恶劣影响的采伐方式也很重要。

黑松清除方针的要点是要考虑到盛行风的主风向及其造成的沙丘发展的位置和方向、左右风流的地形条件、现状中能够整体观察到结缕草等优势群落等目标植被的地点的植被条件，以及确保从观察园路和眺望地点向大海一侧看去的视野等（表-3）。

采伐的方法最好是能够连根拔除，但是拔根需要让反铲挖土机等重型机械进入现场，对现

表-1 保护植物的范畴

范畴			状况
保护植物	X	灭绝·消息不明植物	尽管以往曾经确认过期繁育，但是最近10年以上没有确切的生存信息、灭绝的可能性较高的生物
	A	最重要保护植物	个体数量较少，繁育条件极为有限，繁育地处于环境改变的危机等状况，弃置不管的话预计不久即将灭绝或是处于接近灭绝的状态
	B	重要保护植物	个体数量较少，繁育条件有限，许多繁育地处于环境可能改变的状况，弃置不管的话急剧的个体数量减少在所难免，预计将来会处于灭绝或是接近灭绝的状态
	C	需要保护植物	繁育环境或者是分布地域有限。许多繁育地处于环境可能改变的状况，弃置不管的话急剧的个体数量减少在所难免，预计将来会处于灭绝或是接近灭绝的状态
	D	一般保护植物	分布地域有限，且正在进行有选择性的采集和捕猎等活动。许多繁育地处于环境可能改变的状况，弃置不管的话个体数量的减少在所难免，预计作为自然环境构成要素的作用会发生大幅度的减退
定期监测植物	E	需要留意保护植物	目前尚处于正常的繁育状态 (尽可能频繁的进行监测)
	F	一般植物	目前尚处于正常的繁育状态 (至少每10年进行一次监测)
有害去除植物	G	一般有害植物	是来自于该地域以外的植物，是原本在该地域不会看到的植物。目前尚未对该地域的自然环境造成巨大的影响
	H	重要有害植物	是来自于该地域以外的植物，是原本在该地域不会看到的植物。目前正对该地域的自然环境造成巨大影响或是将来有可能会造成巨大的影响

*根据文献8）制作

表-2 对象地的除去对象植物

范畴			符合种
F	一般植物	在沙丘中促进繁育基础的稳定化和富营养化的种[注]	黑松，白茅，毒空木
G	一般有害植物	G-1驯化种、逃逸种	欧洲千里光，睫毛牛膝菊，圆齿野芝麻，欧蒲公英，豚草，三裂叶豚草，白花鬼针草，大狼杷草，匙叶鼠曲草，钻叶紫菀，欧洲猫儿菊，加拿大苍耳，梁子菜，野茼蒿，美洲商陆，截叶铁扫帚，弗吉尼亚须芒草，犬菊芋，紫穗槐，外来胡颓子类（秋胡颓子等）等
		G-2旱地杂草等	结缕草，秋结缕草，牛筋草，小酸模，红心藜等
H	重要有害植物	H-1驯化种、逃逸种	茜草，大花月见草，月见草，裂叶月见草，加拿大飞蓬，光茎飞蓬，苏门白酒草，美洲假蓬，加拿大一枝黄花，北美独行菜，弯叶画眉草，绒毛草，海马康草，火棘
		H-2旱地杂草等	酸模

注）在一般植物中，挑出会促进沙丘上繁育基础的稳定化和富营养化的种，定位为除去对象植物

241

表-3 黑松的除去方法

应该考虑的条件	除去方针
1 风的主风向	・是沙更加活跃的移动的方向,清除该方向上的黑松,使风能够通过。
2 沙丘发达的位置及其方向性	・是具有沙能够更加活跃的移动的潜在能力的地点和方向,因此要优先清除该位置和方向上的黑松。
3 地形条件	・优先清除主风向上风能够平滑流动的山谷线和山棱线上的黑松。 ・从大海一侧看,在沙丘的前方和后方之间有个与海岸线平行但是坡度略微有些陡的地点。该地形本身就会减弱背后部分的风势,再生长有黑松,会使得风势更弱。为此,要优先清除位于该斜坡最顶端部分前后的黑松。
4 现存植物	・除了对象地的道路边际之外,从沙不稳定的地方到稳定的地方,依次分布着结缕草群落、结缕草-白茅群落、单叶蔓荆群落、海滨栲群落、白茅群落和黑松群落。沙丘再生之际,如果以形成于沙更加不稳定的立地条件的结缕草群落所在的地方为基点、将这些群落加以扩大,会比较有效果,应该优先清除具有这些群落的地点的黑松。
5 景观	・确保从观察园路的眺望地点看向大海一侧的视野。 ・在沙丘的北方和东北方向上有车辆的进入道路和港湾,黑松具有遮蔽这些的作用。因此,要在不妨碍上述条件的范围内保留黑松。 ・另外,零散分布在沙丘中的黑松也是自然的植被和颇具风情的景观,因此要在不妨碍上述条件的范围内保留黑松。

有植被产生干扰的危险性很高。另一方面,人工作业连根拔除又较为困难,仅止于清除地上部分。因此,在影响较小的地方可采用重型机械拔根,而除此以外的地方则最好人工进行。另外,为了使得采伐的树木在搬运出去时对现有植被的干扰控制在最小范围之内,设定搬运的路径十分重要。这种情况下,就必须把方法等告知全体参与工程的工作人员,而集中相关人员开办讲习班讲解采伐的背景和目的、定位以及采伐方法等也很有效果。

3) 驯化植物的清除

驯化植物的种类较多、分布区域也较广,再加上掩埋种子的实际情况也不清楚,在短期内清除较为困难,必须要进行持续的清除工作。在除草之际,要充分掌握各个植物种的生活样式和植物季节,在能够判定为效率最高的时期进行。一年生草本植物基本上不开花的个体在开花当年就会消失,因此以开花个体为中心清除即可减少。而二年生草本植物和多年生草本植物如果持续清除开花个体的话,就会因失去种子的供给,从而减少。因此,除草基本来说要配合对象种的开花期,以开花和结实的个体为对象进行多次会比较有效。而对象地则要配合主要清除对象植物的生活史,最好能够进行 4 次(图 -6)。不过,关于其频率和时期,要在实际中一边进行除草工作一边观察状况,不断修改以找到最佳时期。

15-5 评价与展望

国营日立海滨公园中沙丘的自然再生还处于试验性的进展阶段,对当前的目标进行项目评价还为时尚早。因此,本节将就现状评价与监测调查以及今后的课题与展望加以论述。

黑松和驯化植物的清除,会直接减少这些植物的数量。尤其是黑松的生物量(biomass)较大,

15. 海岸沙丘

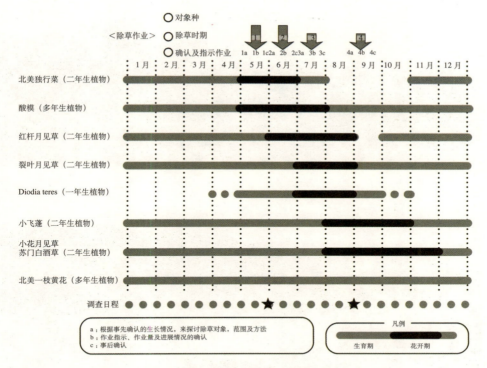

图-6 驯化植物等的生活史与除去时期[9]

要恢复到采伐前的状态需要 20 年左右的时间，因此采伐的效果较大。另外，在景观方面繁茂的黑松遮蔽了视野，但是通过砍伐开阔了视野，再生了原本开阔的沙丘景观（照片-4）。

在对当前目标的完成状况进行评价时，根据目标所列的内容，必须要确认以下几点：①沙的移动量是否增加，②黑松、白茅和驯化植物等是维持现状还是有所减少，③结缕草占据优势的群落是否扩大，以及④原本的沙丘景观是否恢复。监测调查的目的，就是确认这几点，根据该结果探讨接下来要进行的有效措施。

上述②、③、④等各有其关联事项，因此，关于对象植物种和植被的分布状况的基本要点是：设置固定的方形区域或是带状调查区以及没有进行这些再生对策的对照区，比较历年变化，探讨未来的对策。由于白茅会逐渐入侵到结缕草占据优势的群落并扩大其分布，因此掌握分布扩大的速度等动态就是要点。为了掌握沙的移动量，就必须要调查微气象和局部的沙的动态。另外，考虑到黑松的清除等施工会使现存的植被受到干扰、导致驯化植物伺机入侵，因此还必须要对这些情况进行监控，并施以对策。

今后的课题，就是通过监测，长期应对由于港湾设施和道路造成的沙的供给和移动减少这一根本原因。在道路方面，最为重要的就是取得当地居民的同意，通过废弃道路或者是使道路地下化，从而恢复与大海之间的连续性。另外，沙丘中自然性较高的砂滨植被的珍稀性尚未得到广泛的认知，因此必须掌握全国范围内的状况，使国民们认识到其重要性。关于需去除的对象植物的清除，在市民的协助下进行、获得众人的理解很重要，为此必须要多公开各种信息。

照片-4 黑松采伐前后的状况
（上：采伐前，下：采伐后）

（赵贤一、佐藤力）

——引用文献——

1) 環境省（2002）：平成14年度環境白書, p.202-205. ぎょうせい.
2) 赤木三郎（1991）：砂丘の秘密, p.11, 青木書店.
3) 大場達之（1991）：多様さの衰退, 海洋と生物 75, 241.
4) 我が国における保護上重要な植物及び植物群落研究委員会編（1996）：植物レッドデータ・ブック, p.74-75. アボック社出版局.
5) 自然環境研究センター（1995）：山陰海岸国立公園 鳥取砂丘, 新・美しい自然公園13, p.37, ㈶自然公園美化管理財団.
6) 大場達之（1980）：日本の海岸植生類型①, 海洋と生物 4, 63-64.
7) 国営常陸海浜公園事務所編（2001）：国営ひたち海浜公園ガーデンGuide Book, p.4-5.
8) 大場達之（2003）：千葉県の自然誌別編4, 千葉県植物誌, 県史シリーズ51, p.VIII-IX, ㈶千葉県史料研究財団.
9) 国営常陸海浜公園事務所・㈶公園緑地管理財団（2002）：自然環境保全・活用計画検討業務報告書, p.150.

16. 藻　场

16-1　藻场的特征

　　海洋中海水的密度是空气的 1,000 倍，因此具有浮力巨大、受到波浪和水流等物理干扰强烈支配的特征。栖息于此的生物为了适应这一特征，浮游生物形成了能够减少水流力量的流线型，固定或附着在海底的生物则形成了可以攀附的触手或是根并且具有柔软的身体构造。而在沿岸部分或是咸淡水区域，则受到水温变化、盐分变化、浑浊造成的光量变化、水中氧气浓度的变化、潮汐造成的水深（露出水面、浸水）变化等较大的环境变化。适应这种环境的植物就是海草藻类，而海草藻类形成的海藻（海草）群落以及利用该环境的多样生物合称"藻场"。

　　"底藻层"是表示地点的名词，同时也包含了地点所具有的机能。

　　底藻层根据构成的主要生物物种和繁育基岩进行分类。岩礁性海岸中形成的有以马尾藻为主体的褐藻场、以海带类为主体的海带场、以黑海带和褐藻为主体的海中林藻场，为岩礁性藻场，而泥沙性海岸中形成的则有以大叶藻类为主体的大叶藻场以及以热带性大叶藻类为主体的热带性海草藻场，为泥沙性的藻场。

图-1　日本的海藻区系区分图[1)]

摘自行政出版社，海洋自然再生手册：第3卷底藻层篇

藻场根据海域的物理、化学和生物等环境要素不同，形成状况也不同。特别是，与陆地植物按照维度和高度进行分类是受温度条件的支配相似，海草藻类的分布主要与海流带来的水温条件具有密切关系（图-1）[1]。

16-2 藻场自然再生的意义与紧迫性

藻场具有浅海域必需的多种机能，其代表性机理如[2]：
①在浅海域担负着基础生产的机能，有时其作用甚至会超过浮游植物。
②在食物链中维持以鱼贝类为代表的初级消费者生存，并通过分解和转换枯死的碎屑来维持高级生产者生存的机能。
③莱氏拟乌贼可利用平静稳定的大叶藻场作为产卵场、鱼类幼苗则可利用藻场作为培育场。
④鱼贝类生活史的一部分甚至是整个生活史都将藻场作为捕食场所以及隐蔽场所。
⑤通过藻场的郁闭效果*，促进底质的堆积、缓和水温变化的环境稳定机能。
⑥褐藻场在6~7月份会流出成熟的马尾藻类，具有为鱼类提供隐蔽场所、捕食场所以及产卵场所的流藻的机能。

如上所述，藻场是地点与机能密切相关的场所，藻场的自然再生也可以定位为机能的再生。即，作为藻场的地形（基岩）和质地（基质）的再生同时也是利用藻场的生物及其周围的水底质和外力条件等（环境）的再生，这一观点在藻场生态系统整体的再生中是必不可缺的。

1992年日本的藻场面积为20,100公顷，与1978年调查时相比减少了约6,000公顷[3]。其衰退的原因推测有填海造成的栖息地的消失（28%）、干枯（15%）以及环境变化（16%），然而大部分（41%）减少的原因尚不明确。现状必须是在迅速找到原因的同时，努力促进其再生。另外，有报告指出植食性鱼类造成了新型的海藻干枯[4]，并且在还发生了内湾海域和静水海域中石莼漂浮问题突出等新问题，必须要尽早找到再生的途径。

16-3 藻场的再生机制及其自然再生时目标设定的思路

一般认为海洋中的海草藻类群落与陆地上的森林等植被不同，不具有"顶级区系"的概念。例如，在落潮带下的海藻群落最初分为从茂盛的珊瑚藻到小型多年生海藻再到大型多年生海藻占据优势的海中林的体系。因此有些情况下海中林被认为是"顶级区系"，但是在实际中，海中林具有从深水海域到浅水海域的明确带状分布，作为带状分布的两极的珊瑚藻群落与海中林相互反复出现扩大与缩小。即处于图-2所示的循环式的迁移过程中[5]，因此难以看做是具有长久形态的底藻层顶级区系。

---

* 郁闭效果：通过植被等的覆盖，可以形成与外界环境隔离的场所。在森林和底藻层中已经证实了其存在，气温、水温以及水流和干扰与外界环境相比较为稳定。

16. 藻　场

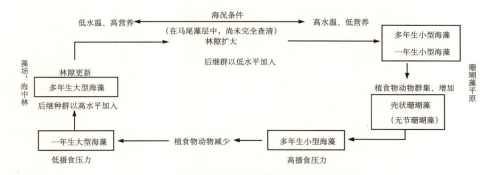

图-2　落潮带下海藻群落的循环式变迁[5]
摘自（社团法人）全国沿岸渔业振兴开发协会《海藻干枯诊断指南》

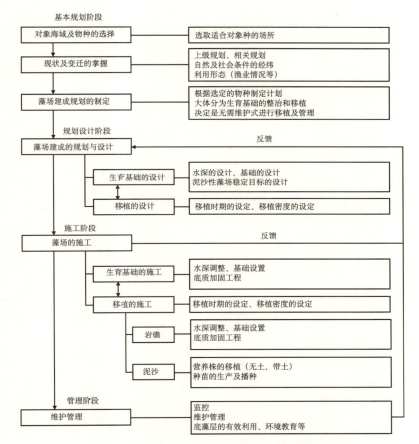

图-3　藻场建成、再生以及管理的整体流程[1]
摘自行政出版社，海洋自然再生手册：第3卷藻场篇

这就说明了藻场再生目标设定的难度。例如，作为随着时间空间变动的藻场的再生目标，在提出某个一定值（海草藻类的茂盛面积和密度等）的情况下，就必须要明确该数值是对应于藻场变动的哪个阶段的。

具体设定的目标，最好能够考虑藻场的建设、再生以及管理的全过程，分阶段分层次地进行渐变式设定[1]。如图-3所示，藻场的整体再生目标在基本规划阶段和规划设计阶段则可设定，可以写为《基质、生环境齐全的具有可持续性的○○○藻场再生》。接着，在施工阶段，作为具体的行动计划，设定《保证○○○机能的发现的环境条件的建设并促进包括播种和移栽在内的生物引进》这样的具体目标，进行基质和移栽的施工。在维护管理阶段，作为监测指标（成功判断标准），要像设定并用于管理的《茂盛期○○○场○○○公顷的再生》或是《作为鱼贝类○○○种栖息的场所加以利用》等能够定量分析的目标一样，必须设定各种水平的目标。

通过设定这样水平不同的目标，可以明确各个阶段的反馈的意义和定位，针对海草藻类的形成要素无法充分量化以及自然变动会造成预料外的变化等情况，可以采取灵活的对策。

16-4 藻场再生的具体手法

海草藻类具有多样的生活方式，而且其繁殖方法有些情况下也是无性繁殖和有性繁殖并用，因此底藻层再生的具体手法大致可分为水深调节、基岩建设、基质建设、播种、移栽和种苗投放等。

1）水深调节、基岩建设

在位于广岛县尾道丝崎港以南的海老地区，采用碎石在海面200m处建设了潜堤，投入了疏浚航道产生的泥沙之后，又通过铺沙工程覆盖了50cm厚的沙，形成了滩涂（图-4）。因为在建设之前，周围的大叶藻很茂盛，因此在滩涂建成1~3年之后，移栽了大叶藻。最初，移栽而来的大叶藻由于致密下沉和波浪造成的侵蚀影响，基本上没有扎根，但是大型的地形变化减少、底质和坡度开始稳定之后，大叶藻植被迅速扩张，并发现多样生物的栖息，可以认定大叶

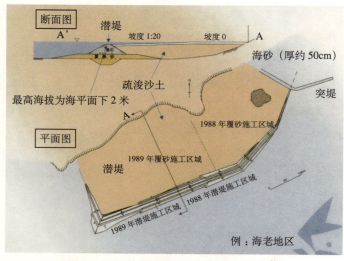

图-4 尾道丝崎港藻场建设的水深调节[6]

16. 藻　场

藻场的再生。确保了适当的水深是大叶藻茂盛的主要因素之一，另外，准备了包含适量泥沙的基质也被认为是成功的要素[6]。该事例被认为是通过水深调节和基岩建设提高了自然恢复能力的案例。

2）基质建设

在岩礁性的藻场中，与水深一样，基质的材质、大小和表面形状被认为会对海藻的着生状况产生较大的影响。图-5 是福井县小名滨港等采用的通过将港湾建筑物的表面形状加工成各种形状、在探讨海藻的着生状况和附着生物时使用的试验礁的例子[7]。其结果是，在初期的 1~6 个月阶段，具有沟槽以及突起（几公分的凹凸）的混凝土砖上的附着生物量比未经处理或是沟槽较小（几毫米的凹凸）的混凝土砖上的要多。不过，在设置 1 年之后，附着生物造成的凹凸已经超过了混凝土砖本身的凹凸，试验礁之间已经不再有明显的差异。该案例说明了，在促进初期着生方面，基质建设很有效果。

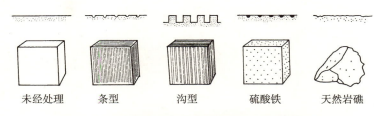

图-5　小名滨港海藻着床实验种所使用的试验礁[7]

3）播种

播种主要是大叶藻场使用的再生手法。是从天然大叶藻场采集带有种子的花枝，在陆上的水槽进行种子的采集和管理，然后冬季直接从船上将种子播撒到建设现场的方法。不过，从船上直接播撒种子的话，会在海中分散，之后由于波浪而消失的可能性较高。因此，为了防止比重较轻的种子流失，开发出了在硅胶和腐殖质土的混合物中混进大叶藻的种子，然后挤到海里泥土中的方法。通过该方法，在广岛湾和东京湾中，平均有 10% 以上的种子发芽和成长[8]。另外，作为利用种子形成藻场的手法，还开发出了将种子和肥料混合进早期腐蚀性"大叶藻毯"中并设置到海底的施工方式[9]，是技术开发较为先进的方面。

4）移栽和种苗投放

在无法期待海藻种苗的自然进入（recruitment）的情况下或者是海藻种苗的自然进入速度较小、完全形成藻场所花费的时间较长的情况下，就必须要较小海藻类的移栽。海藻类的移栽有成体的移栽、种苗的投放和移植人工种苗等，开发实施了各式各样的手法。

成体的移栽采用了将从海域采集而来的海藻成体和幼体固定在混凝土砖或是板上，在固定到基岩上的方法。海藻的固定采用了橡皮筋和粘合剂，混凝土砖和板的固定则采用了螺栓、扎线带和水下粘合剂等。

照片-1　关西国际机场通过藻礁混凝土砖进行种苗移栽的事例[11]
(左：种丝粘贴在藻礁混凝土砖上，右：设置1年后褐藻的成长)

种苗的投放，是配合母藻的成熟期，采集成熟个体的一部分或是全部，在现场装进袋中（胞子袋）然后设置，以期待种子从母藻飞散的手法。关西国际机场岛二期机场岛建成时，就通过采用了胞子袋等的海藻（褐藻、铜藻、米氏马尾藻）种苗供给形成了约18公顷的藻场[10]。

通过人工种苗进行的移栽，是将采集到的种苗经过人工中间培育之后，进行移栽的手法。在关西国际机场岛护岸，将一期机场岛建成时在缓斜坡护岸上设置的藻礁混凝土砖上进行了褐藻的中间培育，等褐藻的种丝附着在藻礁混凝土砖上之后进行移栽（照片-1）。在流速较快的护岸，褐藻覆盖度在50%以上的范围创下了最快500m/年的扩大速度的纪录，2002年10月的调查阶段，已经确认到了约16公顷的藻场[11]。

16-5　藻场再生的评价、现状与课题

关于藻场的再生（复原）评价，目前尚未有定论也没有开发出通用的手法。环境省提出了"在事先设定的评价年度（包括中间年度），要对藻场复原的相关目标是否达到进行客观的评价，并根据其结果妥善实施适当的措施"等注意事项[12]。因此，为了根据评价实施措施，引进顺其自然的灵活管理手法较为适宜，并且在推动今后底藻层的再生方面也会有效果[13]。顺其自然的管理是按照：①引进定量化的成功判断标准，②监测，③回顾是否满足成功判断标准以及如果尚未满足那么应该采取何种措施，④对目标设定和管理手法的反馈这一顺序来实施的，不过如上文16-3所述，藻场的随着空间和时间变动的特性使得引进①的成功判断标准较为困难。成功判断标准是位于目标和行动规划之后的具体化的目标，其设定应该具有灵活性，但是没有限制过于灵活的话，恐怕又会使再生事业本身的信用下降。因此，在顺其自然的灵活管理的适用方面，必须要使其顺序系统化。

16-6 藻场再生的展望

最好能够通过使灵活的系统化管理顺序，使面向藻场再生这一目标的工作能够在相关人员达成一致和协作之下推动进展。为此，就必须跨越在相关人员之间设置共同目标这一巨大的壁垒。

藻场的恢复，具有海洋再生的象征意义，在工程方面（土木工程的观点）、自然再生方面（环境的观点）、产业振兴方面（水产的观点）以及生物多样性的提高的方面（生物的观点）上，都被定位为重要的工作。

尤其是，将藻场的再生工作定位为：①海草藻类的再生，②海草藻类以及包括利用海草藻类的生物群落在内的生态系统的再生，③生态系统以及包括利用生态系统的人类活动在内的海滨的再生，④包括过程在内的与海滨各个相关问题之间的调节，这一从种到过程扩大管理对象的思路[14]，显示了今后藻场再生的状态以及目标设定思路的方向性和可能性。

（古川惠太）

---引用・参考文献---

1) 海の自然再生ワーキンググループ（2003）：海の自然再生ハンドブック，第3巻藻場編，ぎょうせい．
2) ㈶海洋生物環境研究所（1991）：藻場の構造と機能に関する既往知見．
3) 環境省（1994）：第4回自然環境保全基礎調査，㈶生物多様性センター．
4) 長谷川雅俊ら（1996）：II海中林復元に関する研究(1)磯やけ原因の究明．平成8年度静岡水試時報，p.95-96．
5) ㈳全国沿岸漁業振興開発協会（2002）磯やけ診断指針．
6) 春日井康夫ら（2003）：広島県尾道糸崎港における干潟再生事業，海洋開発論文集19，107-112．
7) 浅井 正ら（1997）：ブロック式構造物への海洋生物の着生実験とその着生条件について，港湾技研資料，No.881．
8) 工藤孝浩ら（2003）：横浜市地先における播種によるアマモ場造成手法の検討，第18回神奈川県水産総合研究所業績発表会要旨集．
9) 稲田 勉ら（2003）：アマモ場造成による海域再生技術，電力土木，特集：環境・共生，p.70-71．
10) 阪上雄康ら（2003）：関西国際空港2期空港島における藻場造成について，海洋開発論文集19，13-18．
11) 関西国際空港㈱・関西空港用地造成㈱（2002）：関西国際空港藻場造成の取り組み（パンフレット）．
12) 環境省（2004）：「藻場の復元に関する配慮事項」について，平成16年3月30日報道発表資料．
13) 海の自然再生ワーキンググループ（2003）：海の自然再生ハンドブック，第1巻総論編，ぎょうせい．
14) 寺脇利信ら（2002）：藻場の保全・再生，緑の読本，64号，p.1615-1621．

17. 珊 瑚 礁
—石西礁湖的自然再生规划—

17-1 生态系统的特性

　　珊瑚礁在海洋生态系统中是种多样性最高的[1]，被称为海洋的热带雨林。其分布常见于以热带为中心的热带和亚热带海域，根据环境厅的第 4 次自然环境保护基础调查的结果，日本以琉球群岛为主分布着 96000 公顷以上的珊瑚礁[2]。珊瑚礁生态系统以造礁珊瑚为主，有多种动植物栖息在各式各样的环境中，不过最大的特征就是其栖息区域的水质一般为贫营养的水质。珊瑚的一大特性就是具有适应贫营养海洋的生活机能，其营养基本上都是依赖共生于其体内的被称为褐虫藻的直径约 10μm 的单细胞藻类 Symbiodinium 的光合作用生产的营养物质。因此，对于珊瑚来说，透明的海水是其繁育的重要必要条件。东海大学海洋研究所于 1995 和 1996 两年间，在位于琉球群岛南部西表岛西岸的网取湾 5 个地点，以夏秋为主测量到的氮平均值为 0.047mg/L[3]，与大阪湾等地相比低了将近一位数，由于珊瑚礁中水质一般为贫营养的，因此普遍都是透明清澈的（照片 -1）。

　　珊瑚礁的地形可以大致分为，沿着海岸线相对接近沿岸的岸礁、分布在海面的堡礁和面包圈形的环礁，不过日本的珊瑚礁基本都是岸礁，只有夹在八重山群岛石垣岛与西表岛之间的石西礁湖被视为是准堡礁。这些地形会在珊瑚礁的内部形成被称为礁池（岸礁）或是礁湖（准堡

照片 -1　清澈透明的珊瑚礁（西表岛崎山湾）

17. 珊瑚礁

礁）的封闭水域。由于亚热带常常会在短时间内出现集中降雨、表土容易从相对较短的河流流失到海域中，根据陆地区域状况的不同，有些情况下表土会堆积在封闭的礁池或是礁湖中，从而使得适应高度透明的海水的珊瑚的栖息环礁恶化，这是亚热带具有的环礁特性之一。

珊瑚礁是为当地居民提供食物的场所，同时也是享受海中景观的潜水爱好者和游客的休闲场所，而且作为多种多样生物栖息的基因资源宝库受到了人们的注目，其保护是重要的课题。

17-2 自然再生的背景

由于琉球群岛于1972年回归了日本本土并进行了各式各样的集中开发，土地的状况发生了大幅度改变。因此，表土向珊瑚礁的流失日趋显著，造成了巨大的社会问题。冲绳县于1994年制定了防止赭土等流失的条例，取得了一定的效果，但是至今表土从农田的流失仍旧没有得到遏制，其防止成为了一大课题。琉球群岛的表土大多是被称为国头边境的隆起珊瑚礁石灰岩土壤，即所谓的赭土，具有容易受到降雨造成的侵蚀影响的性质。赭土堆积到珊瑚礁中的话，就会由于波浪的卷扬导致海水透明度的下降，造成珊瑚共生藻的光合能力下降，阻碍珊瑚幼虫的附着，而且珊瑚会由于遭到覆盖而产生应激反应。在赭土悬浊物以及堆积物下进行了2种珊瑚即柔枝鹿角珊瑚（*Acropora tenuis*）与蓝珊瑚（*Heliopora coerulea*）的幼虫着生实验，结果观察到两种珊瑚的着生率都降低了，并且出现了分泌粘液的现象[4]。在赭土堆积较多的礁池中，珊瑚的覆盖度逐步减少，被认为是出现了珊瑚礁的"沙漠化"[5]（照片-2）。

另外，琉球群岛的珊瑚礁不仅受到了赭土的影响，从1970年代开始，还由于棘冠海星（*Acanthaster planci*）的激增而受到了啃食，而且近来还受到高水温引起的白化等海洋生态系统特有的干扰现象，珊瑚群落有衰退的倾向。

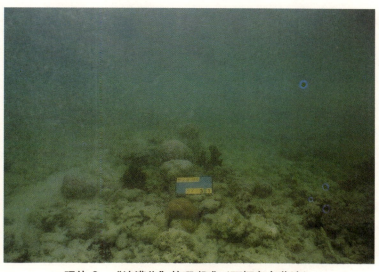

照片-2 "沙漠化"的珊瑚礁（石垣岛名藏湾）

日本规模最大的珊瑚礁石西礁湖（东西约 25km，南北约 15km）则于 1980 年左右，大面积出现棘冠海星，礁湖的珊瑚除了北部以外其余部分由于啃食基本上全部灭绝[6]。1980 年代珊瑚的恢复基本没有进展，持续处于停滞状态，不过从 1990 年代初期开始逐渐的出现了恢复的迹象（图-1），到了 20 世纪 90 年代后期基本恢复到了以前的状态。但是，1998 年出现的长期异常高水温造成的白化现象造成了大范围的珊瑚死亡。另外，从石垣岛流失的赭土也对石西礁湖产生了不小的影响。

珊瑚幼虫要进入到由于棘冠海星激增导致的啃食或白化等造成衰退的珊瑚群落中去时，会受到地形和繁殖期气象及海象条件的左右，因此地点不同恢复的程度也会大相径庭。为此，环境省计划在单靠自然恢复没有进展的珊瑚礁中，进行人为修复加速恢复，同时推动防止赭土流失的对策、扩大珊瑚幼虫供给源、以图再生有益于创造其他动物的栖息地、改善海中景观等的珊瑚礁，并于 2002 年将石西礁湖作为自然再生推进计划的对象，着手进行调查。

17-3 自然再生的目标

石西礁湖于 1972 年被指定为西表国立公园，1977 年在礁湖内海域中划定了 4 个海中公园地区。20 世纪 80 年代，环境厅为了制定石西礁湖的海中景观保护和利用规划，以彩色航拍照片（国土地理院，1977 年拍摄）图像为基础，调查了礁湖中珊瑚群落的分布状况，制作了珊瑚类分布图[8]。当时，在该海域对珊瑚群落产生巨大影响的棘冠海星激增还仅仅是局部范围的，而且也没有大规模的人为环境干扰，因此，可以认为该珊瑚类分布图显示了没有受到人为影响的珊瑚礁的状态。该分布图尽管没有显示定量数据，但是石西礁湖整体都被视为珊瑚群落分布区域，死亡珊瑚区域仅局限于南侧礁湖。覆盖度较高的鹿角珊瑚的分布从小滨岛东部开始，经竹富岛到南侧外礁以及黑岛东岸一直扩展到新城岛附近（图-2），推测珊瑚群落基本已经达到了生长的最大限度。因此，应该充分利用该分布图，确定再生的目标。

17-4 再生的机制

1）珊瑚礁现状调查

首先，为了掌握珊瑚礁的现状，2002~2003 年，以石西礁湖等为对象、以航拍照片和照片图像为基础进行了实地调查，制作了珊瑚礁底性状分布图（珊瑚群落、海草群落、底质等）。结果，在礁湖南礁、小滨岛南岸、新城岛周边等发现了大范围高覆盖度的珊瑚分布（图-3）。其次，以珊瑚的覆盖度以及淤泥的堆积状况为基础制作了健康度分布图，结果发现石垣岛市区附近以及西表岛西岸的健康度尤其低，判断是由于这些海域来自陆地区域的赭土堆积严重，破坏了珊瑚礁的健康度。

为了掌握赭土的扩散动态同时掌握珊瑚幼虫的输送过程，在珊瑚产卵期对礁湖海域的海流

17. 珊 瑚 礁

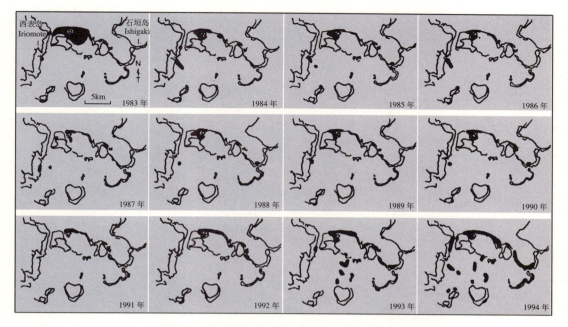

图-1　石西礁湖中珊瑚覆盖度在50%以上的分布区域的变迁[7]

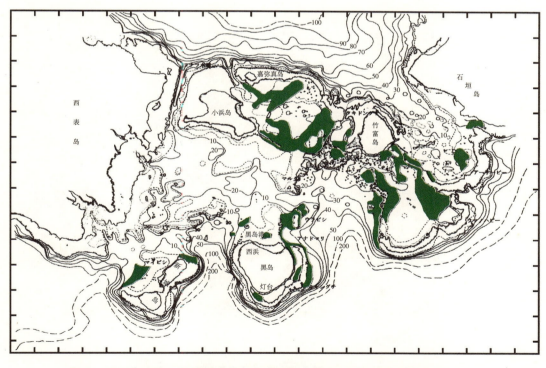

图-2　1980年左右石西礁湖中鹿角珊瑚覆盖度较高的区域（绿色表示的部分）
（根据石西礁湖珊瑚类分布图[8]制作）

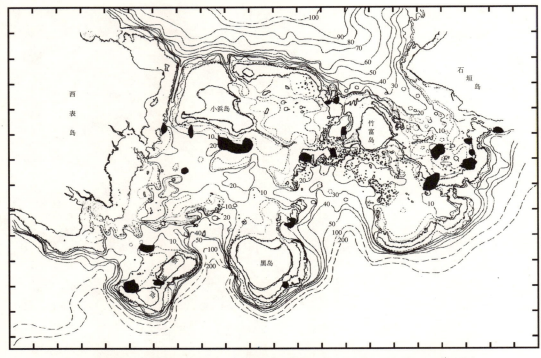

图-3 珊瑚覆盖度较高（50%以上）区域现状图（根据珊瑚礁底性状分布图[9]制作）

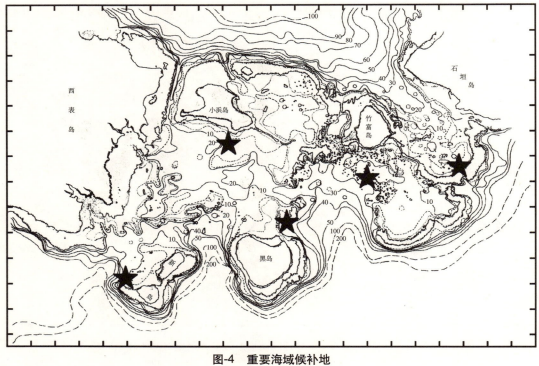

图-4 重要海域候补地

进行了调查。由于珊瑚在其生活史初期有 3~5 天左右的浮游期，因此关于其输送和扩散的知识对于珊瑚的加入是极为重要的。调查结果发现，在石西礁湖主要盛行南北方向的海流，而平均流则是漂流较大。另外，还明确了降水较大时来自石垣岛的流失赭土较多，珊瑚幼虫在礁湖北方的外海分布较多等[10]。

2）自然再生的基本思路

根据调查结果，选取珊瑚覆盖度较高、健康度没有受到破坏，海流状况允许作为幼虫扩散源的礁湖南部的若干海域作为了重要海域候补地（图-4）。

重要海域作为母珊瑚群保存区域，通过永久样方进行监测，监控棘冠海星激增和水温上升，实施了防止干扰的管理。另外，有些栖息环境虽然并没有特别恶化但是依旧没有幼虫加入，对这些珊瑚群落恢复没有进展的地方，通过移栽珊瑚进行了珊瑚礁的修复。

关于防止赭土流失，规划求得主要流失源即农民对于自然再生推动规划的理解，通过以实施流域项目方式防止流失的对策，来减少赭土的流失量。

17-5 再生的手法

1）赭土流失对策

作为赭土流失防止对策而鼓励的甘蔗春季种植、在旱地周围设置绿化带、采用秸秆等覆盖地面的措施虽然得到了农家的认识，但是由于没有充分深入人心，所以还要实施进一步促进的项目。

2）珊瑚礁修复

（1）珊瑚移栽手法

以往进行的移栽是使用了从现有珊瑚群栖息地采集珊瑚、制作碎片进行移栽的无性生殖法，不过由于该方法有可能会破坏健康的珊瑚群落，因此除了特别情况之外，具有不宜作为大规模事业推广。

近年来，随着日本关于珊瑚移栽进行的各式各样的研究的开展，掌握了珊瑚的产卵、受精和着生的详细情况，其中采用的有性生殖的移栽法正在逐步应用于实际。有性生殖移栽法有实验室中生产珊瑚幼苗的方法和野外采苗的方法，野外的方法只需要设置采苗用的着床道具即可，能够以相对较低的价格生产珊瑚幼苗。作为野外采苗的方法，以往实验中采取了在海底设置贝壳和石板瓦板等方法，不过近来东京海洋大学冈本峰雄等与国土环境（股份公司）的研究组采用了更加实用的幼虫着床道具，开发出了从采苗到移植的一系列系统。

（2）幼虫着床道具

开发出来的着床道具是烧制成杯状的直径 40mm×高度 40mm 左右的瓷器（照片-3），纵向排列，每 200 个收入一个箱子内，在珊瑚产卵期之前设置到海底，等待幼虫的着床。约一年半之后可以用肉眼清楚的识别珊瑚幼苗，即可作为移栽种苗使用。移栽时，在杯状的着床道具

照片-3 着床道具（冈本峰雄提供）

照片-4 移植到石西礁湖中的着床道具
（冈本峰雄提供）

下部涂上粘合剂，用手摇钻在海底开洞后将着床道具插入其中即可（照片-4）。该着床道具量轻、价廉，可以大批量生产，因此具有大量移栽珊瑚种苗生产的可能性。

（3）修复的方法

①着床道具设置地点的选择

关于采苗地点，根据推测石西礁湖南侧幼虫到达的数量较多，因此在该海域中就以下条件进行探讨并进行选择。

海流：具有幼虫易于接近和滞留的海流

波浪：着床道具不会由于台风时的波浪而产生剧烈的摇晃

水深：珊瑚能够旺盛生长的水深

底质：不会因为波浪而卷扬。不会受到漂沙的影响

水质：没有赭土的流入

照片-5 着床道具采苗状况

关于珊瑚幼虫的加入，通常会认为存在潜在到达度较高的地点，但是幼虫会受到漂流的强烈影响，气象条件不同往往会使幼虫的到达地点受到偶然性的左右，因此设置地点不应该集中，而应该分散设定。

②着床道具的设置

着床道具的设置要在石西礁湖里的鹿角珊瑚类珊瑚产卵期之前，即5月上旬的满月之前进行。设置地点要通过潜水勘探微地形，选取不会直接受到波浪影响的地点，将着床道具箱固定在打进海底的钢筋板桩上，提高抵抗波浪的稳定性（照片-5）。在设置的过程中要对水温进行自动连续

观测,同时在9月份对着床道具进行抽样,调查着床的情况。结果,在约67%的着床道具上确认到了着床的幼虫。约一年半之后,如果达到了肉眼可以清楚的确认珊瑚幼苗的状态,即可作为种苗进行移栽。

17-6　课题与展望

关于着床道具的采苗率和附着率,在预备试验中已经得到了证实,而关于移栽后的存活率,尽管可以从迄今进行的珊瑚移栽结果来推测,但是今后还必须要进一步的加以验证。关于防止赭土流失的对策,已经提出了各式各样的策略,今后的课题就是如何通过当地各个主体的参与来实现这些策略。

陆地区域表土的流失和堆积造成的珊瑚礁环境的恶化是世界性的大趋势,Pandolfi 等人指出,由于滥捕和污染,全球的珊瑚礁生态系统自从100年前就出现了衰退的倾向,近年来的白化现象和疫病的蔓延又加速了该倾向,如果不尽早实行保护措施的话,珊瑚礁在20~30年之内就会衰亡[11]。在发展中国家不仅有表土的流失,用炸药炸鱼和用毒药毒鱼也会对珊瑚礁造成显著的破坏,迫切需要珊瑚礁的恢复。2004年6月,在冲绳县召开的第10届国际珊瑚礁研讨会上,珊瑚礁的再生也得到了强烈的关注。日本在该领域具备了以优秀的研究为基础的丰富经验,与会者期待日本能够对发展中国家的珊瑚礁再生做出贡献。

（藤原秀一）

──引用文献──

1） Barnes R.S.K., Hughes R.N. (1988)：An Introduction to Marine Ecology. Blackwell Scientific Publications, 351pp.
2） 藤原秀一（1994）：サンゴ礁海域調査結果の解析,第4回自然環境保全基礎調査海域生物環境調査報告書（干潟,藻場,サンゴ礁）第3巻サンゴ礁,p.31-62. 環境庁自然保護局・海中公園センター.
3） 油井正明・酒井一彦・横地洋之・内田紘臣・岩瀬文人・浅井康行・森 美枝・古谷勝則・黒瀬 毅・水嶋信文（1997）：陸域の土地利用がサンゴ礁に与える影響,サンゴ礁生態系の維持機構の解明とその保全に関する研究,平成6～8年度. 環境庁地球環境研究総合推進費終了研究報告書,79-109.
4） 波利井佐紀・灘岡和夫・岩尾研二・林原 毅（2002）：サンゴ幼生の定着に及ぼす赤土の影響,日本サンゴ礁学会第5回大会講演要旨集,17.
5） 大見謝辰男（2004）：陸域からの汚濁物質の流入負荷,環境省・日本サンゴ礁学会（編）,日本のサンゴ礁,p.66-70. 環境省.
6） 福田照雄・宮脇逸朗（1982）：八重山群島石西礁湖におけるオニヒトデの異常発生について,海中公園情報 56, 10-13.
7） 森 美枝（1995）：石西礁湖におけるイシサンゴ類とオニヒトデの推移,海中公園情報 107, 10-15.
8） 環境庁自然保護局・国立公園協会（1981）：浅海における海中景観の保全と活用の推進に関する調査報告書（西表国立公園石西礁湖の保全と活用）,161pp.
9） 環境省自然環境局沖縄奄美地区自然保護事務所・国土保全環境株式会社（2003）：平成14年度石西礁湖自然再生調査（サンゴ群集調査）報告書,92+45.
10） Mitsui J., Nadaoka K., Hamasaki K., Ueno M., Kimura T., Harii S., Paringit E.C., Tamura H., Suzuki Y., Kumagai W., Yasuda N., Ishigami K., Iizuka H. (2004)：Field measurement and analysis of currents and fine sediment, thermal and coral larvae transport in Sekisei lagoon, Okinawa. Abstracts of 10th International Coral Reef Symposium, 108.
11） Pandolfi J.M., Bradbury R.H., Sala E., Hughes T.P., Bjorndal K.A., Cooke R.G., McArdle D., McClenachan L., Newman M.J.H., Paredes G., Warner R.R., Jackson J.B.C. (2003)：Global trajectories of the long-term decline of coral reef ecosystems. Science, 301, 955-958.

> **专　栏**

港湾建设中珊瑚礁的修复与再生

内阁府冲绳综合事务局在1972年冲绳回归日本的同时，推动了冲绳的振兴开发。在港湾方面，进行了那霸港、中城湾港、平良港和石垣港建设，并对开发保护航路竹富南航线进行了保护。港湾内环境保护的工作历史悠久，大致可以分为3个阶段。第一阶段是一直以来通常实施的环境评估，第二阶段是1985年以后关于珊瑚移栽的技术开发，第三阶段是1990年以后通过移栽以外的手法进行环境保护和再生技术的开发，考虑地域特性的同时进行开发。

冲绳港湾建设中与珊瑚相关的环境保护和再生技术可以分为以下几类，即以移栽技术为代表的通过无性生殖过程进行增殖的"珊瑚的直接导入技术"，通过有性生殖过程进行增殖的"珊瑚着生基质的形成技术"，以及形成适宜珊瑚群落生长的环境条件的"环境改善技术"。

"珊瑚的直接导入技术"方面，在那霸港、平良港、石垣港于1980年代开始进行了珊瑚的移栽技术开发，实施了监测调查。近年来，开发了使得移栽工作更加便利的混凝土砖，还开发了移动大型珊瑚的迁筑技术，并逐步确认了效果（图-1）。另外，在那霸港还通过采集并放流珊瑚幼虫，在实际海域中进行实验，以开发促进珊瑚群落形成的技术。

"珊瑚着生基质形成技术"是促使在珊瑚幼虫供给场所建成的建筑物转变为珊瑚的着生基质的技术。1990年，在那霸港消波混凝土砖上确认了珊瑚幼虫自然着生并生长的状况（图-2）。根据生长过程的调查结果，在那霸港防波堤外侧的消波混凝土砖所在的浅水带中，6年期间珊瑚的覆盖度达到了50%以上。而且，确认了通过将基质表面加工的凹凸不平，可以促进珊瑚幼虫的着生和生长，开展了在消波混凝土砖表面加工出凹凸不平面的生态混凝土砖项目，并逐步确认了该效果（图-3）。

"环境改善技术"是指掌握上述会对人工建筑物上珊瑚的着生和生长造成影响的环境条件，力图在土木工程上形成适宜珊瑚生存的环境条件的技术。通过分析那霸港对珊瑚的生长造成影响的环境因素，发现主要的因素是光条件与流动条件。也即是说，为了形成适宜珊瑚生长的环境条件，就必须要确保适度的光量和流量。平良港为了促进海水交换，建设了具有通水部分的防波堤，并在港湾内侧监测珊瑚的生长状况。

生态工程学是调控生态系统的机能，保护和再生生态系统的技术。生态工程学式途径是指掌握实地中珊瑚的着生和生长过程，开发能够与工程学相对应的环境保护技术，通过实地实验和监测调查进行灵活的验证的过程。冲绳综合事务局的基本方针就是，在推进上述技术开发的同时，灵活运用这些技术，通过对珊瑚礁生态系统的保护、再生（创造、复原、修复等）和利用以图港湾建设与珊瑚礁的共生等。

（花城盛三，山本秀一）

参考资料：国土交通省港湾局、海洋自然再生工作组（2003）：海洋自然再生手册第4卷珊瑚礁篇，103pp，行政出版社

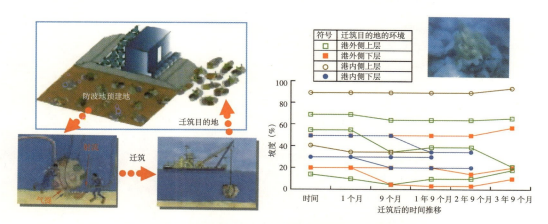

图-1 迁筑技术与效果：迁筑后珊瑚的覆盖度监测结果
（迁筑后珊瑚的覆盖度在较高的状态发展）

图-2 消波混凝土砖中珊瑚自然着生的状况
（照片中为2004年6月拍摄的，那霸港那霸防波堤）

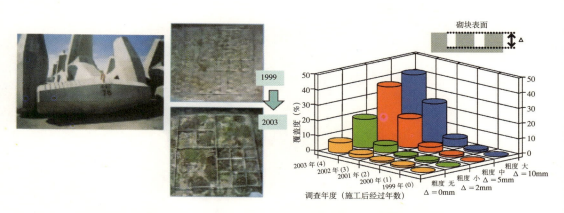

图-3 生态混凝土砖项目于效果：凹凸大小与珊瑚覆盖度的监测结果
（凹凸的大小越大珊瑚的覆盖度就越高）

著作权合同登记图字：01-2008-3797号

图书在版编目（CIP）数据

自然再生：生态工程学研究法/（日）龟山　章等编著．桂萍等翻译．—北京：中国建筑工业出版社，2011.5
（生态保护与环境修复技术丛书）
ISBN 978-7-112-12946-1

Ⅰ.①自…　Ⅱ.①龟…②桂…　Ⅲ.①生态环境—再生—研究　Ⅳ.①X171.1

中国版本图书馆CIP数据核字（2011）第043398号

本书从管理措施的角度，系统论述了自然再生的理论机制和措施建议。第一部是总论，对自然再生的理念和原则、自然再生的方法论、自然再生的材料和施工、居民参与和信息公开、自然再生相关的制度和事业等进行讲解。第二部是分论，对进行自然再生的具体场所，如湿原、湿地、湖沼、河川、草原、田地、次生林、森林、泉水地区、沙丘、珊瑚礁、浅滩、藻场等生态系统的特征和进行再生的背景进行论述，并使用具体事例，对自然再生的目标设定、再生的技术手法、评价和课题等，进行详细解说。本书可供生态规划设计和园林景观的研究者和工程技术人员学习参考。

* * *

"原著：日本国株式会社ソフトサイエンス社「自然再生：生態工学的アプローチ（初版出版：2005年4月5日）」"
本书由株式会社SOFTSCIENCE社授权翻译出版

责任编辑：石枫华　刘文昕
责任设计：董建平
责任校对：陈晶晶　刘　钰

生态保护与环境修复技术丛书
自然再生：生态工程学研究法
［日］龟山　章　仓本　宣　日置佳之　编著
桂　萍　詹雪红　孔彦鸿　翻译

*

中国建筑工业出版社出版、发行（北京西郊百万庄）
各地新华书店、建筑书店经销
北京京点设计公司制版
北京画中画印刷有限公司印刷

*

开本：787×1092毫米　1/16　印张：17　字数：377千字
2011年11月第一版　2011年11月第一次印刷
定价：**98.00**元
ISBN 978-7-112-12946-1
　　　　（20189）

版权所有　翻印必究
如有印装质量问题，可寄本社退换
（邮政编码　100037）

生态保护与环境修复技术丛书

《自然再生》

本书从管理措施的角度,系统论述了自然再生的理论机制和措施建议。书中应用具体事例,对自然再生的目标设定、再生的技术手法、评价和课题等,进行了详细的讲解。本书可供生态规划设计和园林景观的研究者和工程技术人员学习参考。

《生态缓和的理论及实践》

本书以山寨自然、自然公园等各种区域自然保全和生物生息环境的保护为目的,对河流,道路,新都市,大坝等建设过程中生态缓和方法和技术进行了全面论述。本书为自然环境的保全和复原等相关技术的研究与实践提供了宝贵的资料。

《河流、湖泊水质净化生态技术》

本书理论结合实际,系统论述了水质净化生态技术的基础知识与常用的技术。本书可供环境工程专业的研究者和工程技术人员学习参考。